天津自然博物馆（北疆博物院）

创建 *110* 周年

（1914—2024）

北疆博物院
自然标本精品集萃

天津自然博物馆　编　　张彩欣　主编

科学出版社

北　京

内 容 简 介

北疆博物院为天津自然博物馆前身，由法国博物学家桑志华（Emile Licent）于1914年创建，是中国成立最早的自然科学类博物馆之一，在20世纪30年代被誉为世界"第一流的博物馆"。北疆博物院共收藏有古生物、古人类、岩石矿物、动物、植物、民俗等各类藏品20余万件。

本书旨在向公众介绍北疆博物院收藏的自然藏品，共分为两部分：第一部分向公众简要介绍北疆博物院的科学考察、藏品及藏品体系、藏品研究及成果、陈列展览及藏品可持续利用；第二部分向观众呈现北疆博物院各类自然标本共计400余件（套）。

本书适合对中国近现代博物馆史、自然历史感兴趣的专家学者和社会人士参考阅读。

审图号：GS（2024）0902号

图书在版编目（CIP）数据

北疆博物院自然标本精品集萃 / 天津自然博物馆编；张彩欣主编. — 北京：科学出版社，2024.5
ISBN 978-7-03-077410-1

Ⅰ.①北… Ⅱ.①天… ②张… Ⅲ.①自然历史博物馆 – 标本 – 天津 – 图录 Ⅳ.①N282.21-64

中国国家版本馆CIP数据核字（2024）第008859号

责任编辑：张亚娜 郑佐一／责任校对：张亚丹
责任印制：张 伟／书籍设计：北京美光设计制版有限公司

科 学 出 版 社 出版
北京东黄城根北街16号
邮政编码：100717
http://www.sciencep.com
北京华联印刷有限公司 印刷
科学出版社发行 各地新华书店经销
*
2024年5月第 一 版 开本：889×1194 1/16
2024年5月第一次印刷 印张：18 3/4
字数：480 000
定价：328.00元
（如有印装质量问题，我社负责调换）

前言

　　北疆博物院（Musée Hoangho-Paiho）为天津自然博物馆前身，由法国博物学家桑志华（Emile Licent）于1914年创建，是中国成立最早的自然科学类博物馆之一，也是中国跨越百年时光依然伫立至今的博物馆之一。

　　桑志华于1914年3月来华，7月正式开始其科学考察和采集发掘，1938年回国。连续25年，桑志华及其团队越山峦、跨沟壑、涉江河、穿平原，栉风沐雨、风餐露宿，足迹遍布北京、天津、河北、山西等黄河流域的十几个省市区，总计行程约五万公里，搜集留存了古生物、古人类、岩石矿物、动物、植物、民俗等多学科多门类藏品20余万件，取得了一系列震惊国内外学术界的重大发现。

　　甘肃庆阳发现的以三趾马、鬣狗和长颈鹿三大类为主的"三趾马动物群"，开启了中国古哺乳动物学研究的新纪元；内蒙古萨拉乌苏发现了王氏水牛、加拿大马鹿、蒙古野驴及十分罕见的完整披毛犀骨架等大量脊椎动物化石，成为我国北方晚更新世哺乳动物群最重要的代表，这一地层也成为我国北方特别是华北地区晚更新世河湖相的标准地层；河北阳原泥河湾地区采集到剑齿虎、布氏真枝角鹿、古中华野牛、中国羚羊等大量早更新世古哺乳动物化石，被命名为"泥河湾动物群"，填补了中国新近纪和第四纪过渡阶段的空白，成为中国北方早更新世的标准地层；山西榆社地区发掘到象、犀牛、三趾马、鹿、羊等种类繁多的哺乳动物化石，延续了距今670万年至220万年间的地质长河，犹如一部完整的"地层编年史"载入科学史册，成为研究新近纪哺乳动物群的重要实证材料；北京猿人头盖骨模型为当今存世极少的几套模型之一，可谓镇馆之宝；甘肃庆阳出土的中国境内第一批有确切地层记录旧石器的发现，揭开了中国旧石器时代考古学研究的序幕；内蒙古萨拉乌苏"河套人"牙齿化石的发现，标志着中国古人类学研究的开端；15万余件动物标本和6万余件植物标本，还有7300余件采自法国北部地区的植物标本……这些重大发现和独具特色的藏品为北疆博物院成为20世纪30年代享誉中外的"第一流的博物馆"奠定了基础。

2024 年是天津自然博物馆建馆 110 周年，《北疆博物院自然标本精品集萃》作为献礼之作，意在向公众介绍北疆博物院收藏的自然藏品。共分为两部分：第一部分简要介绍了北疆博物院的科学考察、藏品及藏品体系、藏品研究及成果、陈列展览及藏品可持续利用情况；第二部分呈现了北疆博物院收藏的古生物、古人类、岩石矿物、动物、植物等自然标本共计 400 余件（套）。本书最后提供了物种（藏品名称）的中文索引和西文索引。由于水平有限，本书编著过程中难免有不足之处，敬请批评指正。

文中部分简写如下：

国家一、二级：国家重点保护野生动物（植物）

CITES附录Ⅰ、Ⅱ：濒危野生动植物种国际贸易公约

IUCN：世界自然保护联盟

百年时光荏苒，天津自然博物馆人始终秉承着勤勉严谨的科学态度和务实创新的科学精神，攀峰突破，铿锵前行。百年的积累凝聚成了北疆博物院璀璨的珍藏，百年的瑰宝在新时代的浪潮中焕发了新的活力和生机，正以全新的精神面貌，在公共文化服务、生态文明建设、全域科普行动和文旅融合发展等方面发挥着其无与伦比的价值。

《北疆博物院自然标本精品集萃》编写组

2023 年 12 月

目 录

藏品  概况

桑志华

1927年4月9日桑志华被授予法国铁十字骑士勋章后，接受了《华北明星报》采访。他表示，希望他所采集的标本，目前存放在天津的博物馆里，以后，它们也将永远存放在那里。

探险家分为两类：一类是进入一地进行探险和搜集珍异，囊括而归；另一类是将多年的搜集陈列于当地的博物馆中。前一类的探险家使该地区资源与文化日渐贫乏，后一类探险家使该地区资源与文化日益丰富。在多年的新闻工作中，我曾经遇到很多前一类的探险家，昨天我却遇到了一位属于后一类的探险家。

——《华北明星报》记者唐纳狄
1927年

桑志华被授予"铁十字骑士勋章"

北疆博物院共收藏有20余万件藏品，涉及古生物、古人类、岩石矿物、动物、植物等不同门类，这些藏品基本都是桑志华及其团队在1914—1938年期间的科学考察和发掘过程中搜集来的。

早在1912年，桑志华就有了"探求中国北方腹地——黄河流域、蒙古和西藏附近地区"的设想，他曾说："中国的地质、它的植物区系和动物区系，不论从科学上，还是从经济学的角度上看，尚有许多宝藏留待人们去发掘。"桑志华的设想是较为系统地考察所有注入渤海湾的水系，如黄河、白河、滦河、辽河等及其流域地区。为完成这一设想，他特别制定了考察计划和工作目标。

PROGRAMME

1°. Visite méthodique du bassin du Fleuve Jaune (Hoang ho), des rivières de Tien tsin (Pai ho), de Jehol (Luan ho) et de Moukden (Leao ho), c'est à dire tout le bassin du Golfe du Pei tcheu ly, — et des bassins fermés qui bordent ce bassin au Nord (Mongolie Intérieure, Gobi et Ordos) et à l'Ouest (Bas Tibet et Kou kou noor).

2°. Réunion de tous matériaux d'études géologiques, pétrologiques, minéralogiques, paléontologiques, préhistoriques, botaniques, zoologiques, ethnologiques, économiques, etc., recueillis dans ce domaine en des collections aussi complètes que possible.

3°. Installation de ces collections dans un Musée.

4°. Etudes faites sur les collections. Publications.

5°. Envoi de matériaux d'études aux établissements scientifiques.

6°. Service de renseignements, collaboration avec les établissements d'enseignement, section publique du Musée.

1. 有次序地考察黄河、白河（海河）、滦河、辽河诸流域，换言之，即注入渤海所有河流的流域和位于这些流域的边缘地区。由北（内蒙古、戈壁及鄂尔多斯）向西（青海及青海湖）考察那些与外界隔绝的盆地。

2. 搜集全部地质学、岩石学、矿物学、古生物学、史前史学、植物学、动物学、民族学、经济学等相关研究资料，采集这些范围内的藏品，并尽可能地保存其完整。

3. 安置这些藏品于博物馆中。

4. 从事藏品的研究活动，出版刊物。

5. 给科学研究机构提供考察资料。

6. 成立信息服务处，与高等院校进行合作，设立陈列室。

桑志华科学考察计划（原文见《北疆博物院院刊》第39期）

行程五万公里的科学考察

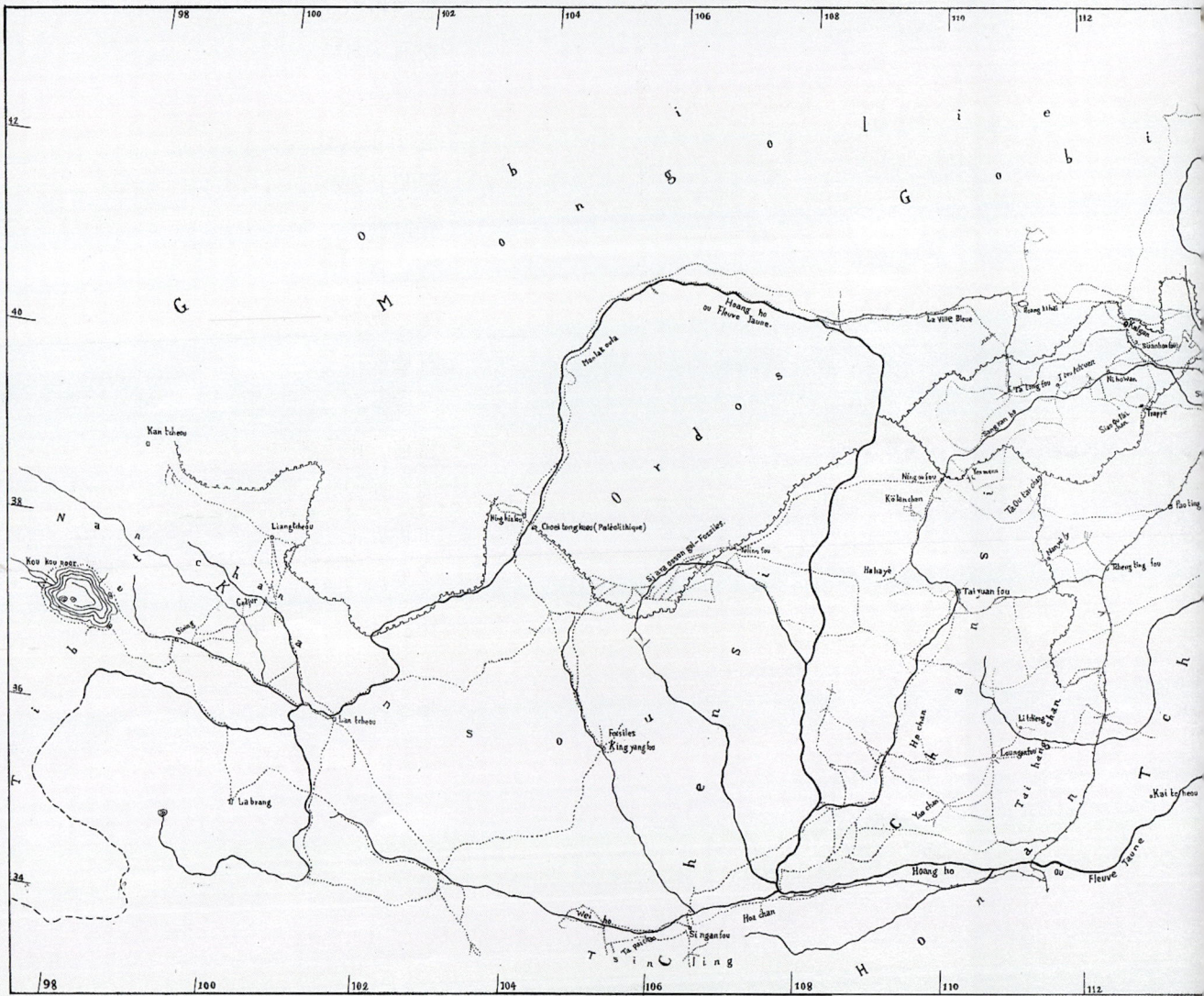

ITINÉRAIRES du Père LICENT

De Péking à Kan tcheou 72 journées de 40 Km.

1914 - 1935
dans le Bassin du Golfe du Pei tcheu ly

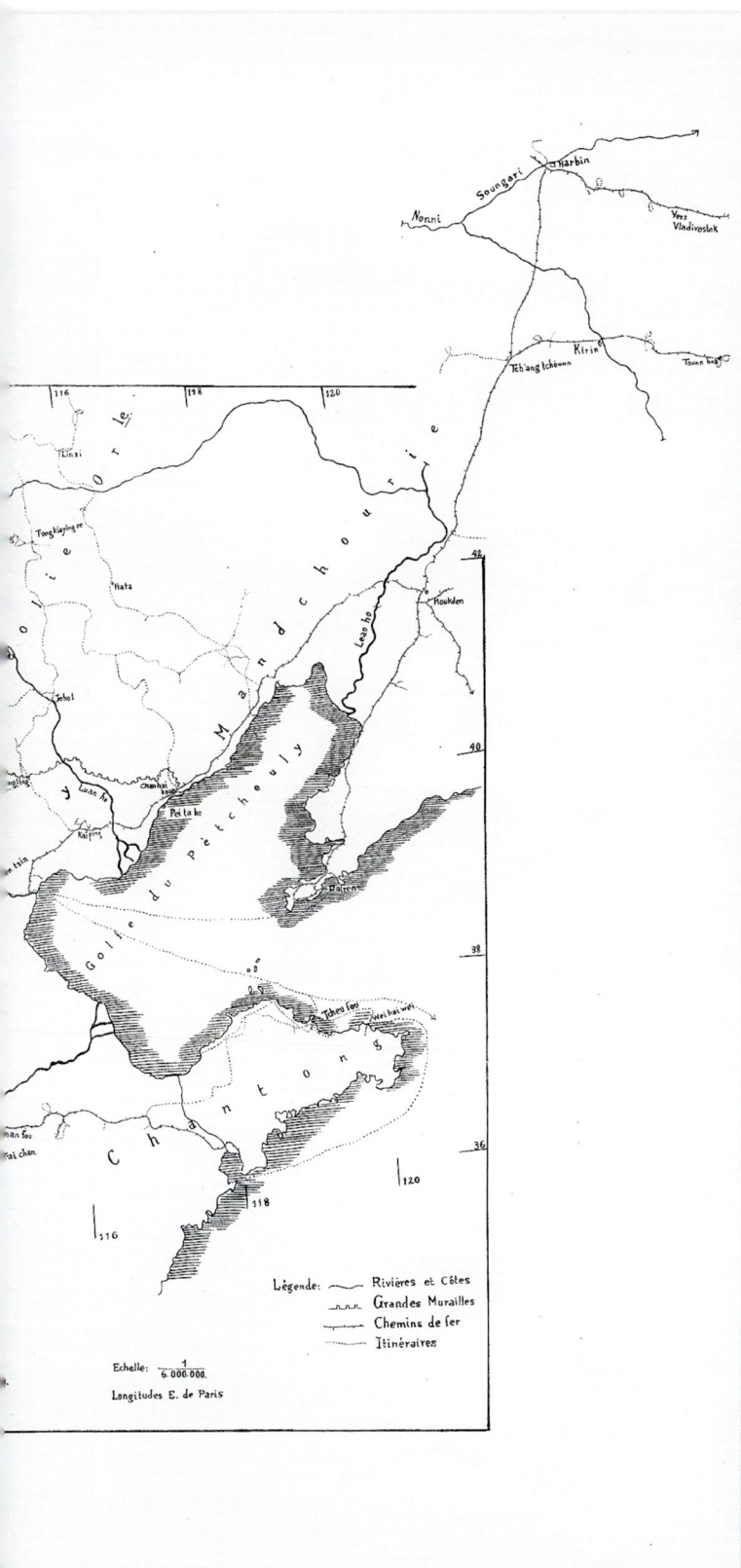

1914年3月，桑志华从法国出发，途经西伯利亚，于21日辗转到达中国东北。经哈尔滨、长春、山海关，于25日到达天津，正式开始推进他的设想。

坐落在法租界内的崇德堂（北疆博物院筹备处）为他的活动基地，献县教区、法国尚柏涅教省和法国外交部为他提供经费支持，当时法国在中国北方的天主教耶稣会完整的组织系统和网络为他所到之处的食宿、交通、向导及雇佣民工等方面提供便利。

经过一段时间的准备，1914年7月，桑志华正式开始了连续25年的探险、考察、采集和发掘工作。桑志华及其团队的考察主要以沙漠商队或徒步旅行的方式进行。他常常独自一人，身背采集包（内装笔记本、罗盘、测斜仪、海拔仪等），手拿地质锤，随身还要携带猎枪和各种网具，在深山老林中穿梭，在荒漠草甸上辗转，翻山越岭，风餐露宿，南下陕西，北上呼伦贝尔，东进哈尔滨，西闯青海湖，总计行程约五万公里。每年将大部分时间（包括春、夏、秋三季）用于发掘与采集，冬季进行室内研究与整理工作。其间，他搜集了地质学、史前考古学、古生物学、植物学、动物学、民族学、经济学等各方面的资料与标本。

桑志华科学考察路线图（1914—1935）

桑志华
在华考察时间、路线一览

1914 河北平原、山西北部（大同）、渤海湾海岸、北戴河、山西中部（太原）。

1915 山西南部、渤海沿岸（山海关）。

1916 山西南部、陕西中部、渭河河谷、秦岭、华山、太白山。

1917 河北、山西的边界，北京的西山，杨家坪高原，小五台山、内蒙古和张家口西北的戈壁，热河。

1918—1919 在甘肃和青海湖的旅程：横穿山西中部、陕西北部（榆林）、鄂尔多斯南部、甘肃北部、兰州、凉州（今武威）、祁连山、青海湖、噶蚌寺、拉卜楞、甘肃南部、甘肃西部直至甘州、甘肃东南部、甘肃东北部、鄂尔多斯、大青山、呼和浩特。
注：在甘肃东北部首次发现蓬蒂系即上新世化石。

1919 秋 今内蒙古东部。
注：在今内蒙古东部首次发现新石器时代遗物和鱼类化石。

1920 山西中部、陕西北部（新路线）、鄂尔多斯、甘肃东北部。
注：在甘肃东北部勘察到蓬蒂系化石；首次发现旧石器时代石器。

1921 探察山东内地和北部滨海地区。

1922 华北平原、山西北部、五台山高原、宁武县森林、陕西北端、鄂尔多斯、萨拉乌苏河流域。
注：在萨拉乌苏河附近发现动物化石和新石器及西夏文化遗物；在中国首次发现古人类化石"河套人"牙齿。

1923 由巴黎博物院与北疆博物院组成"桑志华—德日进法国古生物考察团"进行首次考察活动，涉及鄂尔多斯北部、西部。
注：在鄂尔多斯北部卓子山发现动物化石；在宁夏水洞沟首次发现大型旧石器时代地层。

1924 法国古生物考察团第二次活动，涉及今内蒙古东部、赤峰、林西、戈壁、多伦及河北张家口。
注：在达里诺尔湖发现一处有43座奥弗涅式流岩的火山群，并收获新石器时代的遗物、化石，大量的腊叶标本等。

6

1925 三次到桑干河流域考察，考察桑干河流域到其源头，即山西北部、大同西部、云冈石窟、宣化东北部。
注：在桑干河流域发掘早更新世动物化石。

1926 桑志华和德日进结伴去甘肃考察，受阻于内战而改道山西南部，再次考察桑干河流域含化石地层。

1927 桑志华和德日进结伴到东北南部、内蒙古东部直到围场、开平、周口店化石发掘现场。

1928 中国东北，包括长春、吉林、哈尔滨、沈阳、大连、南冶、井陉煤矿等。
注：在南冶发现三门系上层化石层（周口店中国猿人时期）。

1929 陪德日进再次去中国东北地区。桑志华第六次考察桑干河、杨家坪。
注：在南冶发掘化石，在陶村发现一处化石地层。

1930 第三次去杨家坪。
和植物学家塞尔（H. Serre）结伴在宣化以东山区采集动植物标本。
和生物学家罗学宾（P. Leroy）一起考察山东海滨。
与柯兹洛夫（M. I. Kozlow）和巴甫洛夫（P. Pavlov）前往哈尔滨及附近采集动植物标本和化石。

1931 到开滦煤矿、内蒙古西北、张家口、内蒙古和大同以北戈壁考察高原大湖黄旗海。
和罗学宾神甫一起再次考察山东沿海地区。

1932 经过晋中和陕北去鄂尔多斯东部和南部考察，采集榆林西南方的化石和新石器。

1933 晋中和晋北旅行；在赫赫营、帽儿顶、苛岚山等高原山区采集高山植物；到雁门关、大同考察，观察大同东面的火山。

1934 和汤道平（M. Trassaert）一起去山西南部，发掘榆社盆地化石。

1935 和汤道平一起在山西南部继续前一年的发掘工作。

1936 赴山东泰安、新泰、蒙阴一带采集动植物标本；和罗学宾一起到青岛、威海采集海洋动物标本。

1937 到太原、呼和浩特、包头、河套西北部杭锦后旗、陕坝河套外进行发掘。

多样的藏品和完整的收藏体系

Je ne pouvais pas dépouiller le Musée Hoang ho Pai ho des principaux documents recueillis à grands frais au cours de plusieurs campagnes. Il s'agissait surtout des fossiles de la campagne de 1920, au cours de laquelle j'avais exploité les argiles rouges pontiennes à Hipparion, au pays de K'ing yang fou (voir "Dix Années"). De plus, le principe est assez reconnu que les documents de paléontologie uniques restent dans le pays où ils ont été trouvés.(*)

桑志华在《北疆博物院院刊》第38期《黄河、白河流域十一年实地调查记（1923—1933）》中如是记述："我不能掠夺在北疆博物院中所收藏的、从各地花重金收集到的藏品。……我一贯坚持的原则是，所有被发现的这些世上仅有的古生物文物必须要留在发现地。"桑志华及其团队在1914—1938年的25年的科学考察期间收集的藏品，主体都留在了天津，达20余万件；另外一部分收藏在法国巴黎自然历史博物馆，一部分收藏在中国科学院古脊椎动物与古人类研究所，还有少量收藏在欧美一些大学和学术研究机构中。

这些藏品既是我国北方地区地质、生态、环境等历史变迁的见证，也为北疆博物院成为"中国北方自然科学研究中心之一"奠定了重要基础，也使得北疆博物院以其丰富而独具特色的馆藏资源和影响，在20世纪30年代就享誉世界。

纵观这些藏品，大致呈现如下特色：

1. 藏品数量大、门类全

北疆博物院共有20余万件藏品，涵盖岩矿、古生物、动物、植物、古人类及历史民俗等门类，以及2万余件（套）图书资料、研究手稿、玻璃底片、印版照片等。

2. 藏品来源地域广泛

北疆博物院的标本采集地以中国北方地区为主，包括了今天津、北京、河北、山东、山西、陕西、甘肃、青海、宁夏、内蒙古、黑龙江、吉林、辽宁、西藏等十几个省市区300多个县境。

3. 藏品科研价值高，特色、典型性藏品多

甘肃庆阳、内蒙古萨拉乌苏、河北阳原泥河湾和山西榆社四大地区发掘的古哺乳动物化石种类多、数量大、科研价值高。昆虫标本涉及23目，达11万件，标本分布地域广、采集时间久远。植物标本，包括法国部分地区采集的种子植物标本及国外采集的苔藓植物标本，共计6万余件。甘肃庆阳幸家沟出土的中国第一件旧石器，内蒙古萨拉乌苏出土的中国第一件古人类化石——"河套人"牙齿，依据原标本直接复制而成的"北京人"头盖骨模型，馆藏图书资料……内容丰富庞杂、交流研究价值极高。

Les voyages qu'on vient de passer en revue ont eu des résultats assez importants. J'ai signalé et souligné, au cours du précédent chapitre un certain nombre de découvertes plus considérables. Mais le souci a été constant de recueillir partout et chaque jour des spécimens pour toutes les branches de l'histoire naturelle: roches, oiseaux, fossiles, diatomées, grands mammifères etc., etc., et cela en faisant route aussi bien qu'en stationnement. Certains stationnements ont été motivés par l'herborisation, d'autres par l'exploitation des fossiles ou de gisements préhistoriques ...; mais en ces mêmes stationnements je me suis attaché à recueillir aussi tous les spécimens possibles, entomologiques, néossologiques, mammologiques ... etc.

上一章中回顾了历次考察中取得的一些重大成绩，其中重点提到了某些重大发现，然而，我最关心的是随时随地竭尽全力为博物馆的一切学科搜集标本，如岩石、鸟类、化石、硅藻、大型哺乳动物等；不仅在旅行途中搜集，而且在短暂驻留期间也进行搜集。为了搜集动植物标本，在一些地点作短暂停留是必要的，另外的停留则主要是为了发掘化石或史前考古。即便如此，我也不会放弃所有可能搜集的标本，如昆虫、鸟巢等。

桑志华在《北疆博物院院刊》第39期中如是描述："对中国北方疆域的考察（华北、东北、蒙古、甘肃和青海）是极不彻底的（那也是十分困难的）。但可以概括地说，在这些地区搜集到的藏品即使不算全面，至少也完全是有代表性的。"

为使藏品能够更加系统并形成体系，除了古生物、古人类、动物、植物等自然种类上的藏品，桑志华还特地增加了与生物学、生态学、生理学、病理学等方面相关的藏品，比如昆虫的生活史、寄生虫、动物骨骼和粪便、鸟巢鸟卵、木材和种子，等等。为了更形象、更方便地研究和展览，还特地制作了解剖结构的显微玻片。

北疆博物院藏品体系一览表*

藏品	种类	详细说明
地质古生物	岩石矿物	约 7000—8000 份标本，其中有几种新发现的岩石。
	化石	**古生代化石：** 有整个时期的大量动物区系的化石；自前寒武纪大聚环藻属 Collenia 到石炭纪二叠纪的植物化石，均为从甘肃张掖东至山东一带发掘的标本。 **中生代化石：** 内蒙古东部白垩纪的大量鱼类化石；在中国发现的早期昆虫和早期甲壳类化石；还有少量的植物化石。这些藏品为研究古植物学和古动物学提供了大量新资料。 **古近纪、新近纪化石：** 1926 年从潼关的始新世地层中采集到的贝壳，1922 年鄂尔多斯东北部上新世地层中发掘的骸骨化石，甘肃庆阳蓬蒂系地层中的重大发掘（约 30—40 个种）； **三门系化石：** 桑干河采到的更新世化石，大约有 45 个种。 **第四纪化石：** 鄂尔多斯东南部的萨拉乌苏河发掘的化石，大约有 40 个种；和 1928—1929 年在中国东北采集的化石和 1931 年在内蒙古发掘的化石。值得关注的是第一次在萨拉乌苏河的发掘中有二具披毛犀骨架和一具野驴骨架。 另外，1934—1935 年在山西榆社发掘了大量的蓬蒂系、三门系、第四纪的一整套连续地层化石。
	旧石器	鄂尔多斯发现的古人类门齿和一些骨头，这是中国历史上首次发现古人类化石。 在甘肃庆阳至陕西榆林南部之间发现的 3000—4000 块经过人类加工的旧石器，尤其以水洞沟和萨拉乌苏河岸最多。
	新石器	藏品的数量颇为可观，主要发掘点分散在中国东北部、华北地区、内蒙古的 117 个地点。包括了数千件磨光和打制的石器、陶器和骨器。 内蒙古东部佟家营子的细石器时代遗址发掘出的具有西伯利亚风格的青铜器、磨光石器和石制串珠等。
	地质学及其边缘学科藏品	**一系列从属于地质学的工业产品：** 史前时期直至当代的陶器制造、煤矿、冶金、铜铁、大理石、硫黄、石棉等。
动物	无脊椎动物（不包括昆虫）	**在渤海湾长期搜集到的：** 包括海绵动物、腔肠动物（水母等）、棘皮动物（海星、海胆、海参等）、苔藓虫和腕足动物等。 **典型的海产和淡水产蠕虫：** 700 余种；另外还有一些积累的寄生虫。 **软体动物：** 海洋贝类、淡水和陆生贝类。 **甲壳类（虾、蟹、鳌虾等）和多足类：** 数量很多，包括水生、淡水生和陆生。 **蛛形纲（蜘蛛、蝎子、蜱螨等）：** 不少于 650 种（大部分为浸制，约 40 盒干制），已基本按科、属进行整理。
	昆虫类	藏品数量很多，总计 2260 余盒，11 万件。涉及蜻蜓目、脉翅目、直翅目、鳞翅目等 23 个目。

藏品	种类	详细说明
动物	鱼类	大约 2200 件标本，分属于 63 科 115 属 157 种和亚种，大部分保存在酒精中，少部分为剥制。
	两栖类	包括蟾蜍、蛙、蝾螈等，共 800 余件，涉及华北所有已知属。
	爬行类	包括蜥蜴、蛇、龟鳖等，700—800 件标本，共计 77 种（亚种）。
	鸟类	约 3100 件，计 412 种和亚种。大部分为剥制标本，少量生态标本栩栩如生。
	哺乳类	除了极为罕见的扭角羚、水獭等物种外，凡了解的动物区系均有搜集。共计 1000 余件。
植物	维管束植物	中国北方全部系列标本：共 12834 号，加上重份标本和已经赠予其他博物馆的共计 15000—20000 号，大约有 2700 种。 地区性腊叶标本：约 18500 号，3500—4000 种。主要由以下标本组成：塞尔（H. Serre）和沙耐特（L. Chanet）赠送的采自保定以西和正定的 3000 号标本；金道宣（G. Caudissartd）采自河南濮阳的标本；卡贝尔（G. Cappelle）采自鄂尔多斯西北的标本；史密斯（H. Smith）采自山西南部的标本；帕罗斯基（V. Pakrowsky）和科兹洛夫（M. I. Kozlow）采自东北的标本；以及采自大戈壁和天津地区的标本。 法国北部的腊叶标本：约 2500 种。这些标本是鉴定工作中的珍贵对照种。 木材标本：大约 450 种，广泛代表了各种各样的经济植物。 还有一些果实和种子标本：部分为腊叶标本，部分以干制和浸制方式保存。
	藻类	桑志华从许多地方采集的含有硅藻的淤泥和泥浆，数量不多的渤海湾藻类；还有一些拉古蒂尔（Ch. Lacouture）采集的硅藻标本。
	真菌和地衣	标本数目极为庞大，大约有三四立方米的体积的藏品。这些藏品主要采自中国北部林区：秦岭（1916）、热河和东陵（1917）、兰州新隆（1918）、围场（1927）、岢岚山（1933）、山西南部高原（1934—1935）。
	苔藓	苔藓植物与菌类植物生长在同一环境中，或更为多样的环境中，采集后用纸包包裹。在华北，苔藓类植物种类不多，单藓类植物大不相同。著名苔藓类学家拉古蒂尔对这些苔藓标本进行了整理和研究。
人文	农业用具、手工艺品、民间艺术等	部分采矿工业外，还有表现中国北部、内蒙古、青海、西藏等地人民日常生活的民俗物品 3000—3500 件，主要包括食品、靴鞋、帽子、首饰、服装、农业、家庭手工业、手工艺、家用器具、商业娱乐、狩猎武器、民间艺术、宗教信仰，等等。这些民俗物品大多在陈列室中展出。

*本表编译自《北疆博物院院刊》第 39 期

深入的藏品研究和卓越的成果

　　随着科学考察的不断深入和藏品的不断增加，北疆博物院的学术研究工作也陆续展开并日益壮大。为保证全方位、多学科的学术研究，除德日进（P. Teilhard de Chardin）外，博物院先后聘请了塞尔（H. Serre）、司义斯（G. Seys）等10余位专家学者来馆任职，一起进行科学考察并开展相关研究。同时，还和当时世界知名的专家学者开展了广泛的合作研究，如法国著名矿物学家和火山学家拉克鲁瓦（A. Lacroix）、英国地质学家巴尔博（G. B. Barbour）、美国地质学家葛利普（A. W. Grabau）、美国遗传学家和动物学家博爱理（A. M. Boring）、美籍中国贝类学家阎敦建（Teng-Chien Yen）、法国苔藓学家拉古蒂尔（Ch. Lacouture）、奥地利植物学家韩马迪（H. Handel-Mazzetti）、瑞典植物分类学家史密斯（H. Smith）等国外知名的专家学者，以及我国古生物学家杨钟健、动物学家秉志和昆虫学家杨惟义等。

北疆博物院部分科研人员及主要的藏品方面的职责

工作人员	在馆年限	藏品职责
塞尔（H. Serre）	1920—1921、1928—1931	植物腊叶标本整理工作
司义斯（G. Seys）	1921、1927、1932、1934	研究鸟类藏品
德日进（P. Teilhard de Chardin）	1923—1929	与桑志华一起进行探险考察活动，并负责古生物化石及旧石器的研究工作
王永凯（J. B. Wang）	1928	负责博物馆设施和藏品养护工作
金道轩（R. Gaudissart）	1928	植物标本保管及编制目录
杜歇诺（J. Duchaine）	1928—1929	研究鞘翅目昆虫
罗学宾（P. Leroy）	1930—1931、1938—1946	与桑志华一起进行考察活动
柯兹洛夫（M. I. Kozlow）	1930	植物腊叶标本整理工作
巴甫洛夫（P. Pavlov）	1930—1935	整理鳞翅目、爬行类和两栖类
雅各甫列夫（B. Jakovleff）	1930	整理鱼类、哺乳类
斯特莱尔科夫（V. Strelkow）	1930	英语翻译，鳞翅目研究
汤道平（M. Trassaert）	1933—1945	昆虫学家，古生物学家，主要从事昆虫和古哺乳动物化石研究
王兴义（J. Roi）	1936	植物藏品研究

25年来，这些专家学者们的考察和研究取得了卓越的成果，诚如桑志华在《北疆博物院院刊》第39期记录的："自1925年起，曾经判断出50余处史前人类栖居过的地方，从各种不同的学术角度看，它们均是引人注目的；在考察过程中还发现不少于30处考古遗址值得去发掘，并有可能获得丰硕的成果。""而在拥有的模式标本中化石有将近百余个，显花植物不少于80种，苔藓植物7种，硅藻、软体动物17种；而在昆虫和真菌中肯定蕴藏着许多难以预料的新物种。""旅行中还发现了两种新的岩石和三处火山群，确定了三门系化石动物群和第四纪中期化石动物群及地层，还发现了远东旧石器时代的存在。"……此外，桑志华在考察途中记录的笔记多达63个笔记本，每本约150—180页，笔记中满满地记载着各种各样的事物，涉及标本采集信息、周围环境、气候状况，每一处的里程和风土人情及他所关心的各种事情。

其间，北疆博物院的科研人员及国内外相关学者先后共发表相关研究论文（专著）有150余篇，除51期院刊外，近百篇论文（专著）由出版商独立出版或发表在《中国地质学会志》、《中国古生物志》、《地质专报》、《北平博物学会公报》、《巴黎科学院述评》、《生物地理学公报》（巴黎）、《人类学杂志》（东京）、《人类学》（巴黎）、《科学杂志》（巴黎）、《科学问题杂志》（布鲁塞尔）等知名学术期刊上。

《北疆博物院院刊》51卷总目

院刊号	作者	文章名	时间
No.001	桑志华（E. Licent）	La Montagne Boisée dans le Nord-Est de la Chine 《中国东北树木繁密的山峦》	1916
No.002	桑志华（E. Licent）	E. Licent S. J. Dix Années d' Exploration (1914-1923) dans le Bassin du Fleuve Jaune, et autres tributaires du golfe du Pei tcheu ly 《黄河流域十年实地调查记（1914—1923）》	1924
No.003	桑志华（E. Licent）	Le Paléolithique de la Chine. Historique de sa découverte par E. Licent et P. Teilhard de Chardin 《中国的旧石器时代：桑志华及德日进论历史学上的新发现》	1929
No.004	桑志华（E. Licent）	Voyage aux Terasses du Sang kan ho, à l'entrée de la plaine de Si ning hien 《从桑干河阶地到西宁平原的旅行》（西宁：今河北阳原）	1924
No.005	桑志华（E. Licent）	Notes Géologiques sur la Région de K'i ning hien et sur les volcans de Koan ts'ounnze et de Kong keull t'eou (Mongolie) 《集宁一带及官村火山和红格尔图火山的地质学笔记》	1932
No.006	德帕波（G. Depape）	La Flore Tertiaire du Wei-tch'ang (Province de Jehol, Chine) Sur les plantes tertiaires du Wei tch'ang (Chine) 《中国围场第三纪植物化石》	1932
No.007	斯特莱尔科夫（V. Strelkov）	Epicopeidae (Lépidoptères) en anglais 《凤蛾科·鳞翅目》	1932
No.008	巴甫洛夫（P. Pavlov）	Acherontinae (Lépidoptères) en anglais 《天蛾亚科·鳞翅目》	1932
No.009	雅各甫列夫（B. Jakovleff）	Collection des Mammiféres du Musée Hoang ho Pai ho de Tien Tsin Fam. Felidae 《北疆博物院的哺乳动物藏品·猫科》	1932
No.010	雅各甫列夫（B. Jakovleff）	Gollection des Mammiféres du Musée Hoang ho Pai ho de Tien Tsin Fam. Equidae 《北疆博物院的哺乳动物藏品·马科》	1932

院刊号	作者	文章名	时间
No.011	巴甫洛夫 （P. Pavlov）	Listes des Préliminaire des Amphibiens des Collections du Musée Hoang ho Pai ho de Tien Tsin 《北疆博物院两栖动物藏品的初步名录》	1932
No.012	巴甫洛夫 （P. Pavlov）	Listes des Sauriens et Serpents des collections du Musée Hoang ho Pai ho de Tien Tsin 《北疆博物院的藏品名录·蜥蜴类和蛇类》	1932
No.013	巴甫洛夫 （P. Pavlov）	Materials for the Study of Fauna of Northern China, Manchuria and Mongolia. Reptilia and Amphibia. Part 1. – Chelonia 《中国北部、东北部及内蒙古的动物区系研究资料·两栖爬行动物·龟鳖目》	1932
No.014	桑志华（E. Licent）	Les Collections Néolithiques du Musée Hoang ho Pai ho de Tien Tsin Text and Planches 《北疆博物院的新石器时代藏品》	1932
No.015	富韦尔（P. Fauvel）	Annélides Polychètes du Golfe du Pei Tcheu ly de la Collection du Musée Hoang ho Pai ho 《北疆博物院的藏品·渤海湾的环形动物多毛纲》	1933
No.016	柯兹洛夫 （M. I. Kozlow）	Matériaux pour servir à l'étude des Chênes du Nord de la Chine, de Mandchourie et de Mongolie 《中国北部、东北部及内蒙古的栎树研究》	1933
No.017	邵杜荫 （R. Schodduyn） 罗学宾 （P. Leroy）	Le Plancton de surface des cotes du Pei-Tcheu-Ly 《渤海湾浮游生物调查》	1933
No.018	柯兹洛夫 （M. I. Kozlow）	Etudes sur les plantes du Nord de la Chine. Eriochloa 《中国北方植物研究·野黍属》	1933
No.019	司义斯（G. Seys） 桑志华（E. Licent）	La collection d' Oiseaux du Musée Hoang ho Pai ho de Tien Tsin 《北疆博物院的鸟类藏品》	1932
No.020	雅各甫列夫 （B. Jakovleff）	Les poissons des collections ichthyoligiques du Musée Hoang Ho Pai ho 《北疆博物院鱼类藏品目录》	1933
No.021	罗学宾（P. Leroy）	Trois formes Poecilogoniques du Nord de la Chine et de Mandchourie 《中国北部及东北部的螃蟹的三种幼异老同现象》	1933
No.022	柯兹洛夫 （M. I. Kozlow）	Herbier du Musée Hoang ho Pai ho. Renonculacées 《北疆博物院植物标本·毛茛科》	1933
No.023	巴甫洛夫 （P. Pavlov）	Reptilia and Amphibia collected in 1932 by the Staff of the Hoang ho Pai ho Museum 《北疆博物院 1932 年采集的两栖及爬行类动物》	1933
No.024	柯兹洛夫 （M. I. Kozlow）	Etude sur les plantes du Nord de la Chine: Les Polygalacées 《中国北部植物研究·远志科》	1933
No.025	斯特莱尔科夫 （V. Strelkov）	Brahmaeidae des collections du Musée Hoang ho Pai ho 《北疆博物院的藏品·水蜡蛾科》	1933
No.026	雅各甫列夫 （B. Jakovleff）	Collections des Mammifères du Musée Hoang ho Pai ho à Tien Tsin. Famille Canidae et Viverridae 《北疆博物院的哺乳动物藏品·犬科和灵猫科》	1933
No.027	司义斯（G. Seys）	Notes sur les Oiseaux observés au Jehol, de 1911 à 1932 《热河鸟类观察笔记（1911—1932 年）》	1933

院刊号	作者	文章名	时间
No.028	雅各甫列夫 （B. Jakovleff）	Collections des Mammifères du Musée Hoang ho Pai ho de Tein Tsin. Canivora Ⅲ. Fam.Ursidae et Mustelidae 《北疆博物院的哺乳动物藏品·食肉目Ⅲ·熊科及鼬科》	1934
No.029	雅各甫列夫 （B. Jakovleff）	Liste additionnelle des Poissons des Collections du Musée Hoang ho Pai ho pour l'année 1933 《1933 年北疆博物院鱼类标本附加名录》	1934
No.030	桑志华（E. Licent）	Bibliographie critique du Musée Hoang ho Pai ho de Tien Tsin (1914-1933) 《天津北疆博物院著作目录述评（1914—1933）》	1934
No.031	司义斯（G. Seys） 桑志华（E. Licent）	Additions faites de 1928 à 1933 à la Collection d'Oiseaux du Musée Hoang ho Pai ho de Tien Tsin 《北疆博物院 1928—1933 年鸟类藏品增补》	1934
No.032	巴甫洛夫 （P. Pavlov）	Données pour servir à l'étude de la faune de la Chine du Nord, De la Mandchourie et de Mongolie. Amphibiens, Caudata, Apoda et Costata 《中国北部、东北、内蒙古动物区系的研究资料：两栖动物（有尾目、无足目和无尾目）》	1934
No.033	德日进 （P. Teilhard de Chardin）	Sur la découverte de Couches Mésozoiques à Poissons dans la région de Hailar (Barga) 《海拉尔地区地层露头上的中生代鱼类》	1934
No.034	阎敦建 （Teng-Chien Yen）	The non-marine Gastropods of North China. Part. I 《中国北部非海相腹足纲动物·分册一》	1935
No.035	雅各甫列夫 （B. Jakovleff）	Collection des Mammifères du Musée Hoang ho Pai ho de Tien Tsin. Ungulata Ordre Artiodactyla Fam. Bovidae, Cervidae et Suidae 《北疆博物院的哺乳动物藏品·有蹄类　偶蹄目·牛科、鹿科和猪科》	1935
No.036	斯科沃佐夫 （B. W. Skvortzow）	Diatomées recoltées par le père E.Licent au cours de ses voyages dans le Nord de la Chine, au Bas Tibet, en Mongolie et en Mandjourie 《桑志华神父在中国北部、西藏、内蒙古及东北部旅行期间采集的硅藻》	1935
No.037	桑志华（E. Licent） 汤道平（M. Trassaert）	The pliocène lacustrine series in Central Shansi 《山西中部上新统湖积层》	1935
No.038	桑志华（E. Licent）	Comptes-rendus de Onze Années (1923-1933) de séjour et d'exploration dans le Bassin du Fleuve Jaune, du Pai Ho et des autres tributaires du Golfe du Pei-tcheu-ly, Tien Tsin 《黄河、白河流域十一年实地调查记（1923—1933）》	1936
No.039	桑志华（E. Licent）	Vingt deux années d'exploration dans le Nord de la Chine, en Mandchourie, en Mongolie et au Bas-Tibet (1914-1935) 《中国北部、东北部、内蒙古和西藏 22 年考察报告（1914—1935）》	1935
No.040	桑志华（E. Licent）	L'Artésianisme dans la Grande Plaine du Tcheu ly. Le Puits Jaillissant de Lao Si Kai Tien Tsin (1935-1936) 《直隶大平原自流及天津老西开自流井（1935—1936）》	1936
No.041	博爱理 （A. M. Boring，女）	A survey of the Amphibia of north China Based on the collection By E. Licent S. J. in the musée Hoang ho Pai ho, Tien tsin 《中国北方两栖动物调查——基于桑志华收集的北疆博物院藏品》	1935—1936

院刊号	作者	文章名	时间
No.042	冯学堂 （H. T. Feng）	Notes on some Dytiscidae from Musée Hoang ho Pai ho, Tien Tsin with descriptions of eleven new species 《北疆博物院龙虱科的十一新种记录》	1936— 1937
No.043	德日进（P. Teilhard de Chardin） 桑志华（E. Licent）	New Remains of Postschizotherium from S. E. Shansi 《山西东南部后裂爪兽属 Postschizotherium 之新资料》	1936
No.044	德日进（P. Teilhard de Chardin） 汤道平（M. Trassaert）	The Proboscidians of South-Eastern Shansi (Yushe basin) 《山西东南部之象类化石》	1937
No.045	桑志华（E. Licent）	A guide to Hoang-ho Pai-ho Museum 《北疆博物院参观指南》	1937
No.046	阎敦建 （Teng-Chien Yen）	The Non-marine Gastropods of north China. Part. II 《中国北部非海相腹足纲动物（分册二）》	1937
No.047	德日进（P. Teilhard de Chardin） 汤道平（M. Trassaert）	The pliocène Camelidae, Giraffidae, and Cervidae of South Eastern Shansi 《山西东南部上新统之骆驼麒麟鹿及鹿化石》	1937
No.048	雅各甫列夫 （B. Jakovleff）	Collections des Mammifères du Musée Hoang ho Pai ho de Tien Tsin Rodenta (Glires) 《北疆博物院的哺乳动物藏品·啮齿目》	1938
No.049	德日进（P. Teilhard de Chardin） 汤道平（M. Trassaert）	Cavicornia of South-Eastern Shansi 《山西东南部之洞角类化石》	1938
No.050	阎敦建 （Teng-Chien Yen）	Additional notes on Non-marine Gastropods of north China. Part. III 《中国北部非海相腹足纲动物（分册三）》	1938
No.051	罗学宾（P. Leroy）	Les Phrynocéphales de Mongolie et du N-W Chinois 《内蒙古和中国西北部的沙蜥属考察报告》	1939— 1940

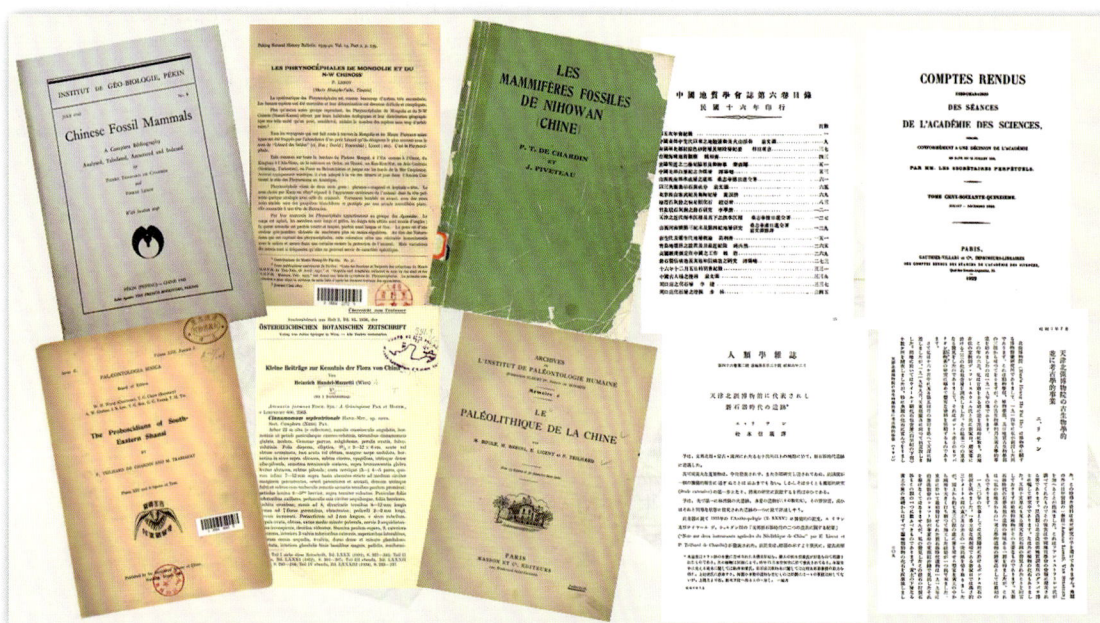

独立出版或发表在其他期刊上的部分论文

藏品陈列展览及可持续利用

 桑志华来华的考察计划的第三项是将考察得到的藏品存放于博物馆中，第六项则是设立陈列室，将这些藏品陈列出来。

 1924年4月3日，桑志华和德日进在天津召开了一个科学研讨会，将他们的考察和采集情况做了详细报告，并把多年采集的标本展示出来。1925年，陈列室开始动工修建，1928年5月5日陈列室正式对外开放。

古生物及岩矿标本陈列

古生物标本陈列

古生物标本陈列

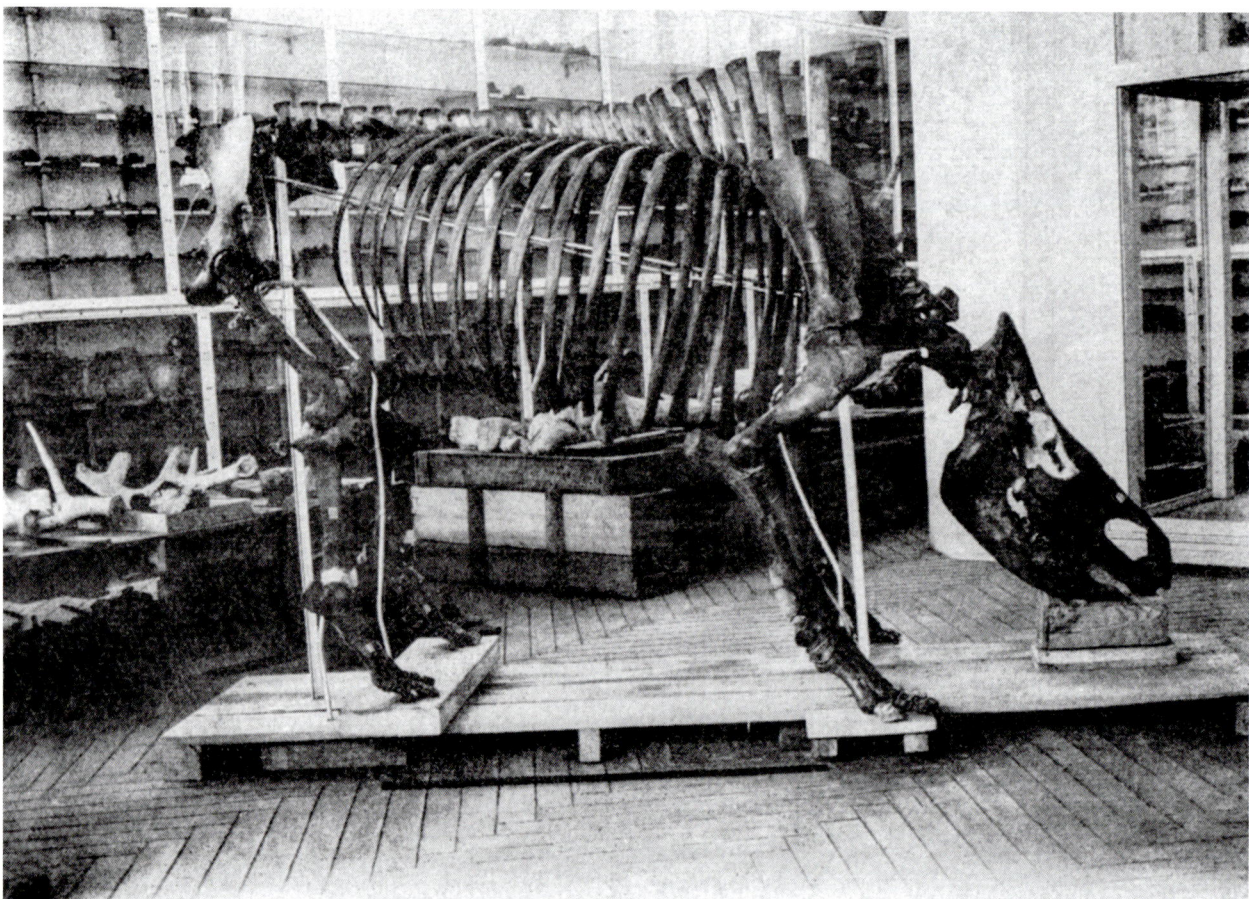

古生物标本陈列

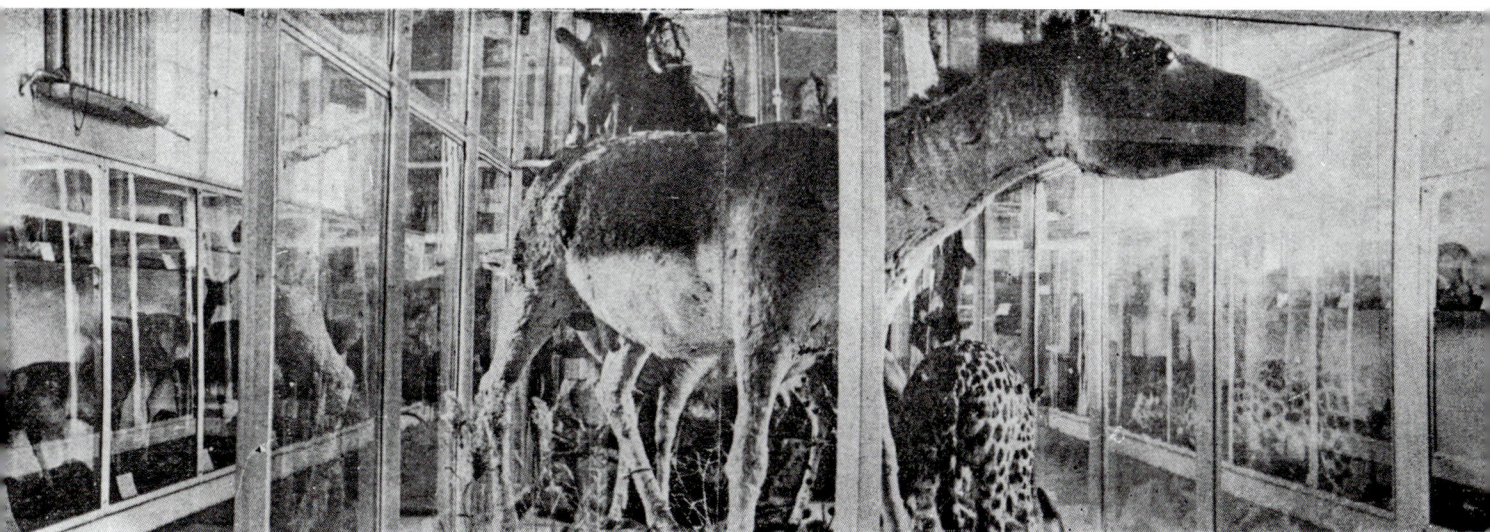

动物标本陈列

昆虫、无脊椎动物陈列

植物和民俗品陈列

北疆博物院展品的标签全部使用法文，为了使一些物品更为醒目，特别加入了英文和中文标题。为配合陈列室对外开放，博物院还编辑出版了法文《参观指南》。通过《参观指南》，观众详细了解陈列室的展品内容及排列，从而更深层次地了解中国北方的自然资源。

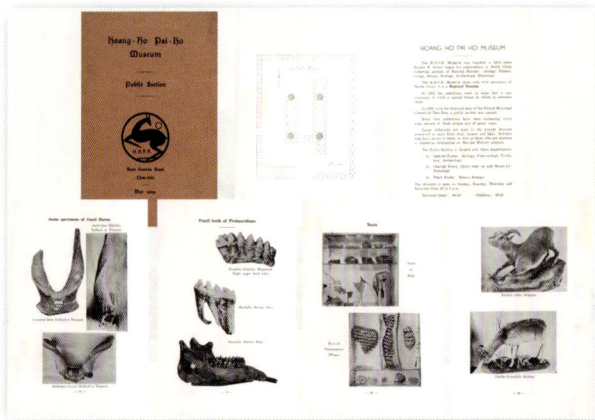

1939年出版的北疆博物院《参观指南》及总体介绍

2016年1月，沉寂了78年的北疆博物院重新对社会开放。历经百年风雨，再现昔日场景，北疆博物院复原陈列依据留存的照片、文字档案、展柜展具等历史资料，原汁原味地再现当年的北疆陈列室原貌。依据当年记录，在一层设置古生物陈列室，二层设置现生生物陈列室的同时，增加了开放式库房；百年的自然标本和历史文物有机整合并呈现于拥有百年历史且同样具有文物属性的建筑空间中。

古生物陈列（北楼一层）

矿物陈列（北楼一层）

石器陈列（北楼一层）

植物陈列（北楼二层）

动物陈列（北楼二层）

古生物研究室（南楼二层）

昆虫实验室（南楼一层）

开启科学考察之旅（南楼二层）

2018年10月，北疆博物院南楼复原及科考历程陈列对公众开放。在设计科学考察历程展览的同时，将研究室、图书馆及实验室进行了复原，再现了当时的场景，充分展现了科学考察背后的艰辛与执着，展现了百年前科学家的探索精神和北疆博物院在中国近代自然科学发展进程中的历史地位。

现生生物科学考察（南楼一层）

北京猿人头盖骨模型（南楼二层）

古生物陈列（南楼二层）

植物画陈列（南楼一层）

动物陈列（南楼一层）

　　桑志华在第39期院刊上记录道："还有许多已经装架好的化石等待展出；旧石器时代的典型藏品、新石器时期的收藏都将大规模地展出。"事实上，直到桑志华回国这些计划也未能实现。2020年，北疆博物院再次提升改造，大量旧石器和新石器时代的藏品与观众见面。同时，将当时保存标本的标本柜、标本箱等都修复后向公众进行展示。2023年，北疆博物院部分精品完成了数字化并在线上与公众见面，百年馆藏得到进一步提升利用。

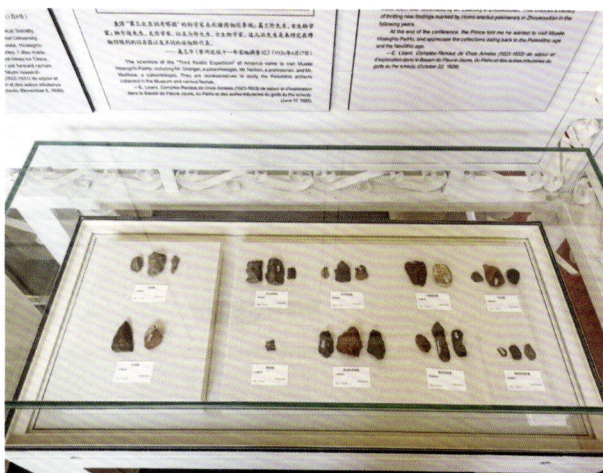

旧石器时代石器（一层）

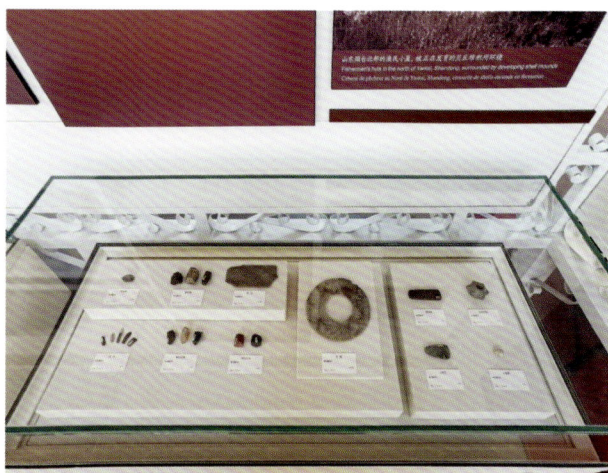

新石器时代石器（一层）

昆虫和植物开放库房（二层）

动物开放库房（三层）

玳瑁是一种小型海龟，背甲长可达1米。头部窄小，头背具两对前额鳞。因上喙前端呈鹰嘴状又名鹰嘴海龟。背甲心形，后缘锯齿状，盾片呈覆瓦状排列，具4对肋盾。背甲棕色，上有浅色放射状或云状斑纹。

分布于太平洋、大西洋、印度洋的热带及亚热带海域。我国见于从山东到广东、海南各省的沿海海域。近年来全球玳瑁数量急剧下降，被世界自然保护联盟列为极危濒危物种。在我国是国家一级保护动物。

主要生活在珊瑚礁区、岩礁处，一生中栖息活动的范围很广。性胆怯而行动几年会在急促奔跑和缓慢间进行长途迁徙，在海岛或海边沙地上筑巢。杂食性，吃海绵为主的各种海洋生物，幼龟多以海藻为食。

展示的这件玳瑁标本产地为香港，为北疆博物院的研究人员巴诺洛夫（P. Pavlov）1931年从天津的一家商店购买后赠与博物院，制作精良，保存完好，并在相关文献中有照片、形态描述及测量数据。

百年藏品数字化展示

　　藏品，是博物馆赖以生存和发展的基础保障。自然博物馆的每一件藏品都蕴藏着大量知识信息，诸如形态、分类、生物多样性等，这些信息汇集在一起，使自然博物馆成为信息资源的宝库。而高质有效地对藏品进行管理与保护是博物馆进行科学研究、策划陈列展览和开展宣传教育的前提。

　　随着生态文明建设理念的推进和自然博物馆事业的发展，人们对自然博物馆藏品的认识也不断发展，从传统的藏品收藏保护到现代的藏品内涵挖掘，馆藏资源不断与现代化展览展示技术相结合，展示着大千世界缤纷多彩的生物多样性，展示着人与自然的和谐共生。"让文物活起来"，充分挖掘展品背后的故事和文物的内在价值，已经成为博物馆人的历史使命。如今，北疆博物院时期收藏的独具特色的藏品，正以昂扬的姿态，向我们诉说着百年来的中国北方地区地质、生态、环境等方面的历史变迁，向人类展示着自身在生态文明建设中无与伦比的历史价值、艺术价值和科学价值！

Pour le Nord de la Chine, le Musée H. H. P. H. est unique par l'ensemble de ses collections. Plusieurs de ces collections n'ont nulle part leur équivalent: Paléolithique, Néolithique, Séries du Pontien, du Sanmennien, du Quaternaire moyen, Ethnologie, Champignons, Fougères, Muscinées, Graminées...

在华北来说，北疆博物院的藏品是独特的，无与伦比的。这些藏品中有很多不能用金钱的价值来衡量：旧石器时代文化遗存、一系列蓬蒂系化石、三门系化石、中更新世化石、民族学文物、真菌、蕨类、苔藓植物、禾本科植物……

——《北疆博物院院刊》第39期

北疆博物院自然标本精品集萃 —— 第二部分

精品

集萃

古生物篇

　　北疆博物院收藏的各类古生物化石藏品中最具特色的是古哺乳动物化石，共5000余件。甘肃庆阳以北的赵家岔和幸家沟发现的中新世晚期的以三趾马、鬣狗和长颈鹿三大类为主的"三趾马动物群"，开启了中国古哺乳动物学研究的新纪元；内蒙古萨拉乌苏发现了加拿大马鹿、蒙古野驴、王氏水牛及完整披毛犀骨架等大量脊椎动物化石，成为我国北方晚更新世哺乳动物群最重要的代表之一；河北阳原泥河湾地区采集到剑齿虎、布氏真枝角鹿、古中华野牛、中国羚羊等大量早更新世古哺乳动物化石，定为"泥河湾动物群"，填补了中国新近纪和第四纪过渡阶段的一个空白，成为中国北方早更新世的标准地层；山西榆社地区发掘到象、犀牛、三趾马、鹿、羊等种类繁多的古哺乳动物化石，这些化石延续了距今670万年至220万年间的地质长河，犹如一部完整的"地层编年史"载入科学史册，成为研究新近纪哺乳动物群的重要证实材料。

　　J点的地层非常复杂。

　　这里发现了许多象、羚羊和啮齿类动物的化石。

　　……然而所有象的骸骨仍保存在当时死亡的位置上。

　　我给这个层位拍了一张照片，可以跟我在8月14日画的剖面图进行对比，并用立在发掘点前方1米长的棍子做参照。

　　我们又打包了四箱化石。

——桑志华

1922年8月17日

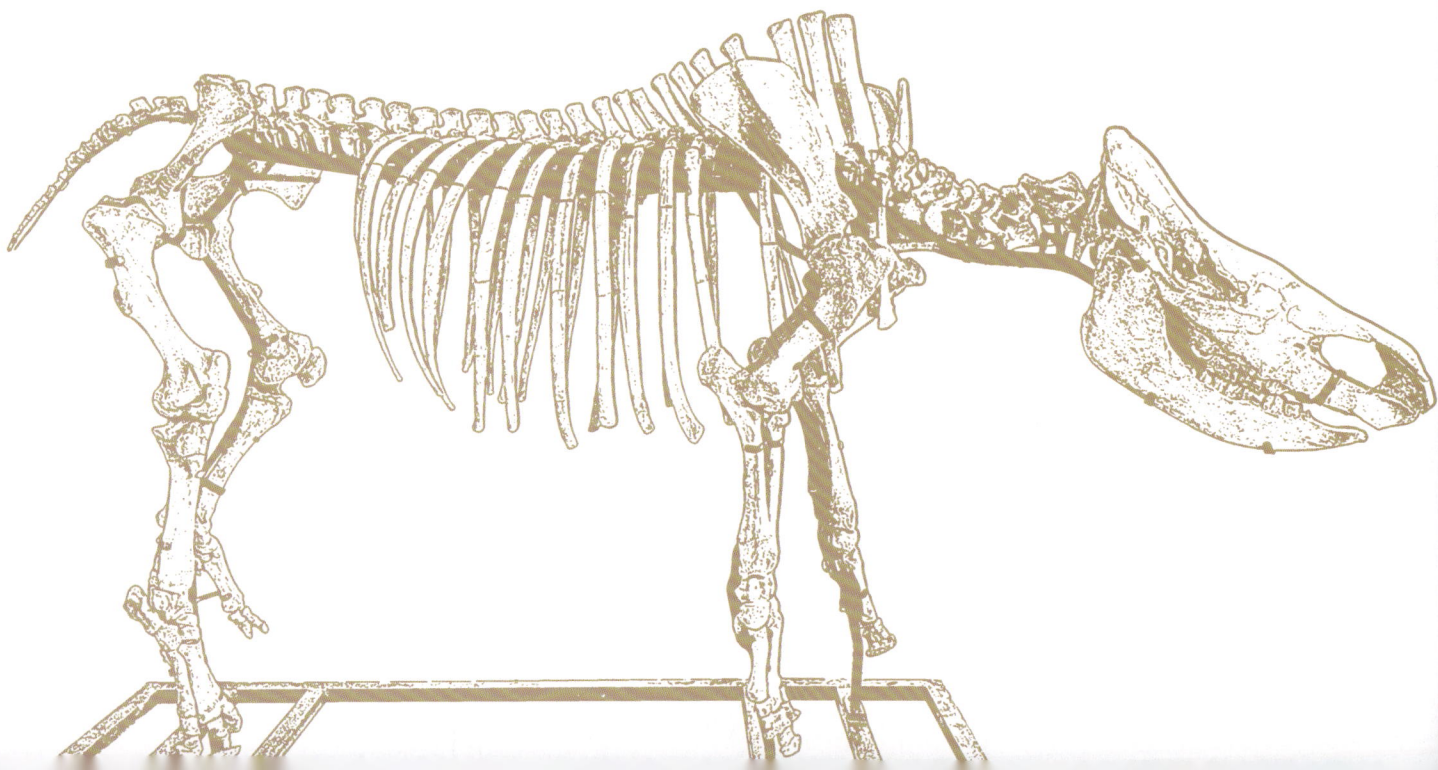

中国互棱齿象
Anancus sinensis

分类地位： 动物界 Animalia，脊索动物门 Chordata，哺乳纲 Mammalia，
长鼻目 Proboscidea，嵌齿象科 Gomphotheriidae，互棱齿象属 *Anancus*

地质年代： 上新世

鉴别特征： 一种大型的互棱齿象。下颌联合部短，水平支外侧面膨胀。中间
臼齿具 4 个齿脊和一跟座。第三臼齿基本上由 6 个齿脊和一个跟
座构成。颊齿齿冠较高，主副齿柱呈交错排列，中心附锥在前两
个齿谷中存在，牙齿釉质层光滑，白垩质丰富。

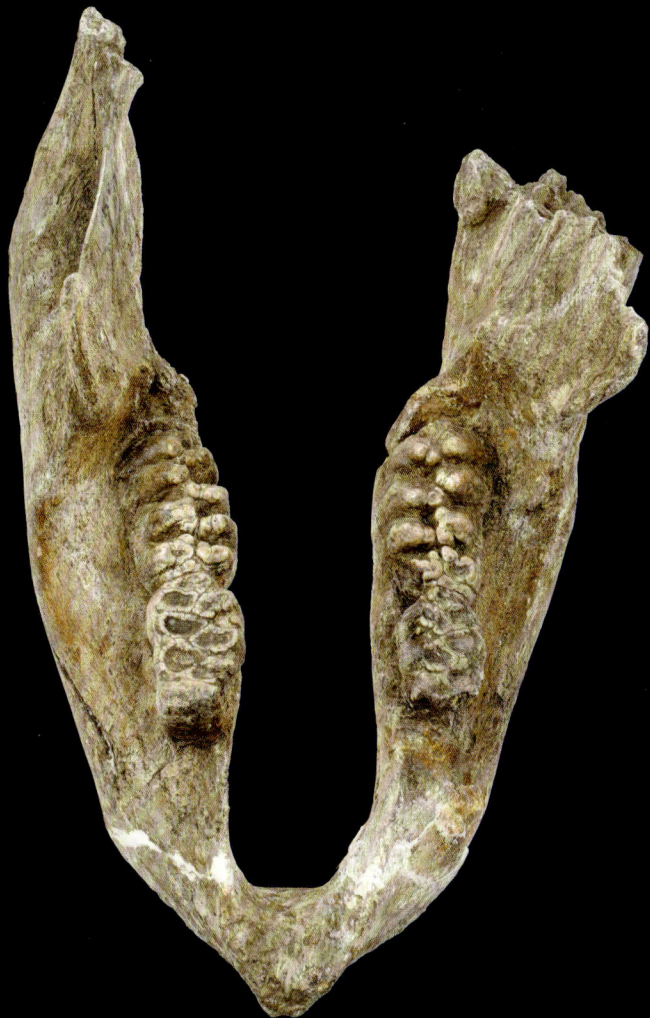

下颌骨

采集信息： 1934—1935 年采集于山西榆社赵庄村，
采集人桑志华。

文物级别： 馆藏二级

左上第三臼齿

采集信息： 1934—1935 年采集于山西榆社申村，采集人桑志华。

文物级别： 馆藏一级

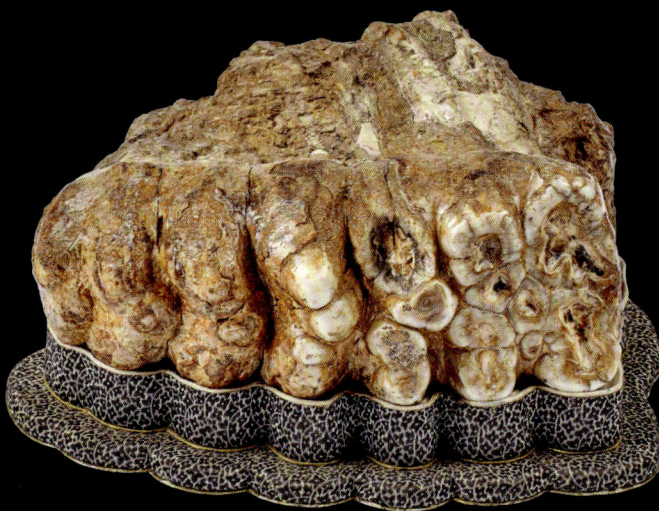

左下第三臼齿

采集信息： 1934—1935 年采集于山西榆社孙家庄，采集人桑志华。

文物级别： 馆藏二级

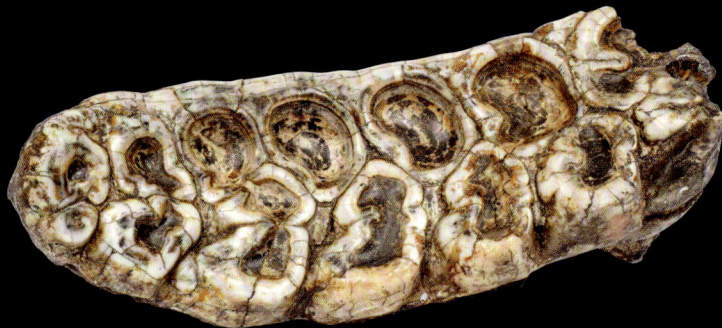

平额象（右下第三臼齿）
Archidiskodon planifrons

分类地位： 动物界 Animalia，脊索动物门 Chordata，
哺乳纲 Mammalia，长鼻目 Proboscidea，
真象科 Elephantidae，原齿象属 *Archidiskodon*

采集信息： 1934—1935 年采集于山西榆社里玉村，采集人桑志华。

地质年代： 早更新世

文物级别： 馆藏二级

鉴别特征： 一种原始的原齿象。臼齿齿脊数目少，偏于宽齿型，
横崎的"中尖突"不太明显。釉质层特别厚，褶皱
很弱。

德永象（左下第二臼齿）
Palaeoloxodon tokunagai

分类地位： 动物界 Animalia，脊索动物门 Chordata，哺乳纲 Mammalia，长鼻目 Proboscidea，
真象科 Elephantidae，古菱齿象属 *Palaeoloxodon*

采集信息： 1934—1935 年采集于山西榆社海眼，采集人桑志华。

地质年代： 早更新世

文物级别： 馆藏二级

鉴别特征： 臼齿狭长，齿冠较低，横崎顶部经磨蚀后逐渐形成清楚的"中尖突"，齿板很厚，
白垩质层发育，釉质层厚 2.5—3 毫米，齿脊频率 4—5，齿板排列大致平行，但在
未磨蚀很深之前，有时出现小的错动。

包氏玛姆象
Mammut borsoni

分类地位： 动物界 Animalia，脊索动物门 Chordata，哺乳纲 Mammalia，长鼻目 Proboscidea，
玛姆象科 Mammutidae，玛姆象属 *Mammut*

属种名由来： 种名 *borsoni* 献给意大利矿物学家埃蒂安·斯特凡诺·博尔松（Étienne Stefano Borson），他首
次描述了产自意大利的包氏玛姆象颊齿。

地质年代： 上新世

文物级别： 馆藏二级

鉴别特征： 一种很大的玛姆象类。下颌联合部较短，下门齿存在或退化消失，若存在成棒状，横截面近似圆形。
颊齿齿脊较宽，前后中心小尖不存在，前后新月嵴较细，朝越来越弱的趋势演化，主齿柱中附锥
较发育，中沟明显。

下颌联合部及两门齿
采集信息： 1934—1935 年采集于山西榆社
东方山村，采集人桑志华。

左上第三臼齿
采集信息： 1934—1935 年采集于山西榆社
台曲村，采集人桑志华。

桑氏剑齿象（左上第三臼齿）
Stegodon licenti

分类地位： 动物界 Animalia，脊索动物门 Chordata，
哺乳纲 Mammalia，长鼻目 Proboscidea，
剑齿象科 Stegodontidae，剑齿象属 *Stegodon*

属种名由来： 种名 *licenti* 献给化石发现者桑志华（E.
Licent）。

采集信息： 1934—1935 年采集于山西榆社元青，采集人
桑志华。

地质年代： 晚中新世

文物级别： 馆藏二级

鉴别特征： 个体小。白齿原始。主齿柱及三叶形构造在前面
3、4 个齿脊上可以识别，每个齿脊上有 4、5 个
乳突（个别有 8 个）。

东方剑齿象相似种
（左上第三臼齿）
Stegodon cf. orientalis

分类地位： 动物界 Animalia，脊索动物门 Chordata，
哺乳纲 Mammalia，长鼻目 Proboscidea，
剑齿象科 Stegodontidae，剑齿象属 *Stegodon*

采集信息： 1934—1935 年采集于山西榆社张村，采集人
桑志华。

地质年代： 早上新世

文物级别： 馆藏二级

鉴别特征： 宽齿型，无跟座，齿谷中有少量白垩质存在。

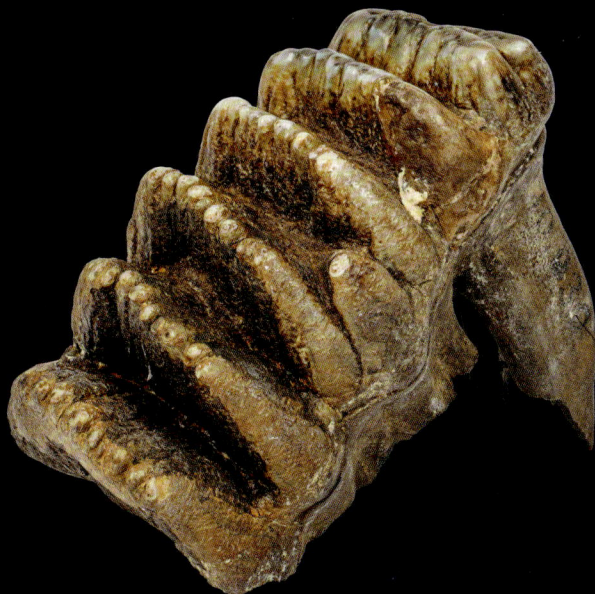

师氏剑齿象
Stegodon zdanskyi

分类地位：动物界 Animalia，脊索动物门 Chordata，
哺乳纲 Mammalia，长鼻目 Proboscidea，
剑齿象科 Stegodontidae，剑齿象属 *Stegodon*

属种名由来：种名 *zdanskyi* 献给奥地利著名古生物学家奥
托·师丹斯基（Otto Zdansky）。

地质年代：上新世

生活习性：体长可达 8 米，群居，游走在开阔草原上。食
量大，主要以粗纤维植物为食。

文物级别：馆藏二级

鉴别特征：头骨短而高。下颌联合部短。上门齿长而直，
粗壮，横切面为圆形，无釉质带；下门齿不存
在。臼齿齿冠低而宽。

头骨及下颌

采集信息：1934—1935 年采集于山西榆社
白海村、东方山村，采集人桑
志华。

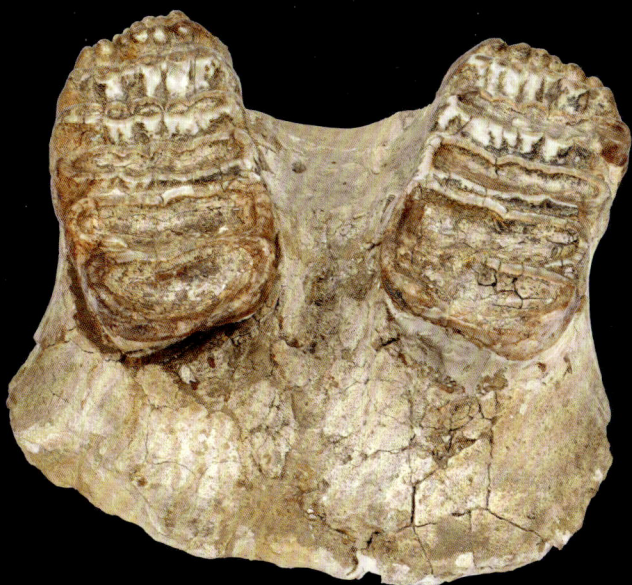

上颌骨

采集信息： 1934—1935 年采集于山西榆社
王家沟，采集人桑志华。

右上第三臼齿

采集信息： 1934—1935 年采集于山西榆
社西河村，采集人桑志华。

细角旋角羚羊（？）（较完整额骨及两角心）
?*Antilospira gracilis*

分类地位： 动物界 Animalia，脊索动物门 Chordata，
哺乳纲 Mammalia，偶蹄目 Artiodactyla，
牛科 Bovidae，旋角羚羊属 *Antilospira*

采集信息： 1934—1935 年采集于山西榆社弋庄村，采集
人桑志华。

地质年代： 晚上新世

馆藏独特性： 模式标本

文物级别： 馆藏一级

鉴别特征： 个体小，角心扁而细，两条棱起，旋转缓慢（仅
半圈），基部相距远，稍向后倾并向两侧分开。
头骨薄而隆起，眶上孔大而下陷。

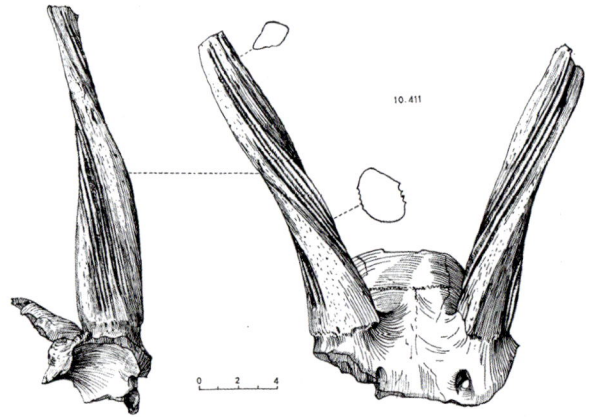

《山西东南部之洞角类化石》
（德日进、汤道平，1938）

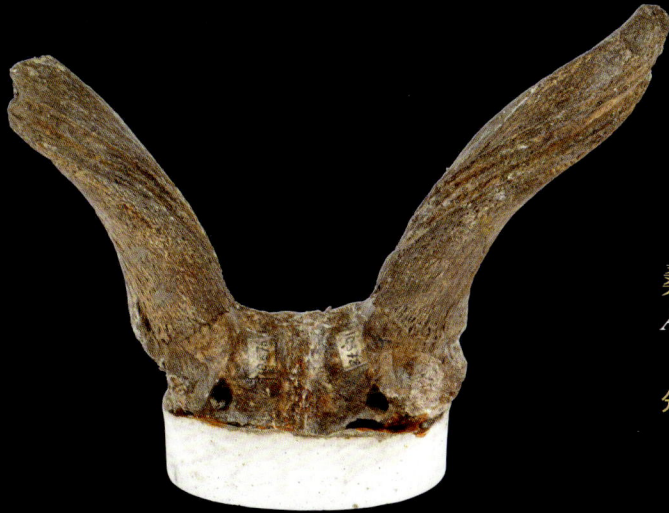

桑氏旋角羚羊（额骨及两角心）
Antilospira licenti

分类地位： 动物界 Animalia，脊索动物门 Chordata，
哺乳纲 Mammalia，偶蹄目 Artiodactyla，
牛科 Bovidae，旋角羚羊属 *Antilospira*

属种名由来： 属名 *Antilospira* 来源于性状特征，种名 *licenti*
献给桑志华（E. Licent）。

采集信息： 1934—1935 年采集于山西榆社弋庄村，采集
人桑志华。

地质年代： 晚上新世

馆藏独特性： 属型种，比模式标本更完整。

文物级别： 馆藏二级

鉴别特征： 小型的旋角羚羊。角心旋转不到一圈。角心表
面有两条棱起，两侧各有一条深沟带，角基相
距远，并急速向两侧分开。

粗壮旋角羚羊（？）（额骨及两角心）
?*Antilospira robusta*

分类地位： 动物界 Animalia，脊索动物门 Chordata，
哺乳纲 Mammalia，偶蹄目 Artiodactyla，
牛科 Bovidae，旋角羚羊属 *Antilospira*

采集信息： 1934—1935 年采集于山西榆社青羊平村，采
集人桑志华。

地质年代： 早更新世

馆藏独特性： 模式标本

文物级别： 馆藏一级

鉴别特征： 个体大。额骨短而粗壮。角心横切面扁平，稍
呈螺旋状，角面只有一条锐利的棱起，棱起在
角后方与额骨相交。眶上孔大而下陷。

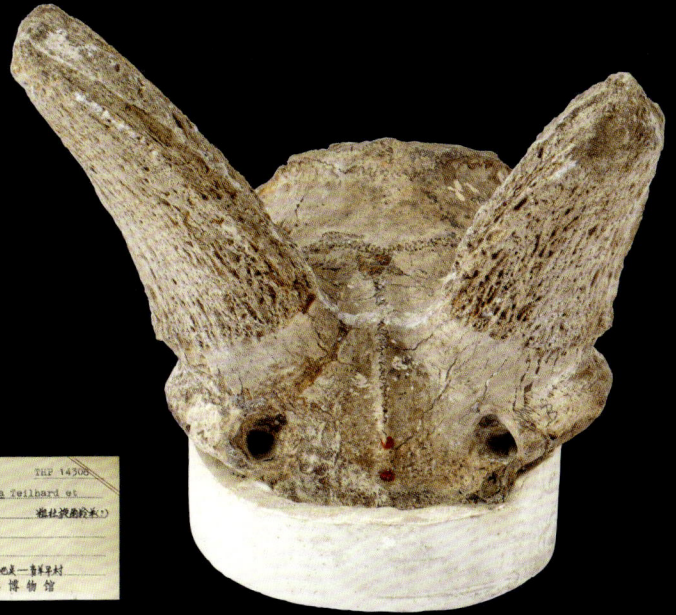

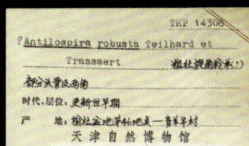

师氏旋角羚羊（？）（不完整的额骨及两角心）
?*Antilospira zdanskyi*

分类地位： 动物界 Animalia，脊索动物门 Chordata，
哺乳纲 Mammalia，偶蹄目 Artiodactyla，
牛科 Bovidae，旋角羚羊属 Antilospira

属种名由来： 种名 *zdanskyi* 献给奥地利著名古生物学家奥托·师丹
斯基（Otto Zdansky）。

采集信息： 1934—1935 年采集于山西榆社棉则沟，采集人桑志华。

地质年代： 晚上新世

馆藏独特性： 模式标本

文物级别： 馆藏一级

鉴别特征： 个体很大，角心表面的棱起锐利，旋转急速（将近两
圈），两角稍向后分开。眶上孔大而下陷。

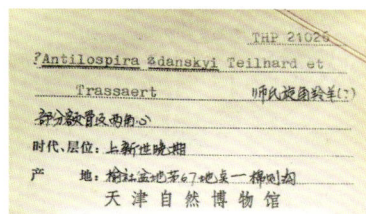

古中华野牛（头骨及右角心）
Bison palaeosinensis

分类地位： 动物界 Animalia，脊索动物门 Chordata，
哺乳纲 Mammalia，偶蹄目 Artiodactyla，
牛科 Bovidae，野牛属 *Bison*

属种名由来： 种名 *palaeosinensis* 用于标记它的起源地、
地质年代及原始形态。

采集信息： 1924—1929 年采集于河北阳原泥河湾，采集
人桑志华。

地质年代： 早更新世

生活习性： 个体较小，嗅觉和听觉极为灵敏，性情可能温
和胆小一些，食性介于嫩食和粗食之间，但可
能更偏向嫩食。

馆藏独特性： 模式标本，不少研究者将其视为中—晚更新
世野牛的直接祖先。

文物级别： 馆藏一级

鉴别特征： 个体小而原始，头骨最高处在角心后缘的额骨
中部，角心向后伸展，角尖较弯且向后旋。

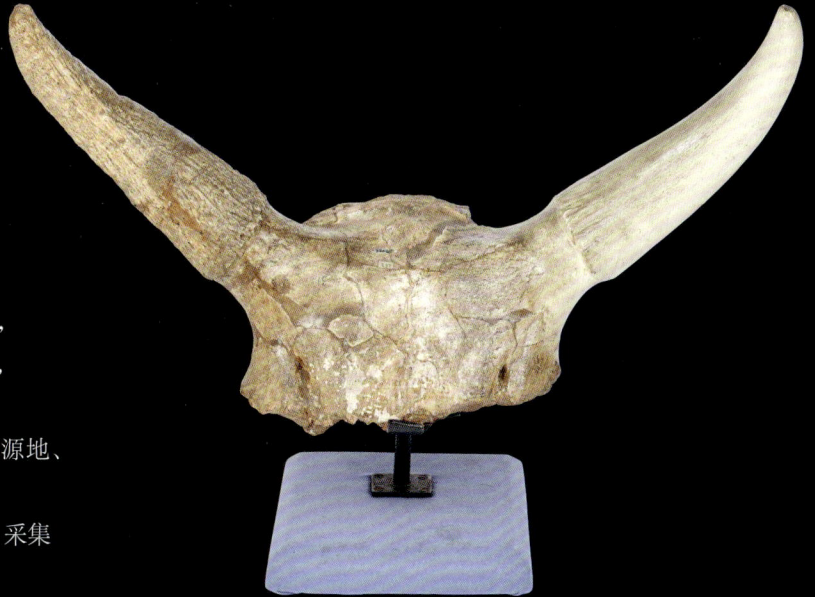

短头牛羊（较完整头骨及左角心）
Boopsis breviceps

分类地位： 动物界 Animalia，脊索动物门 Chordata，
哺乳纲 Mammalia，偶蹄目 Artiodactyla，
牛科 Bovidae，牛羊属 *Boopsis*

采集信息： 1934—1935 年采集于山西榆社张口，采集人
桑志华。

地质年代： 早更新世

馆藏独特性： 模式标本

文物级别： 馆藏一级

鉴别特征： 枕骨宽而平，与顶骨组成一钝角；基枕骨宽而
凸起；颅基轴明显下弯；眼眶突出；眶上孔
很深

三角小羚羊（头骨及两角心）
Dorcadoryx triquetricornis

分类地位： 动物界 Animalia，脊索动物门 Chordata，哺乳纲 Mammalia，偶蹄目 Artiodactyla，牛科 Bovidae，小羚羊属 *Dorcadoryx*

采集信息： 1934—1935 年采集于山西榆社台曲村，采集人桑志华。

地质年代： 上新世

馆藏独特性： 模式标本

文物级别： 馆藏一级

鉴别特征： 小型羚羊。头骨构造与羚羊相同，在角心后外侧额骨上有一个小窝，但两角心相距很近，前棱在前方会聚，角心横切面三角形；前臼齿列短，上第四前臼齿复杂；泪窝大而深。

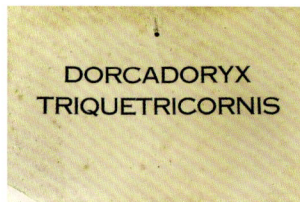

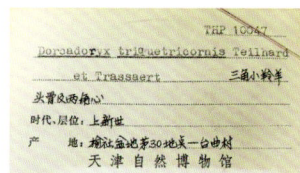

DORCADORYX
TRIQUETRICORNIS

THF 10067

Dorcadoryx triquetricornis Teilhard
et Trassaert   三角小羚羊

头骨及两角心

时代、层位：上新世

产　　地：榆社盆地第30地点一台曲村

天津自然博物馆

步氏羚羊（头骨及两角心）
Gazella blacki

分类地位： 动物界 Animalia，脊索动物门 Chordata，哺乳纲 Mammalia，偶蹄目 Artiodactyla，牛科 Bovidae，羚羊属 *Gazella*

属种名由来： 种名 *blacki* 献给对中国古生物学发展具有推动作用的步达生（David Black）博士。

采集信息： 1934—1935 年采集于山西榆社泥河村，采集人桑志华。

地质年代： 晚上新世

生活习性： 与鹅喉羚羊相似，鹅喉羚羊对炎热、严寒和干旱的生存条件具有很强的忍耐力，常栖息于沙漠和半沙漠地区，主要以藜科和禾本科植物为食，也吃灌木的树枝和嫩叶，偏爱蛋白质和水分含量高的食物。

文物级别： 馆藏二级

鉴别特征： 个体中等大小，短头型，枕面向后突出不明显，枕髁与枕面处在同一平面中，基枕面平，呈方形，具宽浅而长的中纵沟；角心纤细，短而直，从角基向角顶方向迅速变尖，基部横切面为次圆形；颊齿高冠，前臼齿列短。

高氏羚羊（头骨及两角心）
Gazella gaudryi

分类地位： 动物界 Animalia，脊索动物门 Chordata，哺乳纲 Mammalia，偶蹄目 Artiodactyla，
牛科 Bovidae，羚羊属 *Gazella*

采集信息： 1934—1935 年采集于山西榆社高庄村，采集人桑志华。

地质年代： 早上新世

文物级别： 馆藏二级

鉴别特征： 一种小型而原始的羚羊。头骨狭长，枕面窄而高。角心纤细，短小而直，基部横
切面呈圆形，角心在基部内侧间距大。颊齿低冠，前臼齿列长。

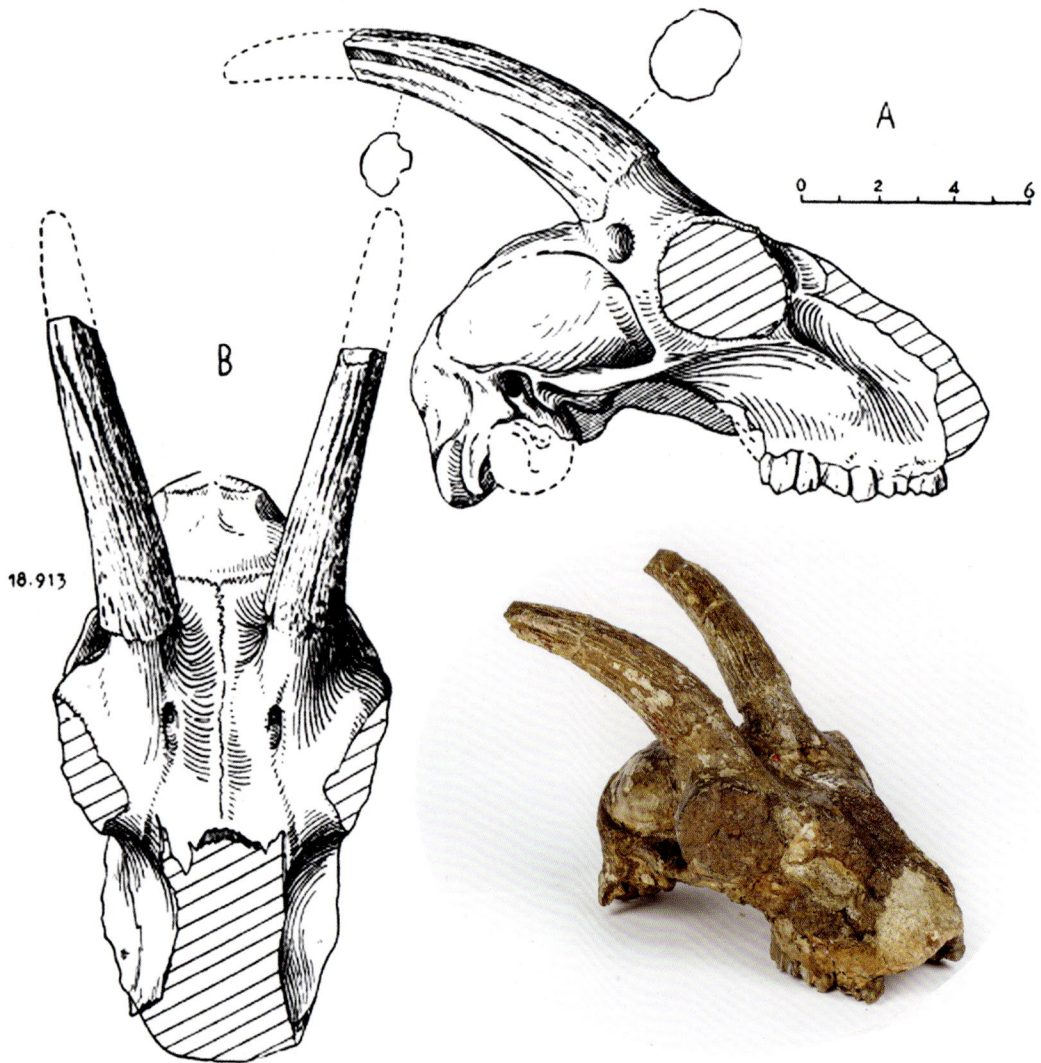

《山西东南部之洞角类化石》
（德日进、汤道平，1938）

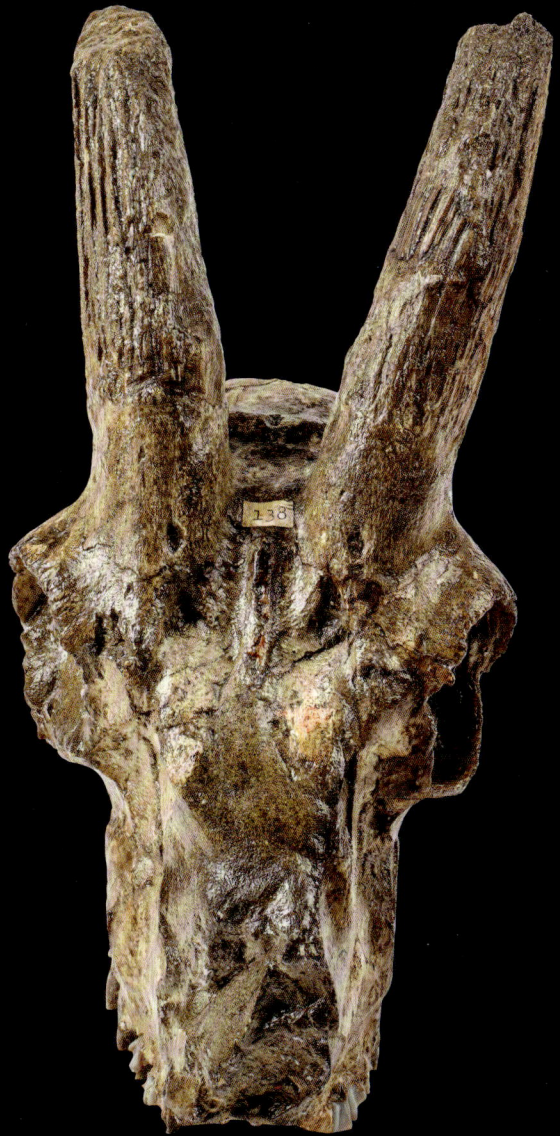

中国羚羊（头骨及两角心）
Gazella sinensis

分类地位： 动物界 Animalia，脊索动物门 Chordata，
哺乳纲 Mammalia，偶蹄目 Artiodactyla，
牛科 Bovidae，羚羊属 *Gazella*

采集信息： 1924—1929 年采集于河北阳原泥河湾，采集
人桑志华。

地质年代： 早更新世

生活习性： 与鹅喉羚羊相似，鹅喉羚羊对炎热、严寒和干
旱的生存条件具有很强的忍耐力，常栖息于沙
漠和半沙漠地区，主要以藜科和禾本科植物为
食，也吃灌木的树枝和嫩叶，偏爱蛋白质和水
分含量高的食物。

馆藏独特性： 模式标本

文物级别： 馆藏一级

鉴别特征： 一种大型羚羊，头骨粗状，枕面宽而高，有泪
窝；角心粗壮而长，表面有深沟，基部横切面
椭圆形；颊齿高冠，前臼齿列短。

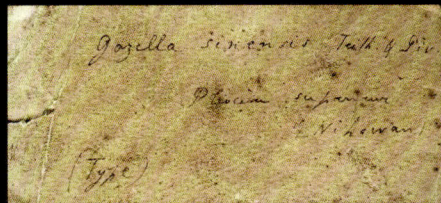

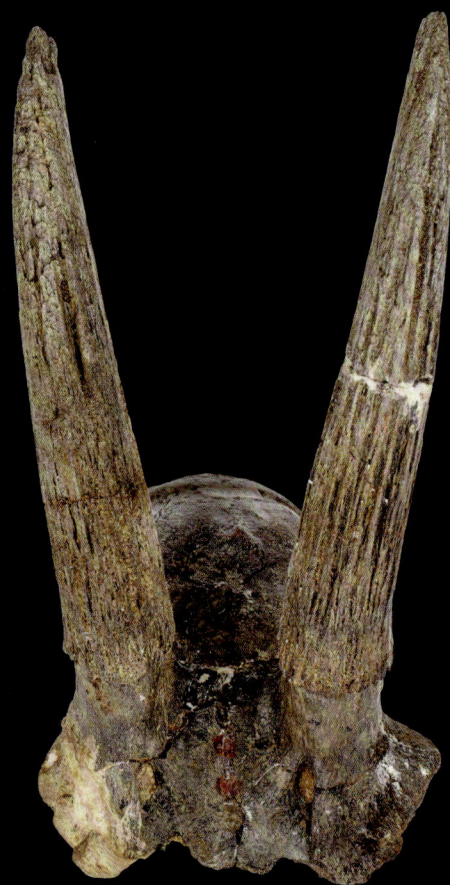

鹅喉羚羊（头骨及两角）
Gazella cf. *Gazella subgutturosa*

分类地位： 动物界 Animalia，脊索动物门 Chordata，哺乳纲 Mammalia，偶蹄目 Artiodactyla，牛科 Bovidae，羚羊属 *Gazella*

属种名由来： 雄羚在发情期喉部特别肥大，状似鹅喉，故得此名。

采集信息： 1934—1935 年采集于山西榆社弋庄村，采集人桑志华。

地质年代： 早更新世

生活习性： 鹅喉羚羊对炎热、严寒和干旱的生存条件具有很强的忍耐力，常栖息于沙漠和半沙漠地区，主要以藜科和禾本科植物为食，也吃灌木的树枝和嫩叶，偏爱蛋白质和水分含量高的食物。

文物级别： 馆藏二级

鉴别特征： 雄性具角，微向后弯，角尖朝内，角上有一圈圈的环棱，棱数随年龄的增加而增加，雌性无角。

撒旦琴角羚牛（额骨及两角心）
Lyrocerus satan

分类地位： 动物界 Animalia，脊索动物门 Chordata，
哺乳纲 Mammalia，偶蹄目 Artiodactyla，
牛科 Bovidae，琴角羚牛属 *Lyrocerus*

采集信息： 1934—1935 年采集于山西榆社里玉村，采集
人桑志华。

地质年代： 晚上新世

馆藏独特性： 模式标本

文物级别： 馆藏一级

鉴别特征： 在两个角心下有较大的额窦，角心垂直于头骨
上，旋转，粗壮，但迅速变尖；前棱在基部形
成翼状突起，并与额部隆起相连，后棱较弱；
角心旋转较缓。

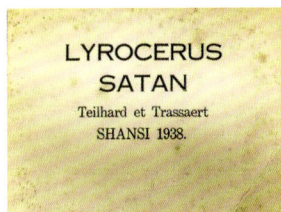

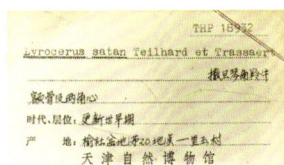

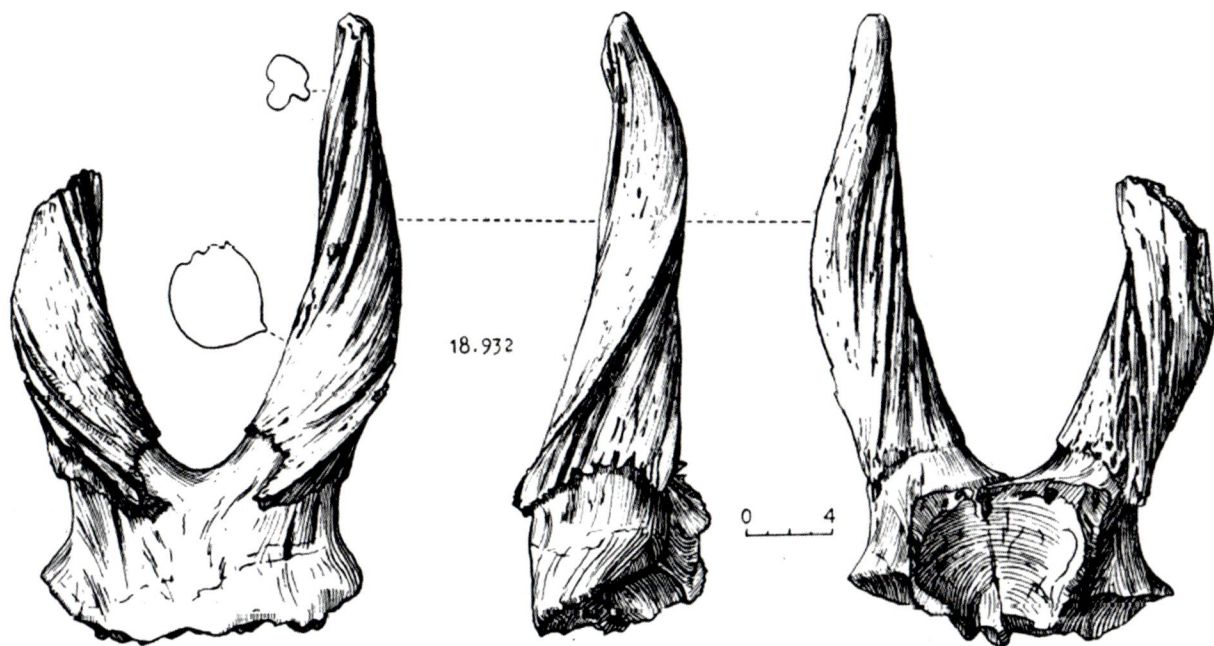

LYROCERUS
SATAN
Teilhard et Trassaert
SHANSI 1938.

THP 18932
Lyrocerus satan Teilhard et Trassaert
撒旦琴角羚牛
额骨及两角心
时代、层位：更新世早期
产　地：榆社盆地第20地层—里玉村
天津自然博物馆

《山西东南部之洞角类化石》
（德日进、汤道平，1938）

45

盘羊（头骨）
Ovis ammon

分类地位： 动物界 Animalia，脊索动物门 Chordata，哺乳纲 Mammalia，偶蹄目 Artiodactyla，牛科 Bovidae，绵羊属 *Ovis*

采集信息： 1922—1923 年采集于陕西雷龙湾，采集人桑志华。

地质年代： 晚更新世

生活习性： 典型的山地动物，栖息于高山裸岩带及起伏的山间丘陵，多以禾本科和莎草科、葱属植物为食，也取食一些灌木的嫩枝叶。

鉴别特征： 体型中等，头骨大，眼眶突出，吻部较短。角心粗大，前上面为圆弧形，后面极平，两面相交处有一横嵴，角心横切面三角形。

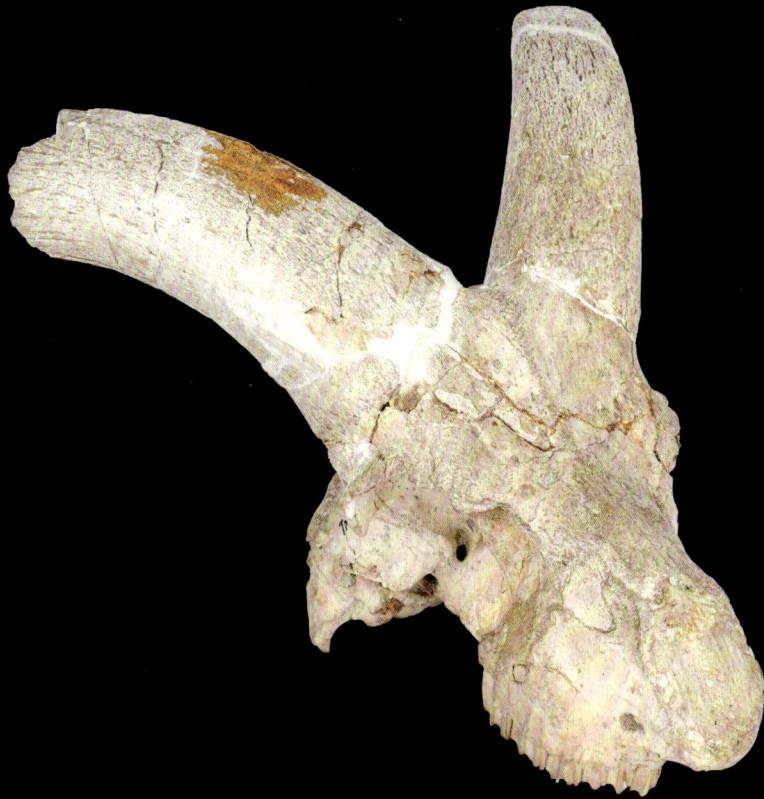

山东绵羊（头骨及两角心）
Ovis shantungensis

分类地位： 动物界 Animalia，脊索动物门 Chordata，哺乳纲 Mammalia，偶蹄目 Artiodactyla，牛科 Bovidae，绵羊属 *Ovis*

采集信息： 1924—1929 年采集于河北阳原泥河湾，采集人桑志华。

地质年代： 早更新世

生活习性： 与现生盘羊有较近的血统关系，习性可能很接近。现生盘羊栖息于沙漠和山地交界的冲积平原和山地低谷中，喜欢开阔、干燥的沙漠和大草原，食性较广，粗食为主。

文物级别： 馆藏二级

鉴别特征： 头骨后部强烈突出；眼眶为椭圆形，前后径大于垂直径，显著地向侧方突出。角心粗壮，强烈弯曲成半圆弧状，其下降部分很轻微地向侧方张开；横切面近乎三角形，但无明显的棱，前外角最圆滑，三个面中内后面最宽，上面最窄。眼眶相对地向后，角心相对地前移。泪窝大。

步氏原大羚（？）
?*Protoryx bohlini*

分类地位： 动物界 Animalia，脊索动物门 Chordata，哺乳纲 Mammalia，偶蹄目 Artiodactyla，
牛科 Bovidae，原大羚属 *Protoryx*

属种名由来： 种名 *bohlini* 献给步林（B. Bohlin）博士，他为我们了解亚洲的洞角类化石做出
了巨大贡献。

地质年代： 上新世

鉴别特征： 大型。角心短而粗壮，横切面三角形，角基相当接近，上部稍分开，略向后弯。额部
厚，无额窦。

头骨及两角心

采集信息： 1934—1935 年采集于山西榆社太平沟，
采集人桑志华。

文物级别： 馆藏一级

馆藏独特性： 模式标本

角

采集信息： 1934—1935 年采集于山西榆社老相村，
采集人桑志华。

文物级别： 馆藏二级

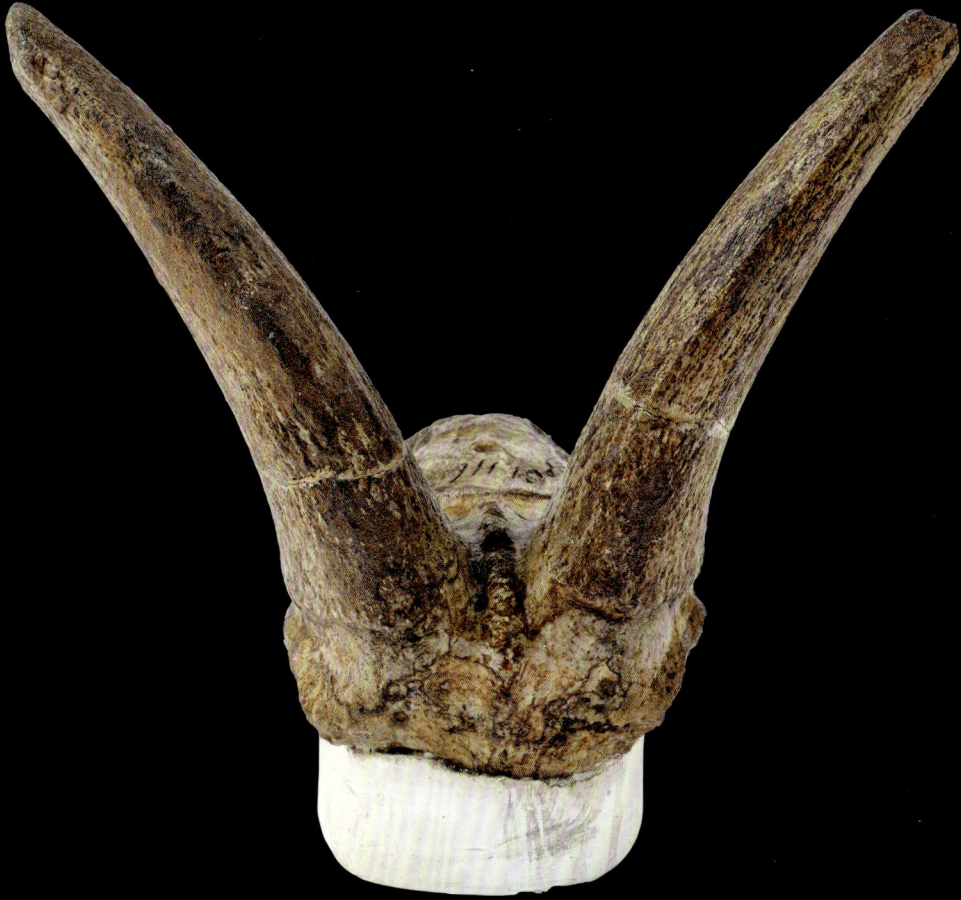

榆社原大羚（？）（头骨及两角心）
?*Protoryx yushensis*

分类地位： 动物界 Animalia，脊索动物门 Chordata，哺乳纲 Mammalia，偶蹄目 Artiodactyla，牛科 Bovidae，原大羚属 *Protoryx*

属种名由来： 种名 *yushensis* 源于化石产地山西榆社盆地。

采集信息： 1934—1935 年采集于山西榆社张村沟，采集人桑志华。

地质年代： 上新世

馆藏独特性： 模式标本

文物级别： 馆藏一级

鉴别特征： 角心横切面为椭圆形或稍具棱角，基部相当接近，但迅速分开，略向后弯。

紧旋角羚牛（额骨及两角心）
Sinoreas cornucopia

分类地位： 动物界 Animalia，脊索动物门 Chordata，
哺乳纲 Mammalia，偶蹄目 Artiodactyla，
牛科 Bovidae，紧旋角羚牛属 *Sinoreas*

属种名由来： 属名 *Sinoreas* 源于角的特征。

采集信息： 1934—1935 年采集于山西榆社岩良村，采集
人桑志华。

地质年代： 晚上新世

馆藏独特性： 模式标本，且为属型种。

文物级别： 馆藏一级

鉴别特征： 额骨有额窦。角心旋转较急（一圈半），前部
的棱延至额部隆起。眶上孔小，不下陷。角基
后外侧有一小窝。

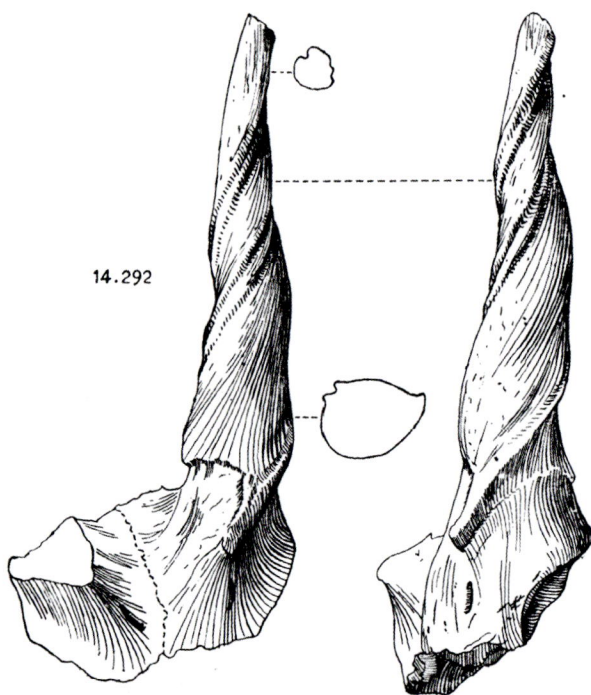

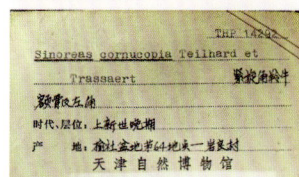

14.292

SINOREAS
CORNUCOPIA
Teilhard et Trassaert
SHANSI 1938.

ThF 14292
Sinoreas cornucopia Teilhard et
Trassaert　　　紧旋角羚牛
额骨及左角
时代、层位：上新世晚期
产　　地：榆社盆地第64地点一岩良村
天津自然博物馆

《山西东南部之洞角类化石》
（德日进、汤道平，1938）

厚额中华大羚（头骨及两角心）
Sinoryx bombifrons

分类地位： 动物界 Animalia，脊索动物门 Chordata，
哺乳纲 Mammalia，偶蹄目 Artiodactyla，
牛科 Bovidae，中华大羚属 *Sinoryx*

采集信息： 1934—1935 年采集于山西榆社台曲村，采集
人桑志华。

地质年代： 上新世

馆藏独特性： 模式标本，且为属型种。

文物级别： 馆藏一级

鉴别特征： 大型羚羊。角心横剖面为圆形，但额骨及吻部
很宽。头骨在眼眶后收缩，眼眶向外突出。角
基后面没有小窝。

裴氏转角羚羊（右角心）
Spirocerus peii

分类地位： 动物界 Animalia，脊索动物门 Chordata，
哺乳纲 Mammalia，偶蹄目 Artiodactyla，
牛科 Bovidae，转角羚羊属 *Spirocerus*

属种名由来： 种名 *peii* 献给周口店动物群研究中的采集者
裴文中。

采集信息： 1934—1935 年采集于山西太谷河西村，采集
人桑志华。

地质年代： 更新世

生活习性： 地理分布局限于北方，一般生活在草原、旷野
或沙漠，有的栖息于山区地带，主要以草本植
物为食，也以木本植物的枝叶为食，是粗食者。

文物级别： 馆藏二级

鉴别特征： 一种个体大的羚羊。角上有两条相对的、扭转
很紧的棱，成年个体的角心由角基至角顶旋转
一圈半，前侧视有 3 条螺旋，角心无空泡。

翁氏转角羚羊（头骨及两角心）
Spirocerus wongi

分类地位： 动物界 Animalia，脊索动物门 Chordata，哺乳纲 Mammalia，偶蹄目 Artiodactyla，牛科 Bovidae，
转角羚羊属 *Spirocerus*

属种名由来： 种名 *wongi* 献给时任农商部地质调查所所长翁文灏博士。

采集信息： 1924—1929 年采集于河北阳原泥河湾，采集人桑志华。

地质年代： 早更新世

生活习性： 与裴氏转角羚羊相似。裴氏转角羚羊一般生活在草原、旷野或沙漠，有的栖息于山区地带，主要
以草本植物为食，也以木本植物的枝叶为食，是粗食者。

馆藏独特性： 模式标本，目前发现的地质年代最老的转角羚羊。

文物级别： 馆藏一级

鉴别特征： 角心粗壮，长而直，稍向两侧分开并明显向后倾斜；由角基至角顶旋转不多于一圈；有一条明显
的前棱，有时有一条明显的后棱。眶上孔大而深。顶骨厚而多孔。

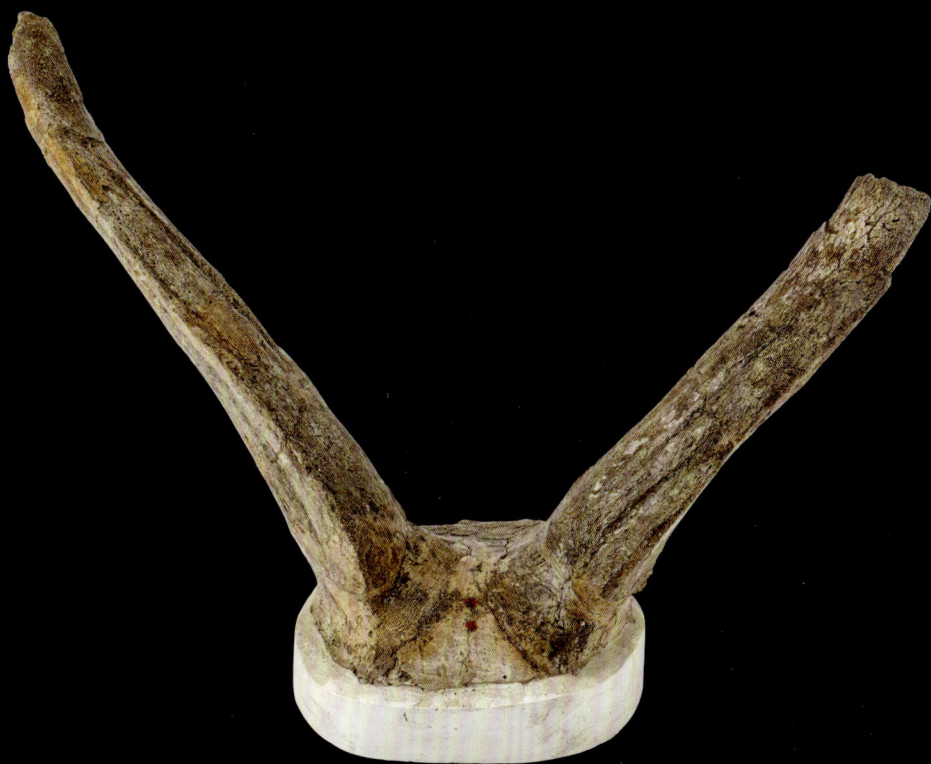

扁角羊角羚牛（？）（额骨及两角心）
?*Tragocerus laticornis*

分类地位： 动物界 Animalia，脊索动物门 Chordata，哺乳纲 Mammalia，
偶蹄目 Artiodactyla，牛科 Bovidae，羊角羚牛属 *Tragocerus*

采集信息： 1934—1935 年采集于山西榆社太平沟，采集人桑志华。

地质年代： 上新世

馆藏独特性： 模式标本

文物级别： 馆藏一级

鉴别特征： 个体较大，角心波状起伏，有明显的棱，两角基相距甚远并迅速向
两侧分开。

山西轴鹿
Axis shansius

分类地位： 动物界 Animalia，脊索动物门 Chordata，哺乳纲 Mammalia，偶蹄目 Artiodactyla，鹿科 Cervidae，轴鹿属 *Axis*

属种名由来： 种名 *shansius* 源于产地山西。

地质年代： 早更新世

生活习性： 山西轴鹿与现生轴鹿在形态上相似，估计生态特征上也有相似之处。现生轴鹿栖息于印巴半岛和斯里兰卡的草原及森林中，喜欢群居，一般每群可多达 100 只以上。以嫩食为主，也能粗食。

文物级别： 馆藏二级

鉴别特征： 体型相对较大。鹿角的主枝在第一和第二分叉之间的部分呈竖琴状并伴有螺旋形；眉枝较长，位于角环上方，但不靠近角环；第二枝和第三枝都较长，但第三枝更长；第一分叉的角度较大，第二分叉的角度则较小；纵向排列的沟棱角饰不发育。

左角
采集信息： 1934—1935 年采集于山西榆社石壁，采集人桑志华。

头骨及两角

采集信息：1934—1935 年采集于山西榆社乔家沟，采集人桑志华。

低枝祖鹿（额骨及两角）
Cervavitus demissus

分类地位： 动物界 Animalia，脊索动物门 Chordata，哺乳纲 Mammalia，偶蹄目 Artiodactyla，
鹿科 Cervidae，祖鹿属 *Cervavitus*

属种名由来： 种名 *demissus* 源于角的形态，即眉枝在角节上方的位置低，主枝不再分枝。

采集信息： 1934—1935 年采集于山西榆社北村，采集人桑志华。

地质年代： 早更新世

馆藏独特性： 模式标本

文物级别： 馆藏一级

鉴别特征： 个体小，角柄长。眉枝在角节上方的位置低，主枝不再分枝。角柄和主枝间的夹角
小。主枝向后倾，角表面有一定量的沟纹。

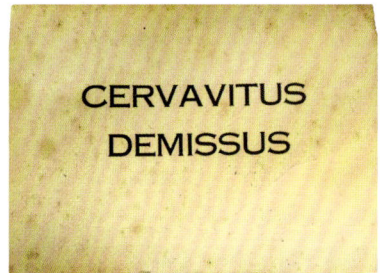

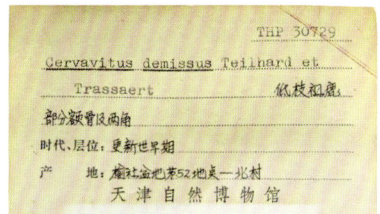

CERVAVITUS
DEMISSUS

新罗斯祖鹿（头骨及两角）
Cervavitus novorossiae

分类地位： 动物界 Animalia，脊索动物门 Chordata，
哺乳纲 Mammalia，偶蹄目 Artiodactyla，
鹿科 Cervidae，祖鹿属 *Cervavitus*

采集信息： 1934—1935 年采集于山西榆社林头，采集人桑志华。

地质年代： 早上新世

文物级别： 馆藏二级

鉴别特征： 个体小。腭骨宽，牙列呈弧形，齿冠低。雌性无角
和额嵴。雄性具"适应型"（第三枝比第二枝长）的
三叉的角，角表面有深的沟纹。主枝直或稍弯，但在
第一、二枝之间不呈琴状。角柄相当长，与额骨上的
额嵴相连。

华丽黑鹿（头骨及两角）
Cervus (Rusa) elegans

分类地位： 动物界 Animalia，脊索动物门 Chordata，哺乳纲 Mammalia，偶蹄目 Artiodactyla，
鹿科 Cervidae，鹿属 *Cervus*

采集信息： 1925 年采集于河北阳原泥河湾，采集人桑志华。

地质年代： 早更新世

馆藏独特性： 模式标本

文物级别： 馆藏一级

鉴别特征： 比较小的黑鹿，角柄短，在额骨上没有崤延伸。第一枝位于角基上部很高的位置，
长而直，与主枝间成锐角。主枝直或稍弯，但不呈琴弓状。第二枝比第三枝长。
角表面光滑或有沟。

扇角黇鹿（额骨及两角）
Dama sericus

分类地位： 动物界 Animalia，脊索动物门 Chordata，哺乳纲 Mammalia，偶蹄目 Artiodactyla，鹿科 Cervidae，黇鹿属 *Dama*

采集信息： 1934—1935 年采集于山西榆社北村，采集人桑志华。

地质年代： 早更新世

馆藏独特性： 模式标本，该标本是黇鹿在中国的首次发现。

文物级别： 馆藏一级

鉴别特征： 眉枝长，在角节部上的位置相当高。主枝呈明显的弓形弯曲，掌状部分有四个主要的叶，有些叶还分成小枝，掌状部分对称地扩张如扇状。

双叉四不像鹿（右角）
Elaphurus bifurcatus

分类地位： 动物界 Animalia，脊索动物门 Chordata，哺乳纲 Mammalia，偶蹄目 Artiodactyla，鹿科 Cervidae，麋鹿属 *Elaphurus*

属种名由来： 种名 *bifurcatus* 源于角的形态。

采集信息： 1924—1929 年采集于河北阳原泥河湾，采集人桑志华。

地质年代： 早更新世

生活习性： 现生麋鹿性好合群，善游泳，喜欢以水生和陆生的禾本科及豆科植物为食，食性较窄。双叉麋鹿可能也有类似的狭窄食性。

馆藏独特性： 模式标本，是我国首次发现的麋鹿属化石，该种或其相似种目前仅发现于我国北方地区的早更新世地层。

文物级别： 馆藏一级

鉴别特征： 角为完整的双叉分角，即主枝和眉枝均二分叉。前枝再双分成长度不等的两个长的圆柱形的枝。主枝大，呈圆柱状、波浪状弯曲，在与前枝分叉处强烈地向后内弯，近末端处分成两个强的枝，其横切面均呈三角形。有角柄，左右两角柄彼此很靠近。

布氏始柱角鹿（额骨及两角心）
Eostyloceros blainvillei

分类地位： 动物界 Animalia，脊索动物门 Chordata，哺乳纲 Mammalia，偶蹄目 Artiodactyla，
鹿科 Cervidae，始柱角鹿属 *Eostyloceros*

采集信息： 1934—1935 年采集于山西榆社申家沟，采集人桑志华。

地质年代： 上新世

文物级别： 馆藏二级

鉴别特征： 一种较大的鹿类。角柄短，与长在额上的显著的嵴相连。角节发育。有长的眉枝，
直接从角节部向内伸出，主枝简单，圆筒状，长而向内弯曲，上有许多沟和棱。

布氏真枝角鹿
Eucladoceros boulei

分类地位：动物界 Animalia，脊索动物门 Chordata，哺乳纲 Mammalia，偶蹄目 Artiodactyla，
鹿科 Cervidae，真枝角鹿属 *Eucladoceros*

地质年代：早更新世

生活习性：一种身体较为纤细、善于奔跑的大型鹿类。栖居于森林、灌丛等环境，主要以乔木和灌木的叶为食

馆藏独特性：我国最早发现的真枝角鹿属化石，是我国早更新世该属唯一的种。角标本为模式标本。

鉴别特征：头骨额部宽而平；眼眶突出；眶前凹大；上颌骨高。第二臼齿内柱大，有前外附柱存在。角柄相
当短，角具六个分枝，除第二个分枝外，其余的分枝都在同一平面上，在主枝的前面呈梳状排列。

头骨

采集信息：1934—1935 年采集于山西榆社
胡家沟，采集人桑志华。

文物级别：馆藏二级

右角

采集信息：1924—1929 年采集于河北阳原
泥河湾，采集人桑志华。

文物级别：馆藏一级

河套大角鹿（头骨及两角）
Megaloceros (Sinomegaceros) ordosianus

分类地位： 动物界 Animalia，脊索动物门 Chordata，哺乳纲 Mammalia，偶蹄目 Artiodactyla，鹿科 Cervidae，大角鹿属 *Megaloceros*

采集信息： 1922—1923 年采集于陕西榆林，采集人桑志华。

地质年代： 晚更新世

文物级别： 馆藏二级

鉴别特征： 角粗大，角节部圆而大。主枝靠近角节的部分，因眉枝向前分出而特别粗壮，为角的最大直径所在。主枝的圆柱部分呈强 S 形弯曲，掌状部分几乎沿头的冠面延伸。眉枝扁平，沿头骨的矢状面延伸，与主枝垂直相交，彼此不平行；眉枝位置很低，直接与角基部接触。

麂后麂（额骨及两角）
Metacervulus capreolinus

分类地位： 动物界 Animalia，脊索动物门 Chordata，哺乳纲 Mammalia，偶蹄目 Artiodactyla，鹿科 Cervidae，后麂属 *Metacervulus*

属种名由来： 属种名源于角的形状特征，角是"麂型"，但主枝分叉，整个角的外貌像麂子的角，因此称它为麂后麂。

采集信息： 1934—1935 年采集于山西榆社太平沟，采集人桑志华。

地质年代： 晚上新世

馆藏独特性： 模式标本，且为属型种。

文物级别： 馆藏一级

鉴别特征： 眉枝如刺状，位置很低，在横向上与主枝成 45° 角，就在眉枝的上方，角的横切面呈三角形，其主边在后面，由此分出第二分枝，第二分枝在矢状面上向后伸，刺状。第三分枝（主枝）与始柱角鹿的主枝相似，强烈地向内弯。

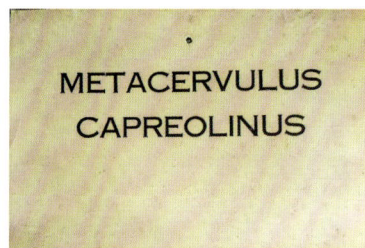

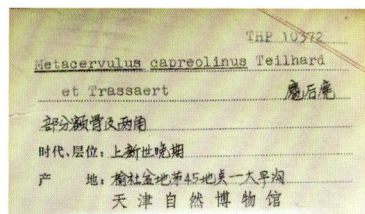

萨摩麟（头骨）
Samotherium sp.

分类地位：动物界 Animalia，脊索动物门 Chordata，
哺乳纲 Mammalia，偶蹄目 Artiodactyla，
长颈鹿科 Giraffidae，萨摩麟属 *Samotherium*

采集信息：1920 年采集于甘肃庆阳，采集人桑志华。

地质年代：晚中新世

鉴别特征：个体较大，头骨呈长头型。吻长，鼻骨很长很
直。上颌骨近中缝齿前部分长。眼眶上有一对
角。眼眶相当高，从侧面看眶上缘与额骨和鼻
骨在同一水平上或稍高，眶前缘位于上第三臼
齿的上方或后上方。额骨向上凹。牙齿齿冠较
高，珐琅质具相当粗的褶皱。

巨副驼（右下颌骨）
Paracamelus gigas

分类地位：动物界 Animalia，脊索动物门 Chordata，
哺乳纲 Mammalia，偶蹄目 Artiodactyla，
骆驼科 Camelidae，副驼属 *Paracamelus*

采集信息：1934—1935 年采集于山西榆社下庄村，采集
人桑志华。

地质年代：晚中新世

文物级别：馆藏二级

鉴别特征：形态原始的骆驼。下颌纤细窄长，下颌联合部
长，吻部较窄，下颌体低矮。牙齿低冠，下第
二、第三臼齿具前外褶。

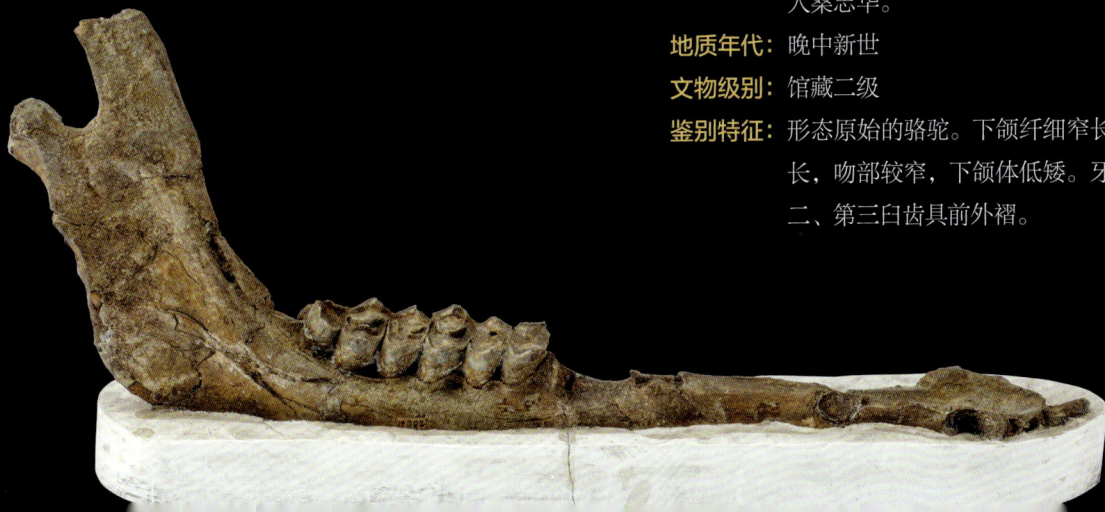

野驴（完整骨架）
Equus hemionus

分类地位： 动物界 Animalia，脊索动物门 Chordata，哺乳纲 Mammalia，奇蹄目 Perissodactyla，马科 Equidae，马属 *Equus*

采集信息： 1922—1923 年采集于内蒙古萨拉乌苏，采集人桑志华。

地质年代： 晚更新世

生活习性： 典型的荒漠动物，多栖息于海拔 3000—5000 米的高原亚寒带。善游荡生活，耐干渴，冬季主要吃积雪解渴。以禾本科、莎草科和百合科草类为食。

馆藏独特性： 北疆博物院藏品中非常完整的骨架化石。

鉴别特征： 体型介于家养驴和马之间，头短而宽，四肢较短。尾细长。

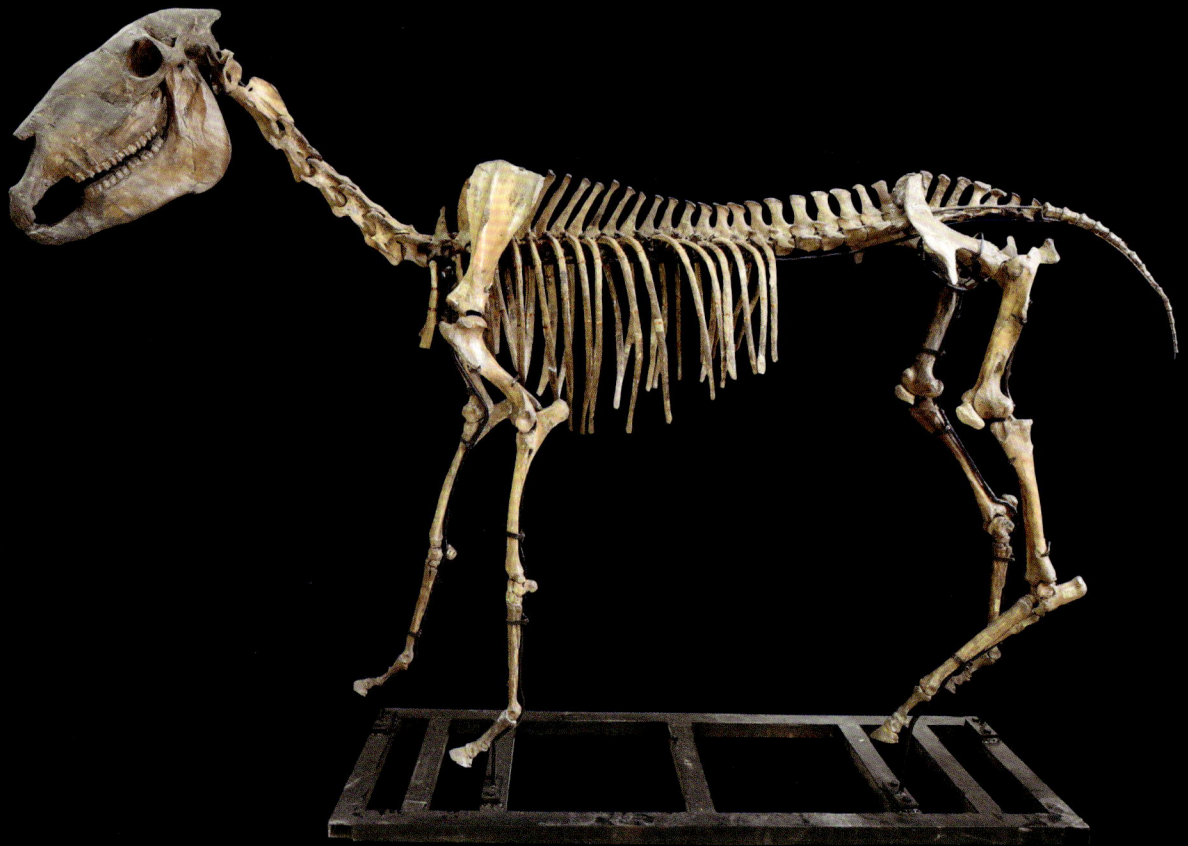

三门马（头骨）
Equus sanmeniensis

分类地位： 动物界 Animalia，脊索动物门 Chordata，哺乳纲 Mammalia，奇蹄目 Perissodactyla，马科 Equidae，马属 *Equus*

属种名由来： 种名 *sanmeniensis* 用于标记它的地质层位。

采集信息： 1934—1935 年采集于山西太谷河西村，采集人桑志华。

地质年代： 早更新世

生活习性： 三门马齿冠很高，标志着已完全属于粗食者。四肢相当瘦长，说明善于奔跑和长途跋涉，主要生活在开阔的草原，气候环境已转为干燥寒冷。

鉴别特征： 体型巨大，头骨长，基部窄而短，因此呈现长吻窄额的特征，枕骨的倾斜介于现代马和野驴之间，鼻骨粗壮，鼻颌切迹长。上第一乳前臼齿稳定存在。上颊齿原尖长，扁平，舌缘有中央凹陷，附褶少。

意外（笨重）三趾马（头骨及下颌）
Hipparion (Baryhipparion) insperatum

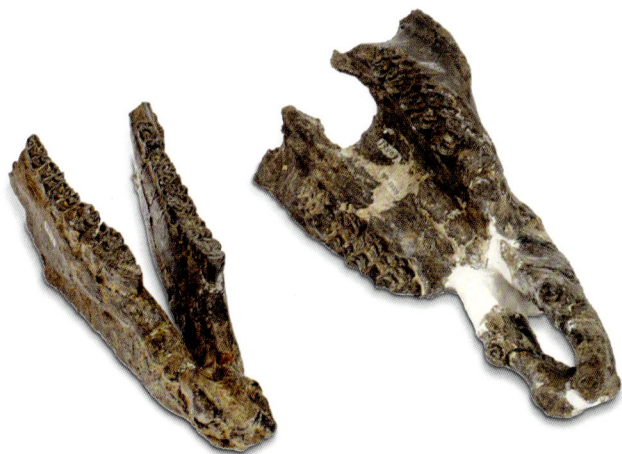

分类地位： 动物界 Animalia，脊索动物门 Chordata，哺乳纲 Mammalia，奇蹄目 Perissodactyla，马科 Equidae，三趾马属 *Hipparion*

属种名由来： 属名 *Hipparion* 是 J. de Christolzi 于 1832 年创立，原意为小马，1924 年翁文灏使用"三趾马"译法，此后延续下来。

采集信息： 1934—1935 年采集于山西榆社白海村，采集人桑志华。

地质年代： 高庄期至泥河湾早期（？）

馆藏独特性： 模式标本，且为亚属的属型种。

鉴别特征： 一种特大型的三趾马，眶前窝特别长和高，其后缘伸至上第三臼齿以后，吻长。下颌联合部长。颊齿齿冠较低，且构造原始。

桑氏（垂鼻）三趾马（头骨中段）
Hipparion (Cremohipparion) licenti

分类地位： 动物界 Animalia，脊索动物门 Chordata，
哺乳纲 Mammalia，奇蹄目 Perissodactyla，
马科 Equidae，三趾马属 *Hipparion*

属种名由来： *Crem*，希腊语，悬垂物之意，用以指这个亚
属的三趾马的鼻骨侧缘下垂。种名 *licenti* 献给
标本采集者桑志华（E. Licent）。

采集信息： 1934—1935 年采集于山西榆社宣和村，采集
人桑志华。

地质年代： 保德晚期（？）至高庄期

馆藏独特性： 模式标本

鉴别特征： 从小型到大型的三趾马。鼻颌切迹深。眶前窝、
鼻下窝和颊肌窝均发育。眶前窝后缘常呈袋状
凹入，距眼眶近。上颊齿原尖圆小，褶皱中等
发育，外壁较平，前附尖和中附尖不特别加宽。

平齿三趾马（头骨）
Hipparion (Hipparion) platyodus

分类地位： 动物界 Animalia，脊索动物门 Chordata，
哺乳纲 Mammalia，奇蹄目 Perissodactyla，
马科 Equidae，三趾马属 *Hipparion*

采集信息： 1934—1935 年采集于山西榆社常银，采集人
桑志华。

地质年代： 保德晚期至高庄期

鉴别特征： 个体大小中等。吻短。鼻颌切迹后缘位于第二
前臼齿前缘附近。眶前窝距眼眶较远，眶下孔
位于第四前臼齿前附尖之前。颊齿冠高中等，
上颊齿褶皱中至强。

贺风（近）三趾马（头骨及下颌）
Hipparion (Plesiohipparion) houfenense

分类地位： 动物界 Animalia，脊索动物门 Chordata，
哺乳纲 Mammalia，奇蹄目 Perissodactyla，
马科 Equidae，三趾马属 *Hipparion*

属种名由来： 种名 *houfenense* 源于发现地山西忻州静乐贺
风村。

采集信息： 1934 年采集于山西榆社银胶，采集人桑志华。

地质年代： 保德晚期至泥河湾早期（？）

生活习性： 齿冠较高，粗食者，奔跑能力较强，生活在以
草原为主，偶有一些零星树丛的半干冷环境。

馆藏独特性： 是该种目前发现的保存最完整的头骨及下颌。

鉴别特征： 个体较大，眶前窝浅周围界限不明显，距眼眶
较远。吻部较长。雌性无犬齿。上颊齿原尖为
椭圆形，两端尖，不分岔，下颊齿双叶为近对
称的两个三角形，双叶谷为窄而深的 U 形，反
马刺发育。

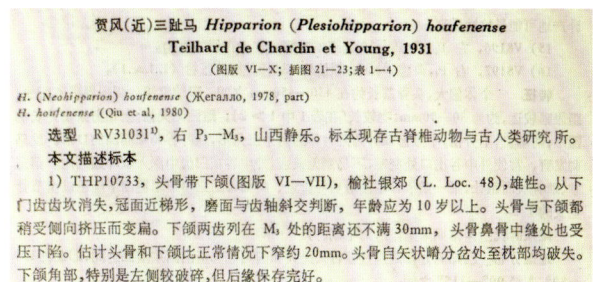

《中国的三趾马化石》
（邱占祥、黄为龙、郭志慧，1987）

原始（长鼻）三趾马（头骨及下颌）
Hipparion (Proboscidipparion) pater

分类地位： 动物界 Animalia，脊索动物门 Chordata，哺乳纲 Mammalia，奇蹄目 Perissodactyla，
马科 Equidae，三趾马属 *Hipparion*

属种名由来： 1927 年，欧洲古生物学家 Sefve 第一次看见这种来自东亚地区的三趾马时，惊异于其独特的吻
部结构，故而将其命名为长鼻三趾马属。

采集信息： 1934—1935 年采集于山西榆社白海村，采集人桑志华。

地质年代： 高庄期至游河期

生活习性： 主要吃草，奔跑能力较强，适应干旱开阔的环境。

馆藏独特性： 模式标本

鉴别特征： 一类进步的鼻吻部构造特殊的三趾马。鼻骨很短。鼻颌切迹深，末端仅达眶下孔位置。颊齿高冠。
上颊齿前、中附尖较宽，褶皱强烈，原尖小，近椭圆形，与原小尖内壁相隔较远，下颊齿明显较窄，
双叶分开较弱。

安氏大唇犀（头骨）
Chilotherium anderssoni

分类地位： 动物界 Animalia，脊索动物门 Chordata，哺乳纲 Mammalia，奇蹄目 Perissodactyla，犀科 Rhinocerotidae，大唇犀属 *Chilotherium*

属种名由来： 属名 *Chilotherium* 是林斯顿（T. Ringstorm）在 1924 年建立，中文名"大唇"，顾名思义，就是指其唇部肌肉发达、强壮有力。种名 *anderssoni* 献给瑞典考古学家、地质古生物学家安特生（Johan Gunnar Andersson）。

采集信息： 1934 年 8 月 4 日采集于山西榆社南凹村，采集人桑志华。

地质年代： 上新世

鉴别特征： 体型较大。头骨后部较长；上第四前臼齿原尖不甚收缩，小刺与前刺相连形成中凹；上第三前臼齿、上第一臼齿原尖强烈收缩。

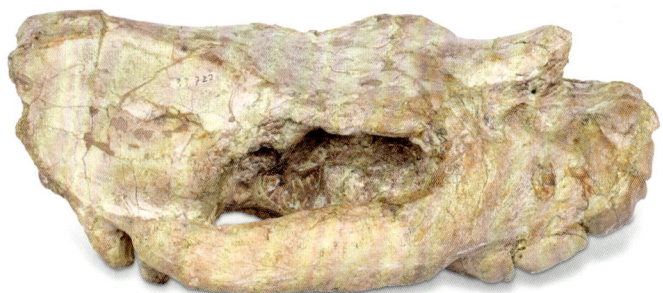

简单大唇犀（头骨）
Chilotherium gracile

分类地位： 动物界 Animalia，脊索动物门 Chordata，哺乳纲 Mammalia，奇蹄目 Perissodactyla，犀科 Rhinocerotidae，大唇犀属 *Chilotherium*

采集信息： 1934 年 8 月 7 日采集于山西榆社，采集人桑志华。

地质年代： 上新世

鉴别特征： 头骨顶部中间向下凹陷，上颌骨短。上第四前臼齿小刺不发育；上第四前臼齿到上第二臼齿的前附尖褶微弱，原尖收缩。

桑氏大唇犀（头骨）
Chilotherium licenti

分类地位： 动物界 Animalia，脊索动物门 Chordata，哺乳纲 Mammalia，奇蹄目 Perissodactyla，犀科 Rhinocerotidae，大唇犀属 *Chilotherium*

采集信息： 1920 年采集于甘肃庆阳，采集人桑志华。

生活习性： 生活在气候较干旱的开阔草原上，主要取食坚硬的草料。

地质年代： 晚中新世

馆藏独特性： 模式标本，2017 年中国科学院古脊椎动物与古人类研究所孙丹辉博士和邓涛研究员等对该材料研究并建立新种。

鉴别特征： 鼻骨逐渐变窄。颧弓相当细。臼齿原尖收缩强烈，前刺和小刺发育，前附尖褶和前尖肋微弱。上第二前臼齿和上第二臼齿的前刺和小刺发育并连接形成中凹，还具有内外齿带退化等特征。

维氏大唇犀（头骨）
Chilotherium wimani

分类地位： 动物界 Animalia，脊索动物门 Chordata，
哺乳纲 Mammalia，奇蹄目 Perissodactyla，
犀科 Rhinocerotidae，大唇犀属 *Chilotherium*

属种名由来： 种名 *wimani* 献给乌普萨拉大学的古生物学
教授卡尔·维曼（Carl Wiman）。

采集信息： 1934—1935 年采集于山西榆社南凹村，采集
人桑志华。

地质年代： 上新世

鉴别特征： 体型中等。枕面梯形，枕崤中沟宽阔。眼眶大，
位置较低，眶上结节发育，额骨和颧骨的眶后
突都微弱，眶下孔不规则。头骨顶面呈窄长的
菱形，马鞍状凹陷强烈，顶崤在头骨后部接近，
脑颅外壁陡峻。鼻骨宽阔，鼻颌切迹深。关节
后突粗壮，鼓后突与关节后突愈合。上颊齿的
前附尖和前尖肋发育，前臼齿原尖和次尖收缩
微弱，但臼齿的原尖和次尖收缩强烈。

大唇犀（头骨）
Chilotherium sp.

分类地位： 动物界 Animalia，脊索动物门 Chordata，
哺乳纲 Mammalia，奇蹄目 Perissodactyla，
犀科 Rhinocerotidae，大唇犀属 *Chilotherium*

采集信息： 1934—1935 年采集于山西榆社，采集人桑志华。

地质年代： 上新世

鉴别特征： 中等体型的无角犀。枕部高，项面侧视垂直。
眶上结节弱，眶后突形成下垂的结节。鼻骨中
等长度，侧视平直。鼻切迹侧视呈 U 形轮廓。
上颊齿原尖和次尖收缩；上前臼齿发育连续的
内齿带，上臼齿不发育或发育弱的内齿带。

最后披毛犀
Coelodonta antiquitatis

分类地位： 动物界 Animalia，脊索动物门 Chordata，
哺乳纲 Mammalia，奇蹄目 Perissodactyla，
犀科 Rhinocerotidae，披毛犀属 *Coelodonta*

采集信息： 1922—1923 年采集于内蒙古萨拉乌苏，采集
人桑志华。

地质年代： 晚更新世

生活习性： 栖居于偏冷的草原及苔原环境，并在冰期与间
冰期的转换与过渡中扩张或萎缩其分布及活动
范围。以草和地衣等为食，为粗食者。

馆藏独特性： 北疆博物院保存的最完整的披毛犀骨架。

鉴别特征： 骨架粗壮。头长，鼻骨前端下弯，枕部高起并
向后伸出，鼻骨和额骨上有瘤状突起的角座。
齿冠高，门齿退化，上臼齿前刺和小刺发达，
上第二臼齿最大。下颌联合部宽，下臼齿前叶
长于后叶，前叶近正方形，后叶新月形。

头骨

完整骨架

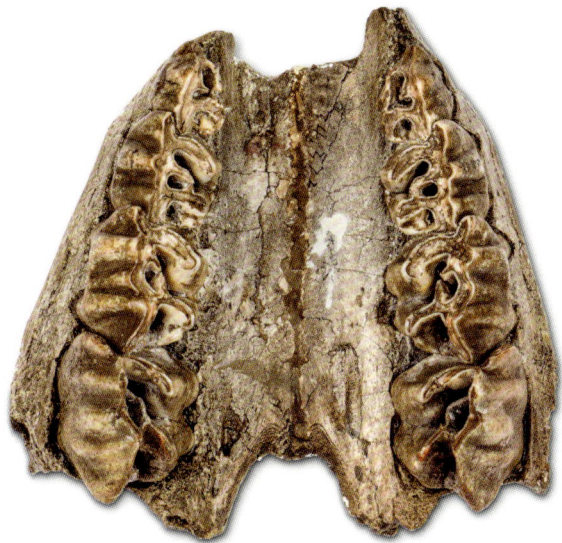

泥河湾披毛犀（上颌骨）
Coelodonta nihowanensis

分类地位： 动物界 Animalia，脊索动物门 Chordata，
哺乳纲 Mammalia，奇蹄目 Perissodactyla，
犀科 Rhinocerotidae，披毛犀属 *Coelodonta*

属种名由来： 种名 *nihowanensis* 源于发现地。

采集信息： 1924—1929 年采集于河北阳原泥河湾，采集
人桑志华。

地质年代： 早更新世

馆藏独特性： 模式标本

文物级别： 馆藏二级

鉴别特征： 一种个体较小、形态较原始的披毛犀。

古中华对角犀（头骨）
Diceratherium palaeosinense

分类地位： 动物界 Animalia，脊索动物门 Chordata，
哺乳纲 Mammalia，奇蹄目 Perissodactyla，
犀科 Rhinocerotidae，对角犀属 *Diceratherium*

采集信息： 1934—1935 年采集于山西榆社，采集人桑志华。

地质年代： 上新世

鉴别特征： 个体较小。前臼齿臼齿化，上前臼齿及臼齿外
嵴不延长，前附尖褶较弱，小刺、前刺很发达，
相连成中凹；臼齿原尖显著收缩，上第三臼齿
呈梯形。

东方额鼻角犀（下颌）
Dicerorhinus orientalis

分类地位： 动物界 Animalia，脊索动物门 Chordata，哺乳纲 Mammalia，奇蹄目 Perissodactyla，
犀科 Rhinocerotidae，额鼻角犀属 *Dicerorhinus*

采集信息： 1934—1935 年采集于山西榆社云簇，采集人桑志华。

地质年代： 上新世

鉴别特征： 鼻骨和额骨均有角，鼻角在鼻骨中部，枕骨向后发展，下颌联合处较窄。齿冠次低冠。上第一门
齿和下第二门齿强，常有下第一门齿，臼齿有发达的前刺和小刺。

似锯齿似剑齿虎（头骨）
Homotherium cf. *crenatidens*

分类地位：动物界 Animalia，脊索动物门 Chordata，
哺乳纲 Mammalia，食肉目 Carnivora，
猫科 Felidae，似剑齿虎属 *Homotherium*

采集信息：1924—1929 年采集于河北阳原泥河湾，采集
人桑志华。

地质年代：早更新世

生活习性：主要生活在相对开阔的地带，并像非洲狮一样
有较强的长距离奔跑能力，更擅长以奔袭方式
捕猎，主要猎物为中至大型的食草动物，如牛
科、马科和鹿科动物。

文物级别：馆藏一级

鉴定特征：犬齿特别长大，弯曲，呈军刀或马刀状，且齿
缘发育锯齿，头骨较为狭长，四肢较细长。

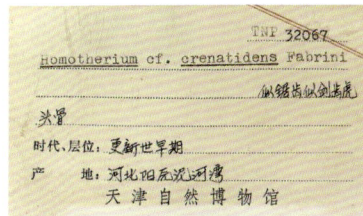

重现祖鬣狗（头骨）
Palinhyaena reperta

分类地位：动物界 Animalia，脊索动物门 Chordata，
哺乳纲 Mammalia，食肉目 Carnivora，
鬣狗科 Hyaenidae，祖鬣狗属 *Palinhyaena*

属种名由来：1978 年中国科学院古脊椎动物与古人类研
究所邱占祥和天津自然博物馆黄为龙及郭志慧
在研究庆阳的鬣狗科化石时，发现它极可能是
现生鬣狗的祖先，并建立新属新种。

采集信息：1920 年采集于甘肃庆阳，采集人桑志华。

地质年代：晚中新世

馆藏独特性：模式标本，与其他鬣狗科内各属化石相比，
祖鬣狗属（*Palinhyaena*）与现生鬣狗属具有更
多的"共近裔性状"，可以看作现生鬣狗比较
直接的祖先。

文物级别：馆藏一级

鉴别特征：特征接近现生鬣狗。吻短。门齿前缘平直，上
第二前臼齿长轴与上颌外缘一致。

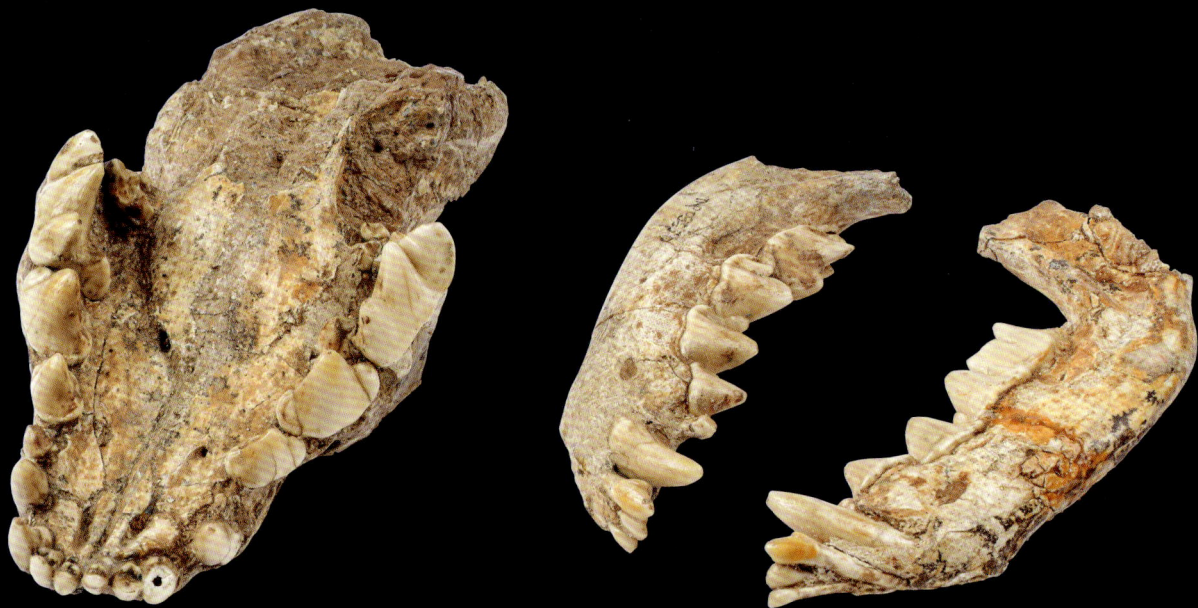

叠齿祖鬣狗（头骨及下颌）
Palinhyaena imbricata

分类地位： 动物界 Animalia，脊索动物门 Chordata，哺乳纲 Mammalia，食肉目 Carnivora，鬣狗科 Hyaenidae，祖鬣狗属 *Palinhyaena*

采集信息： 1920 年采集于甘肃庆阳，采集人桑志华。

地质年代： 晚中新世

馆藏独特性： 模式标本

文物级别： 馆藏一级

鉴别特征： 个体比属型种稍大，前臼齿稍更粗壮，排列更紧密，呈覆瓦状。门齿前缘呈微弧
形凸出，上第二前臼齿稍大一点，下第一臼齿跟座稍宽。

直隶犬（头骨）
Canis chihliensis

分类地位： 动物界 Animalia，脊索动物门 Chordata，
哺乳纲 Mammalia，食肉目 Carnivora，
犬科 Canidae，犬属 *Canis*

采集信息： 1925 年采集于河北阳原泥河湾，采集人桑志华。

地质年代： 早更新世

文物级别： 馆藏二级

鉴别特征： 犬科中较大型的化石种类，上裂齿（上第四
前臼齿）长度小于上第一和第二臼齿之和；第
二尖大，位置较靠前；上第一臼齿较大，横向
延长。

直隶犬掌形亚种（头骨）
Canis chihliensis var. *palmidens*

分类地位： 动物界 Animalia，脊索动物门 Chordata，
哺乳纲 Mammalia，食肉目 Carnivora，
犬科 Canidae，犬属 *Canis*

采集信息： 1925 年采集于河北阳原泥河湾，采集人桑志华。

地质年代： 早更新世

馆藏独特性： 模式标本

文物级别： 馆藏二级

鉴别特征： 个体小；前臼齿较长，前后附尖发育；上第一
臼齿主尖与附尖均发育，前尖比后尖大并联成
一裂面。

古人类篇

　　北疆博物院藏有留存至今的人类化石（模型）和史前文化遗物共计3000余件，其中旧石器时代400余件，新石器时代2600余件，分别出土于我国的西北、华北和东北等地，此外还有法国、叙利亚、西班牙等国外出土对比标本140余件。这些藏品既为我国古人类学和史前考古学的早期发展奠定了基础，又为后世研究提供了重要的对比材料和野外考察线索。许多藏品具有重要历史意义和科学价值：北京猿人头盖骨模型为当今存世极少的几套模型之一；甘肃庆阳出土的中国第一批有确切地层记录的旧石器，揭开了中国旧石器时代考古学研究的序幕；内蒙古萨拉乌苏"河套人"牙齿化石的发现，标志着中国古人类学研究的开端；对水洞沟和萨拉乌苏旧石器时代文化层的首次系统发掘和由此产生的丰硕成果，则彻底开启了中国古人类学和旧石器时代考古学百年航程。

　　旧石器时代：有一颗莫斯特时期人类的门齿和一些长骨（这是在中国这块土地上第一次发现的人类化石），说明人类早就来到过鄂尔多斯……3000—4000块经过人类加工的旧石器，是1920、1922、1923年在鄂尔多斯附近发现的（尤以水洞沟和萨拉乌苏河河岸为多）。其地点分布在甘肃的庆阳至陕西的榆林南部之间……

　　　　　　　　　　　　　　——《北疆博物院院刊》第39期

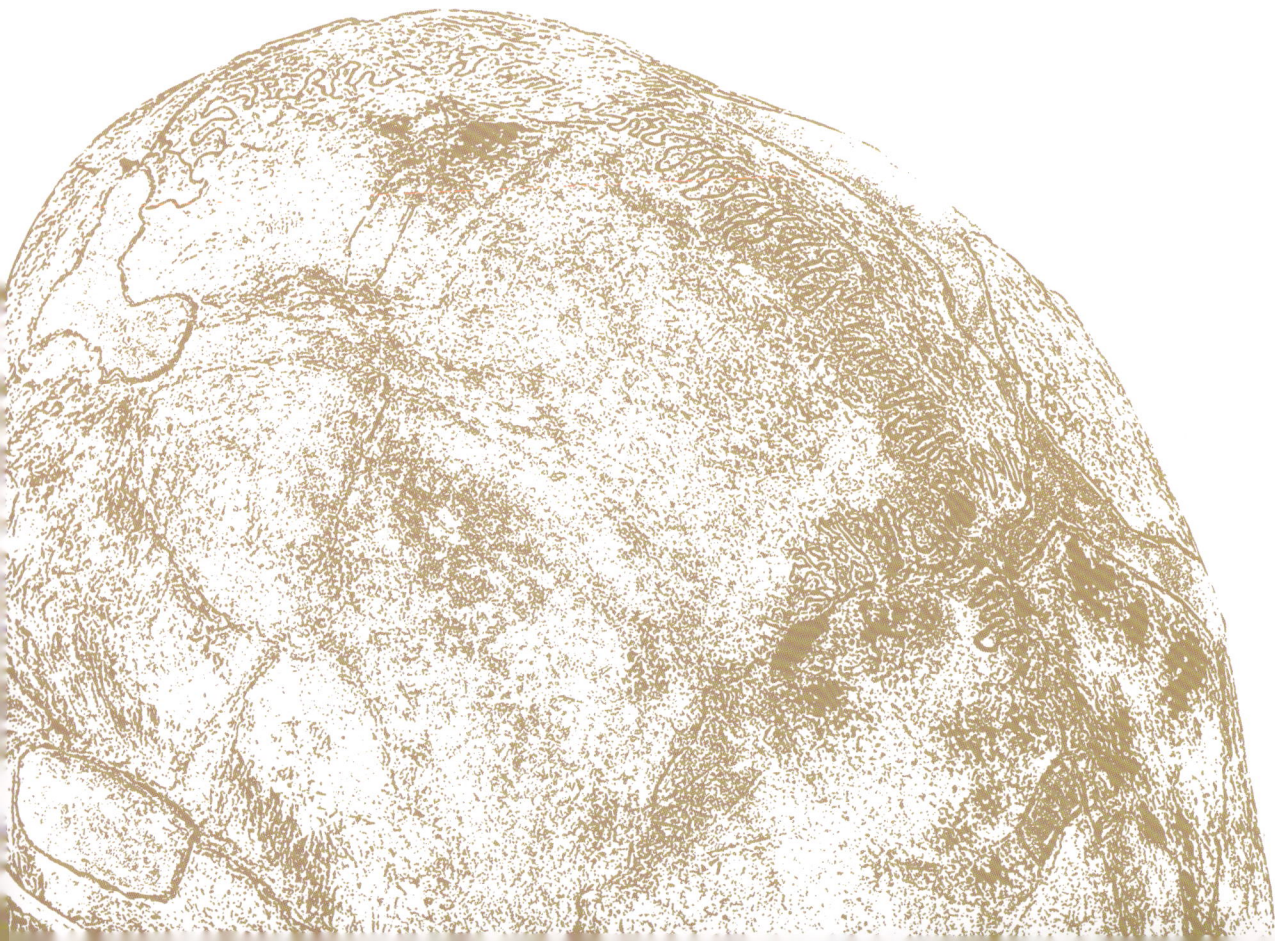

北京猿人（头盖骨）
Sinanthropus pekinensis (Peking Man) (Skull)

分类地位： 动物界 Animalia，脊索动物门 Chordata，哺乳纲 Mammalia，灵长目 Primates，
人科 Hominidae，人属 *Homo*

属种名由来： 1927 年，加拿大解剖学家步达生对周口店发现的人类牙齿化石进行研究鉴定，将其定
名为"中国猿人北京种"，美国著名学者葛利普为其取了一个俗名"北京人"，又称"北
京猿人"，现已修订为"直立人北京亚种"，简称"北京直立人"。

生活习性： 北京猿人一般在有遮蔽的洞穴和森林里生活，喜群居，杂食；白天在林中采集果实，狩猎
或食腐；会用火烤食和御寒。

时　　代： 中更新世，旧石器时代早期

馆藏独特性： 自北疆博物院时期一直珍藏至今的这四件北京猿人头盖骨化石模型，是天津自然博物馆
的镇馆之宝。原件于 20 世纪二三十年代先后出土于周口店遗址第一地点，其发现弥补了
从猿到人之间的缺环，为达尔文的演化理论提供了关键实证，一度震惊世界。不幸的是在
太平洋战争期间，化石在向美国转运途中失踪，至今仍是未解之谜。经古生物学家胡承志
亲自鉴定，确认这套模型属于当年直接从原件翻制而成的首批复制品，失真度极小，具有
很高的研究价值和历史价值，尤为珍贵。

头盖骨 E.I（模型）

采集信息： 裴文中于 1929 年 12 月 2
日在北京周口店第一地
点发掘出土。

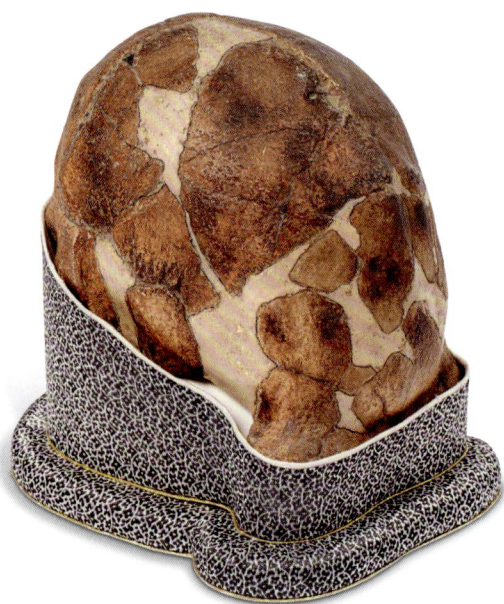

头盖骨 L.I（模型）

采集信息：贾兰坡于 1936 年 11 月 16 日发掘于北京周口店第一地点。

头盖骨 L.II（模型）

采集信息：贾兰坡于 1936 年 11 月 16 日发掘于北京周口店第一地点。

头盖骨 L.III（模型）

采集信息：贾兰坡于 1936 年 11 月 25 日发掘于北京周口店第一地点。

"河套人"牙齿
Ordos Tooth

分类地位： 动物界 Animalia，脊索动物门 Chordata，哺乳纲 Mammalia，灵长目 Primates，
人科 Hominidae，人属 *Homo*

属种名由来： 加拿大解剖学家步达生经研究鉴定后，确认其为人类的牙齿，生存年代为更新世晚期，
并将该牙齿化石定名为 Ordos Tooth，所属古人类为 Ordos Man，其后被中国古人类学家裴
文中译作"河套人"。

采集信息： 桑志华于 1922 年 8 月 17 日发掘于内蒙古萨拉乌苏。

生活习性： 河套人生活在间冰期温暖湿润的萨拉乌苏河两岸，依湖群居，以猎取羚羊、野驴、河套大
角鹿等食草动物为生，也采集挖掘植物块根，会用火烤食取暖，可能还会穿衣御寒。

时　　代： 晚更新世，旧石器时代中晚期

馆藏独特性： "河套人"牙齿化石是中国发现的第一件有确切地层记录的古人类化石，其发现开创了
中国古人类学研究的先河，具有极为重要的科学意义和历史意义。桑志华曾自述称："有
一颗莫斯特时期人类的门齿和一些长骨（这是在中国这块土地上第一次发现的人类化石），
说明人类早就来到过鄂尔多斯。"令人遗憾的是，化石原件至今不知所踪，据古人类学家
裴文中在 1964 年来馆时回忆称可能早已被运往法国。如今馆藏的这套模型是当年步达生
直接从原件翻制而成的，弥足珍贵。

左上外侧门齿（模型），分别是牙冠（左上）、
牙根（右上）、舌侧（下）

河套人牙原始照片
（桑志华、德日进，1926）

83

甘肃庆阳出土石制品
Stone artifacts from Qingyang, Gansu

时　　代：晚更新世，旧石器时代中期

馆藏独特性：这三件石片是 1920 年 8 月先后在甘肃庆阳赵家岔遗址出土的，均为原地埋藏，原料均为石英岩，最初的观察和研究由法国著名史前考古学权威步日耶（H. Breuil）完成，肯定了其人工性质。

这三件石制品与 1920 年 6 月 4 日桑志华在甘肃庆阳幸家沟遗址发现的一件黑色石英岩石核（现存于中国科学院古脊椎动物与古人类研究所）一起被称为中国境内发现的第一批有确切地层记录的旧石器，其发现打破了德国地质学家李希霍芬提出的"中国北方不可能有旧石器"的论断，揭开了中国旧石器时代考古学研究的序幕。

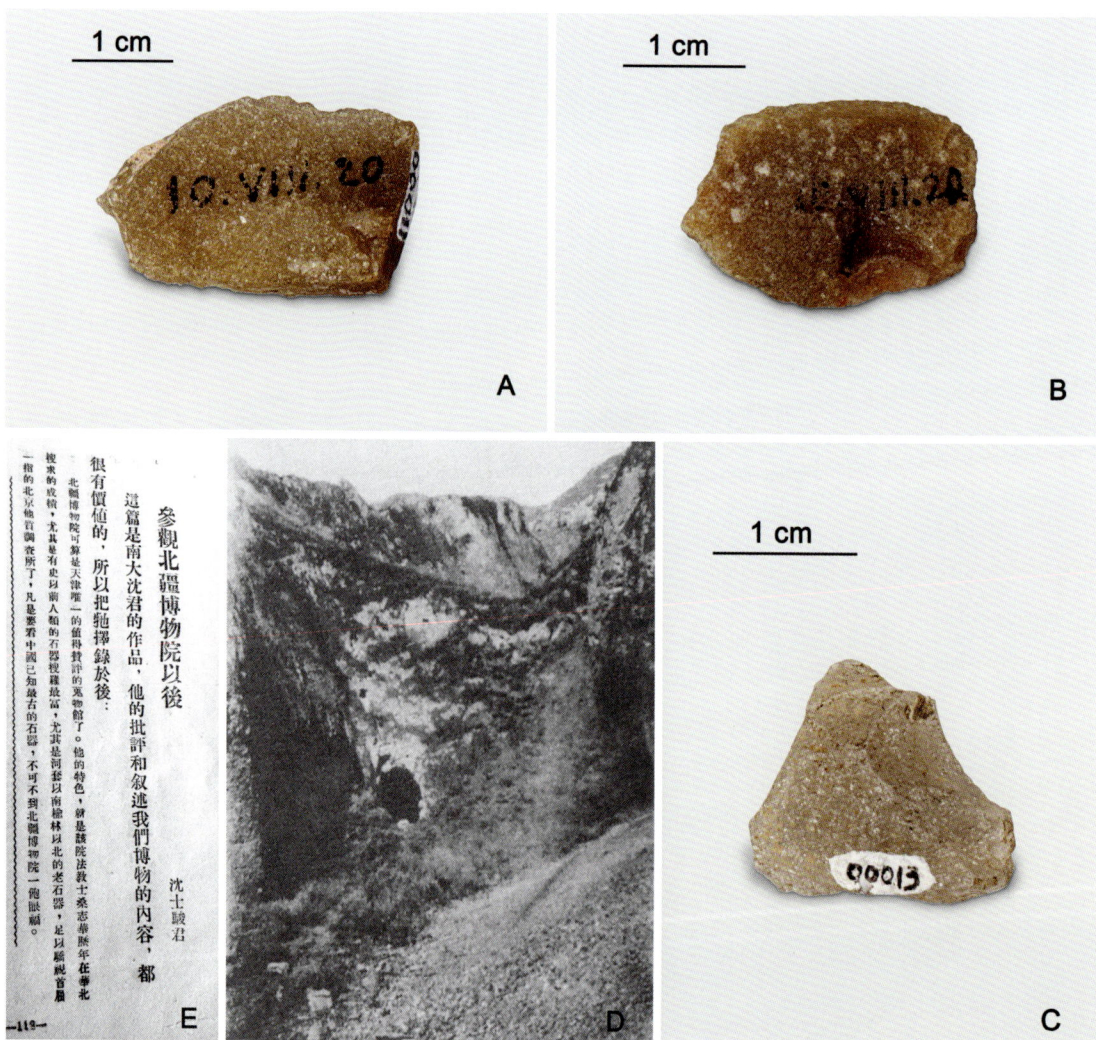

A, B. 石片 Flake（1920年8月10日，甘肃庆阳赵家岔，桑志华采）
C. 石片 Flake（1920年8月14日，甘肃庆阳赵家岔，桑志华采）
D. 甘肃庆阳赵家岔旧石器发掘地点
E. 南开大学沈士骏对北疆博物院的评价中涉及石器的内容

内蒙古萨拉乌苏出土石制品
Stone artifacts from Salawusu, Inner Mongolia

时　　代: 晚更新世，旧石器时代中晚期

馆藏独特性: 天津自然博物馆馆藏的萨拉乌苏遗址出土石制品共 88 件，一部分为 1922 年 8 月桑志华在邵家沟湾 A 点发掘出土的，一部分为 1923 年 8 月桑志华与德日进组成的"桑志华—德日进法国古生物考察团"将 A 点发掘面长度拓展至 200 米后进行的第二次系统发掘中出土的。萨拉乌苏出土石器的特点是绝大部分工具的体积都很小，这可能与距离原料产地遥远、石料获取不易且质量不高等因素有关。萨拉乌苏遗址旧石器的发现与河套人化石的发现相互印证，为鄂尔多斯一带远古人类的存在增加了实证。

A. 石核 Core
1923年8月
桑志华和德日进采集
B. 小石片 Small flake
1922年8月
桑志华采集
C. 细石叶 Microblade
1923年8月
桑志华和德日进采集
D. 石叶 Blade
1923年8月
桑志华和德日进采集
E. 石钻 Perforator
1923年8月
桑志华和德日进采集
F. 凹缺器 Notch
1922年8月
桑志华采集
G. 拇指盖刮削器 Thumbnail scraper
1923年8月
桑志华和德日进采集
H. 端刮器 Endscraper
1923年8月
桑志华和德日进采集

宁夏水洞沟出土石制品
Stone artifacts from Shuidonggou, Ningxia

采集信息： 均为桑志华和德日进 1923 年 9 月在宁夏灵武水洞沟遗址第一地点下文化层发掘出土。

时　　代： 晚更新世，旧石器时代晚期

馆藏独特性： "桑志华—德日进法国古生物考察团" 于 1923 年 9 月首次对宁夏灵武水洞沟遗址进行系统发掘，收获颇丰，出土旧石器时代人工制品数千件，其中第一地点下文化层发现具有典型勒瓦娄哇技术特征的石核和石叶石片。虽然大量典型标本已流散在外，但馆内仍收藏 219 件。从现存的标本看，石器类型丰富多样，加工技术精湛且规整，是研究旧石器时代晚期石器工业的重要对比材料。水洞沟第一地点下文化层显示的文化面貌与欧洲同时代相比有较多相似之处，对探讨早期东西方文化关系具有重要意义。

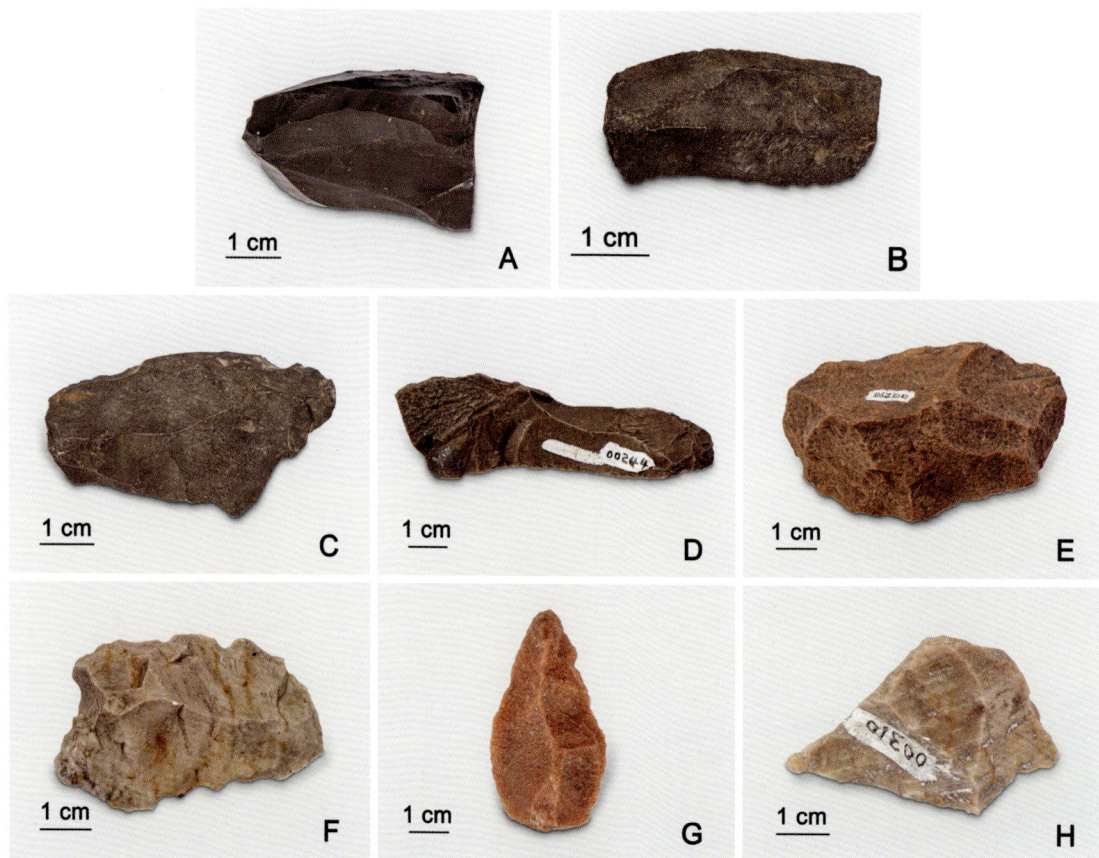

A. 石核 Core　B. 梯形石片 Trapezoidal flake　C. 刮削器 Scraper　D. 端刮器 Endscraper

E. 砍砸器 Chopper　F. 锯齿刃器 Denticulate　G. 尖状器 Point　H. 雕刻器 Burin

石斧 Stone axe

小石凿 Small stone chisel

辽宁北票巴图营子出土文化遗物
Cultural relics from Batuyingzi, Beipiao, Liaoning

采集信息： 1919 年 10 月 4 日在辽宁北票巴图营子采集，采集人桑志华。

时　　代： 全新世，新石器时代

馆藏独特性： 1919 年 10 月 4 日，桑志华在辽宁北票巴图营子采集到 10 件新石器时代文化遗物，虽不属于我国最早见到的新石器，但也是较早出土的。值得一提的是，这些标本都有明确的出土地点，比同属于新石器时代的仰韶遗址的文物出土时间还早两年。

陕西靖边小桥畔出土文化遗物
Cultural relics from Xiaoqiaopan, Jingbian, Shaanxi

采集信息： 两件文物均为桑志华于 1923 年 8 月在陕西靖边小桥畔采集。

时　　代： 全新世，新石器时代

馆藏独特性： 1923 年，"桑志华—德日进法国古生物考察团"在赴鄂尔多斯一带考察期间，在旧石器时代地层上部多发现有新石器时代文化层叠压。在位于萨拉乌苏河附近的陕西靖边小桥畔，还发现了一处重要的新石器时代考古遗址，小桥畔遗址出土了大量精美的新石器时代文化遗物，目前馆藏共计 210 件。

环饰品 Ring ornament

瑗（残段）Yuan (fragment)

内蒙古赤峰出土文化遗物
Cultural relics from Chifeng, Inner Mongolia

时　　代: 全新世，新石器时代

馆藏独特性: 1924 年春夏之交，桑志华赴内蒙古赤峰一带考察，采集和发掘到大量精美的新石器时代人工制品，其中较为多见和典型的有细石核、石锥和石刀等，目前馆藏赤峰一带出土新石器共计 538 件。赤峰一带的史前文化属于红山文化，年代大约距今五六千年，是辽东一带新石器时代先民独创的一支考古学文化，在中国新石器时代考古学中具有重要地位。

A. 细石核 Microblade core（1924年5月，内蒙古赤峰林西）　B. 石锥 Stone awl（1924年5月，内蒙古赤峰林西）
C. 石针（残段）Stone needle (fragment)（1924年5月，内蒙古赤峰林西）
D. 石纺轮 Stone spinning wheel　E. 石刀 Stone knife（1924年4月，内蒙古赤峰哈达）

河北崇礼高家营出土文化遗物
Cultural relics from Gaojiaying, Chongli, Hebei

采集信息： 1931 年 6 月采集于河北崇礼高家营小沟梁，采集人桑志华。

时　　代： 全新世，新石器时代

馆藏独特性： 1931 年 6 月至 9 月，桑志华在河北省崇礼县高家营一带采集和发掘了大量的新石器时代文化遗物，目前馆藏共计 861 件。这批标本分别出土于十多个具体地点，石制品类型复杂多样，既有细小石器，又有磨制石器；既有农业生产工具，又有生活用具和狩猎工具，此外，还存在石制兵器，如石矛、石镞和石钺等。

A. 石镞 Stone arrowhead　B. 石矛 Stone spear　C. 石珠 Stone bead　D. 环饰品 Ring ornament

山西汾阳出土文化遗物
Cultural relics from Fenyang, Shanxi

采集信息： 1932 年 8 月采集于山西汾阳，采集人桑志华。

时　　代： 全新世，新石器时代

馆藏独特性： 在北疆博物院留存至今的史前考古藏品中，有一批出土于山西的新石器时代文化遗物，均为桑志华在 1932、1933 年两次赴山西考察过程中采集所得，共计 163 件。其中采自山西汾阳的几件新石器时代玉器形制精美，在馆藏史前文化遗物中尤为亮眼。

玉刀 Jade knife

玉璧 Jade Bi

法国出土文化遗物
Cultural relics from France

馆藏独特性：天津自然博物馆藏品中还有一批出土于欧洲及西亚（法国、西班牙、叙利亚等地）的石器标本（年代范围从旧石器时代直至新石器时代）共计 95 件，均为桑志华当年与法国相关机构合作研究时交换而来。这些标本中不乏典型而精美的欧洲石器时代石制品，包括阿舍利手斧、典型的勒瓦娄哇石核及石片、刮削器、尖状器等，具有极高的科普观赏价值及学术参考意义。

1 cm

1 cm

手斧（阿舍利文化期）
Hand axe（Acheulian）
采集地点：法国。
时　　代：中更新世，旧石器时代早期

石核（马格德林文化期）
Core（Magdalenian）
采集地点：法国北部。
时　　代：晚更新世，旧石器时代晚期

岩石矿物篇

北疆博物院收藏的各类岩石矿物标本共2000余件（套），大多数标本采自东北、华北、西北等地。此外，还有少量国外交换标本。其中，最重要的收藏是老西开自流井岩屑标本，这是天津第一眼地热井的岩屑标本，也是20世纪30年代中国唯一一套完整的地下实物标本。

有些天（进度）小于1米。因为我们的团队称之为"钻石头"。仅对岩屑的检验不足以证明当时所经历的硬度。可能是砂子矿层，其中或多或少夹杂着一些石灰石浸润了黄土中的黏土，还可能是体积更大的碳酸钙"尖架"。

……

该砂层一般呈灰色，粗细度不一，夹杂着很小的云母片。

……

这十七层沙子很可能是含水层：这里的水在任何情况下都显缺乏。打井工人声称根据别处所得结果认出了性状良好的沙粒层。

——《北疆博物院院刊》第40期

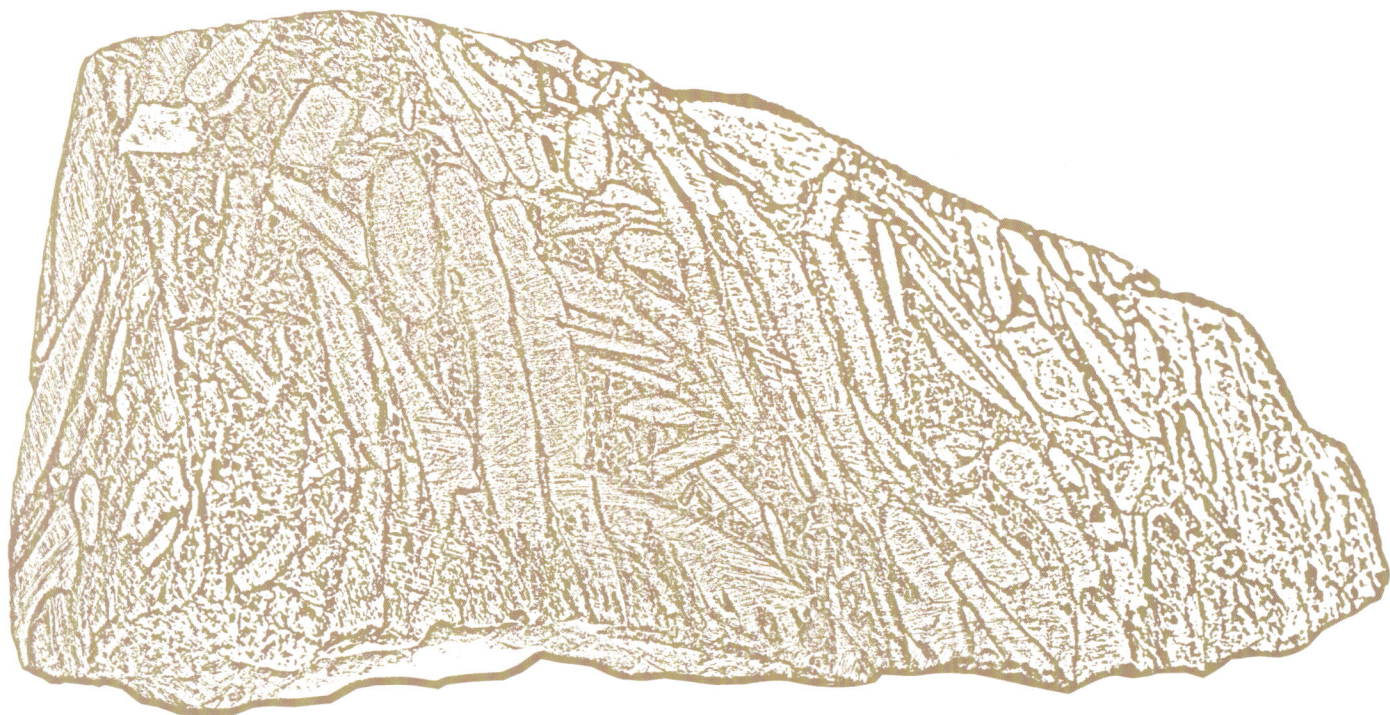

老西开自流井岩屑标本
Detritus from Lao Hsi Kai

标本描述： 北疆博物院保存了一套完整的老西开井岩屑标本，这些岩屑标本保存在 76 个玻璃瓶中，并且都做了详细的标记。该套岩屑标本是在开凿老西开自流井的过程中，从地下 12.6 米（No.1）到地下 861.5 米（No.76）开凿所得。标本记录了打井过程中的深度及采集物，多数为砂和黏土，其中也含有双壳类、腹足类软体动物化石碎片。

采集信息： 老西开自流井坐落于天津市旧法租界老西开教堂附近，在法工部局组织下，北疆博物院的创始人桑志华参与指导了钻探与开发。从 1935 年 9 月到 1936 年 5 月，历时 8 个多月开凿成功，钻井深度为 861.5 米，出水温度 29—30℃，时为"中国最深之淡水井"。开凿之后整日出水淙流不息、热气腾腾，在当时的天津是一个街景。老西开自流井也是我国利用现代技术开凿的最早的一口地热深井。

馆藏独特性： 北疆博物院收藏的这套标本及其相关信息对研究区域地质、地下水、地热等有着极其重要的科研价值和实用价值。

陈列在北疆博物院北楼一楼展厅的老西开地热井岩屑标本

No.75岩屑标本瓶（井深848.8—857.3米）

No.75岩屑标本（含有粗砂砾和贝壳碎片的黏土）

开凿的井架设备

1936年5月18日大公报对老西开自流井的报道

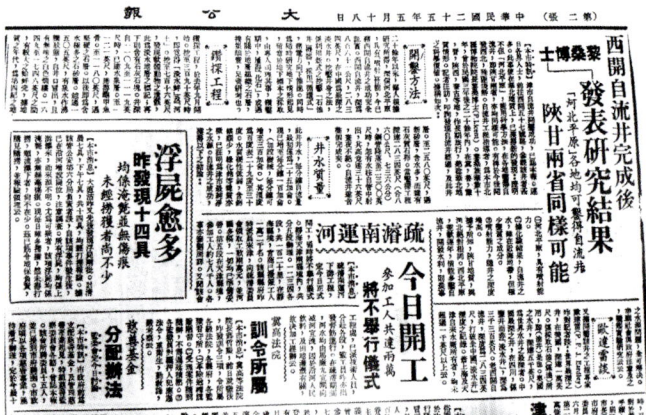

老西开自流井开凿成功

方解石
Calcite

分类地位： 碳酸岩

标本描述： 白色，块状构造，玻璃光泽，硬度 3，相对密度 2.6—2.9，解理完全。

成因与产地： 方解石主要在热液活动中形成，在自然界分布广泛，常在浅海或湖泊中沉积形成广大的石灰岩层，方解石是组成石灰岩和大理岩的主要成分。在石灰岩地区，溶解在溶液中的重碳酸岩在适宜的条件下沉淀出方解石。

采集信息： 1934 年 11 月 15 日采集于河北邢台，采集人桑志华。

馆藏独特性： 方解石一般可作为化工、水泥等工业原料，在冶金行业上用作熔剂，在建筑工业上用来生产水泥、石灰。其次，可在造纸、塑料、牙膏及食品工业中作添加剂，在玻璃生产工艺中添加方解石，可使玻璃变得半透明。

赤铁矿
Hematite

分类地位： 氧化物

标本描述： 呈暗红色，隐晶质结构，块状构造，半金属光泽，硬度 5—6。

成因与产地： 多数重要的赤铁矿矿床是变质成因的，也有一些是热液成因的，在自然界分布广泛。

采集信息： 1928 年 10 月 4 日采集于辽宁鞍山，采集人桑志华。

主要用途： 铁是碳钢、铸铁的主要元素，是工业原料，钢铁的产量也代表着一个国家的现代化水平。

燧石
Chert

分类地位: 氧化物

标本描述: 该标本呈黑色,致密、坚硬,具有贝壳状断口。

成因与产地: 在自然界分布极广,是许多岩浆岩、沉积岩和变质岩的主要造岩矿物。属于低温热液的胶体成因产物,主要产于喷出岩的孔洞中。

采集信息: 采集时间、地点不详,采集人桑志华。

主要用途: 用作研磨材料、制造陶瓷和玻璃等的矿物原料。

白云母伟晶岩
Muscovite Pegamatite

分类地位: 伟晶岩

标本描述: 白色,伟晶结构,块状构造玻璃光泽,贝壳状断口,片状,有滑感。主要矿物为:长石、石英、白云母。

成因与产地: 主要在地表深处的深成岩中形成。因岩浆冷却速度缓慢,通常于后期热液伴生,也常带有稀有元素。

采集信息: 1931 年 8 月 12 日采集于内蒙古,采集人桑志华。

主要用途: 工业原料;科学研究;观赏。

茶晶
Citrine

分类地位: 氧化物

标本描述: 晶体呈六棱状, 茶色, 玻璃光泽, 透明, 无解理, 硬度 7, 有压电性和焦电性。

成因与产地: 茶晶的形成是因为原生矿床周围岩块(主要成分是石英)中含有放射性物质镭, 世界主要产地有美国、瑞士、巴西、西班牙, 以及非洲。中国是盛产水晶的大国, 主要产地有江苏、云南及西藏。

采集信息: 1917 年 7 月 20 日采集于河北杨家坪, 采集人桑志华。

主要用途: 工业原料; 可制作镜片, 也作为宝石原料。

石膏
Gypsum

分类地位: 硫酸盐

标本描述: 晶体呈柱状或厚板状, 集合体呈块状或纤维状。浅红色。玻璃光泽, 具三组相互垂直的解理, 可裂成长方形解理块, 不透明。

成因与产地: 石膏矿主要形成于化学沉积作用中, 在石灰岩、砂岩、红色页岩、黏土岩及泥灰岩中较为常见。主要产地有美国、加拿大、法国、德国、英国、西班牙等, 中国的石膏矿资源丰富, 在全国 20 多个省区均有产出, 主要有内蒙古、青海、吉林、山东、山西、江苏、湖南、湖北、广西等。

采集信息: 1919 年 12 月 11 日采集于内蒙古巴彦淖尔市临河区, 采集人桑志华。

主要用途: 用于水泥、化工、造纸等工业。

砂岩
Sandstone

分类地位： 沉积岩

标本描述： 砂质结构，颗粒大小均匀，圆柱状。

成因与产地： 砂岩主要在多种地质环境中形成，是较为常见的岩石，常见于水中，少数见于干旱的内陆，通常为岩石经风化、剥蚀、搬运，在盆地中堆积形成。

采集信息： 1925 年 4 月 24 日采集于中国河北阳原泥河湾，采集人桑志华。

主要用途： 通常应用于建筑业。

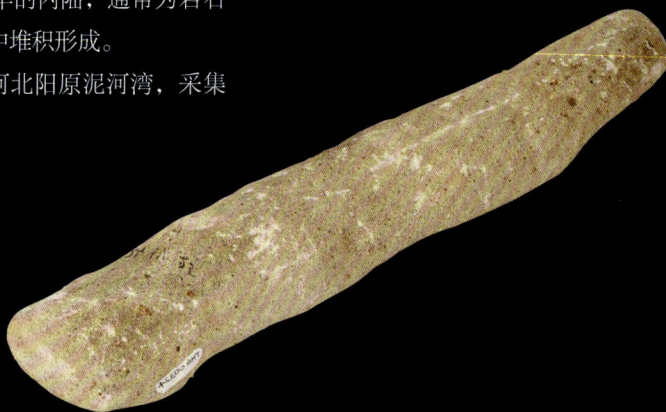

竹叶状灰岩
Wormkalk

分类地位： 灰岩

标本描述： 新鲜面褐灰色，粒屑结构，块状构造，灰岩的层面上排列着形状和大小酷似竹子叶状的立体纹饰。

成因与产地： 竹叶状灰岩主要由浅水海洋中形成的薄层石灰岩被较为强劲的水动力搬运、撕碎和磨蚀后堆积，再经过成岩作用而形成。

采集信息： 采集人桑志华。

主要用途： 竹叶状石灰岩是一种具有光泽和花色的石灰岩，可用于建筑装饰材料或制作工艺品。

石墨
Graphite

分类地位： 单质

标本描述： 黑色，半金属光泽，不透明，硬度为 1—2，性软，有滑腻感，易污染手指，解理完全，相对密度 2.09—2.23。

成因与产地： 石墨一般是在高温、高压下形成的，并常见于大理岩、片麻岩或片岩等变质岩中。主要产地有中国、印度、巴西、墨西哥、加拿大、捷克等。

采集信息： 采集于印度。

主要用途： 用于耐火、导电、耐磨润滑材料，是铸造及高温冶金材料，也可作颜料、抛光剂、电极等。

自然铜
Copper

分类地位： 单质

标本描述： 铜绿色，条痕铜红色，金属光泽，硬度 2.5—3，相对密度 8.4—8.95，等轴晶系。

成因与产地： 自然铜是地质作用中还原条件下的产物，形成于原生热液矿床，由铜的硫化物还原而成，世界上著名的自然铜产地有美国的苏必利尔湖、俄罗斯的图林斯克和意大利的蒙特卡蒂尼，我国产地有湖北大冶、云南东川、江西德兴、安徽铜陵、四川会理及湖南麻阳等。

采集信息： 采集于美国。

主要用途： 铜是人类最早发现的金属之一，也是人类广泛应用的金属。铜及其合金应用于制造武器、电缆、电器、车辆、船舶和民用器具制造业等。

刚玉晶体
Corundum

分类地位： 氧化物

标本描述： 氧化物矿物，黑棕色，条痕为无色，半透明，玻璃光泽，硬度 9。

成因与产地： 刚玉常产于穿插于超基性岩内的伟晶岩中，以及高铝低硅的变质岩中，并常见于冲积砂矿中。世界的著名产地有俄罗斯的乌拉尔山脉、南非的德兰士瓦、加拿大的安大略省、土耳其的士麦那、希腊的纳克索斯。宝石级的刚玉砂主要产于缅甸、斯里兰卡、泰国、坦桑尼亚及美国的蒙大拿州。

采集信息： 采集于加拿大。

主要用途： 主要用于高级研磨材料、手表和精密机械的轴承材料，亦可作宝石材料。

辉铜矿
Chalcocite

分类地位： 硫化物

标本描述： 铅灰色，风化面黑色，常带锖色，金属光泽，硬度 2.5—5.5，相对密度 5.5—5.8。

成因与产地： 辉铜矿主要形成于热液成因的铜矿床中，常与斑铜矿伴生，偶尔也会见于含铜硫化物矿床的氧化带下部。世界著名产地有美国、英国、意大利、西班牙和纳米比亚等，中国主要产地是云南东川。

采集信息： 采集于美国。

主要用途： 辉铜矿因含铜量较高，是提炼铜的主要矿物原料，也是电的良导体。

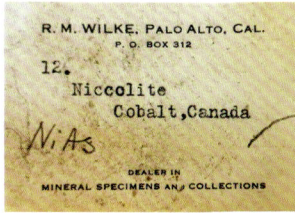

红砷镍矿
Niccolite

分类地位： 砷化物

标本描述： 淡红铜色，条痕为褐黑色，金属光泽，不透明，呈致密块状集合体。

成因与产地： 是热液成因的矿物，常见于钴镍热液矿床中，有时见于铜镍硫化物岩浆矿床中，后期热液过程的产物。在地表易氧化，变成苹果绿色的镍华，是炼镍的重要矿物原料。主要产地有瑞士、德国，以及中国云南。

采集信息： 采集于加拿大。

主要用途： 富集时可作镍矿石。工业用途。

砷钴矿
Modderite

分类地位： 砷化物

标本描述： 黑色，条痕灰黑色，金属光泽，不透明，致密块状，硬度 5.5—6，解理完全。

成因与产地： 主要产于钴镍砷化物热液矿脉中，与砷镍矿、方钴矿、红镍矿等共生，在地表易氧化而变成钴华和镍华。世界著名产地有摩洛哥、德国、加拿大等地。

采集信息： 采集于加拿大。

主要用途： 为提取钴的重要矿石。钴主要用于制造特种钢和其他合金，以及制作蓝色染料等。

冰晶石
Cryolite

分类地位： 氟化物

标本描述： 浅黄色；油脂光泽；半透明，呈致密块状集合体。

成因与产地： 冰晶石产于侵入片麻岩的花岗岩及伟晶岩脉中。主要产地为格陵兰岛、西班牙、俄罗斯、美国。

采集信息： 采集于格陵兰岛。

主要用途： 熔融的冰晶石能溶解氧化铝，在电解铝工业中作助熔剂，也用于制造乳白色玻璃和搪瓷的遮光剂。

紫晶
Amethyst

分类地位： 氧化物

标本描述： 紫色，晶簇状，玻璃光泽，半透明，硬度为7，相对密度2.66，无解理。

成因与产地： 紫水晶能在任何地质环境中形成，但可作宝石的紫水晶只在火山岩、石灰岩、伟晶岩或页岩的晶洞中产生。主要产地有俄罗斯、南非、马达加斯加、赞比亚、巴西、缅甸，以及美国阿肯色州等。中国的主要产地有新疆、山西、云南、江苏、山东等地。

采集信息： 采集于墨西哥。

主要用途： 工业原料；科学研究；观赏石。

赤铁矿
Hematite

分类地位： 氧化物

标本描述： 呈红褐色，条痕赤褐色，光泽暗淡，隐晶质结构，块状构造，半金属光泽，硬度5—6。相对密度5—5.3。

成因与产地： 多数重要的赤铁矿矿床是变质成因的，也有一些是热液成因的，还有大型水盆地中风化和胶体沉淀形成的，在自然界分布广泛。

采集信息： 采集于意大利。

主要用途： 铁是碳钢、铸铁的主要元素，是工业原料，钢铁的产量也代表着一个国家的现代化水平。

钛铁矿
Ilmenite

分类地位： 氧化物

标本描述： 呈现钢灰色，被赤铁矿外包时，呈现褐红色，中粗粒结构，块状构造。钛铁矿具有弱磁性，性脆。

成因与产地： 钛铁矿一般产于超基性岩、基性岩、酸性岩、碱性岩、岩浆岩及变质岩中，常与斜长石共生，也可以形成砂矿。主要产地有俄罗斯伊尔门山、挪威克拉格勒、美国怀俄明州、加拿大魁北克省等。中国主要产地是四川攀枝花。

采集信息： 采集于挪威。

主要用途： 钛铁矿是提炼钛的主要矿物原料，常应用于制造飞机机体及喷气发动机等重要零件，在化学工业上也有广泛应用，如制造反应器、热交换器、管道等。

铬铁矿
Chromite

分类地位： 氧化物

标本描述： 黑色，金属光泽，不透明，无解理，块状构造。

成因与产地： 铬铁矿主要在超基性或基性岩中产生，是岩浆作用的矿物，与橄榄石共生，常见于砂矿中。世界主要产地有巴西、古巴、印度、伊朗、巴基斯坦、阿曼、津巴布韦、土耳其和南非等。中国主要产地有四川、西藏、甘肃、青海等。

采集信息： 采集于美国。

主要用途： 铬铁矿是提炼铬铁合金和金属铬的主要矿物原料，也可以用于制造耐火材料铬砖。作为钢的添加料，可生产多种高强度、抗腐蚀、耐磨、耐高温、耐氧化的特种钢。

锡石
Cassiterite

分类地位： 氧化物

标本描述： 黄褐色至暗褐色的，金刚光泽，粒状结构，相对密度 6.8—7。

成因与产地： 锡石产于花岗岩类侵入体内部或近岩体围岩的热液脉中，在伟晶岩和花岗岩中也常有分布。世界著名产地是我国云南、广西，以及东南亚、玻利维亚、美国、俄罗斯等地，我国云南个旧锡石开采历史悠久，素有"锡都"之称。

采集信息： 采集于美国。

主要用途： 锡石是炼锡的最主要矿物原料，金属锡主要用于制造合金，用于食品保鲜防腐。古代中国用来制作青铜。

分类地位： 铝土矿

标本描述： 土红色，表面有气孔，大部分气孔被充填，不透明，解理完全。

成因与产地： 主要形成于含铝硅酸盐矿物的分解和水解作用。世界产地有美国、澳大利亚、巴西、几内亚、印度等，中国主要产地有陕西、山东、河北、贵州、河南、四川、福建、广西等。

采集信息： 采集于美国。

主要用途： 铝土矿是生产金属铝的最佳原料，用途十分广泛，如炼铝工业、精密铸造、硅酸铝耐火纤维等，同时还可用于制造矾土水泥、研磨材料及陶瓷工业、化学工业等制铝的各种工艺。

菱镁矿
Magnesite

分类地位： 碳酸岩

标本描述： 灰白色，土状光泽，块状集合体，解理完全。

成因与产地： 菱镁矿主要在热液交代及沉积变质的矿床中产生，也见于海相沉积矿床中，常与白云石、方解石、绿泥石、滑石共生。中国是世界上菱镁矿资源最丰富的国家，主要分布在辽宁、山东、西藏、新疆、甘肃等地。

采集信息： 采集于美国。

主要用途： 用于制耐火砖、含镁水泥，还可用于提取金属镁。

R. M. WILKE, PALO ALTO, CAL.
P. O. BOX 312
49.
Magnesite
Madrone, Cal.

$MgCO_3$

DEALER IN
MINERAL SPECIMENS AND COLLECTIONS

菱锶矿
Strontium ore

分类地位： 碳酸盐

标本描述： 棕褐色，玻璃光泽，半透明，硬度为 3.5—4，
相对密度 3.6—3.8，完全菱面体解理。

成因与产地： 菱锶矿形成于热液矿脉及石灰岩和泥灰岩的
空洞中，与方铅矿、闪锌矿和黄铜矿伴生于含
硫化物的矿脉中，也常与碳酸盐如方解石和白
云石，以及石英伴生。世界著名产地有德国的
威斯特伐利亚、美国的加利福尼亚州，以及西
班牙、墨西哥、英国等。

采集信息： 采集于美国。

主要用途： 提炼锶的主要矿物，它可以用来制作红色的烟
花和信号弹，也用于制糖工业。

孔雀石
Malachite

分类地位： 硅酸盐

标本描述： 绿色，浅绿色条痕，蜡状光泽，不透明，解理
完全。

成因与产地： 孔雀石产于铜矿床氧化带中，是含铜硫化物
氧化的次生产物，常与蓝铜矿、赤铜矿、褐铁
矿等共生，可用作寻找原生铜矿的标志，孔雀
石盛产于澳大利亚、赞比亚、美国，及俄罗斯
的乌拉尔等地，我国主要产地是广东阳春、湖
北黄石等地。

采集信息： 采集于美国。

主要用途： 铜的找矿标志，用于提炼铜，也是制作绿色颜
料的原料。

拉长石
Labradorite

分类地位： 硅酸盐

标本描述： 灰褐色，块状集合体，油脂光泽，硬度6—6.5，解理面呈珍珠光泽，不透明。

成因与产地： 拉长石主要在各种中性、基性和超基性岩中形成，常见于伟晶岩和一些长英质岩脉中，常出现在玄武岩、苏长岩、辉长岩等岩石中。世界主要产地有挪威、美国、加拿大、印度、马达加斯加、菲律宾等地。

采集信息： 采集于菲律宾。

主要用途： 纯净者可作宝石原料。

硅灰石
Wollastonite

分类地位： 硅酸盐

标本描述： 白色带灰色调，平行双面晶类，标本为放射状集合体，玻璃光泽。

成因与产地： 硅灰石是一种典型的变质矿物，主要产于酸性岩与石灰岩的接触带，与符山石、石榴石共生。主要产地有中国、印度、哈萨克斯坦、乌兹别克斯坦、塔吉克斯坦、墨西哥、德国等；此外，芬兰、土耳其、纳米比亚、南非、苏丹、加拿大等国也发现了硅灰石矿床。

采集信息： 采集于德国。

主要用途： 用于制造陶瓷、油漆、涂料等工艺。

角闪石
Amphibole

分类地位： 角闪石

标本描述： 黑色，中粗粒结构，块状构造。

成因与产地： 角闪石主要形成于岩浆与变质作用中，角闪石是重要且分布广泛的造岩矿物。

采集信息： 采集于加拿大。

主要用途： 有多种工业用途，在纺织、水泥工业中可作石棉纸、过滤剂、电木和绝缘材料等。

锆石
Zircon

分类地位： 硅酸盐

标本描述： 黄褐色，半透明，玻璃至金刚光泽，断口油脂光泽，解理不完全。

成因与产地： 锆石在碱性岩和碱性伟晶岩中可富集成矿，也常富集于砂矿中，世界著名产地有挪威南部和俄罗斯乌拉尔地区，重要的宝石级锆石产于老挝、柬埔寨、缅甸、泰国、美国等地，我国东部的碱性玄武岩中也出产宝石级锆石。

采集信息： 采集于美国。

主要用途： 用于提炼锆，可作耐火材料、型砂材料、陶瓷原料、宝石原料，以及航天器的绝热材料。

蓝晶石
Kyanite

分类地位： 硅酸盐

标本描述： 淡蓝色，粒状变晶结构，中粗粒，解理面呈油脂光泽。

成因与产地： 蓝晶石是一种变质矿物，主要在泥质岩经过中级变质作用下形成，多存于片岩、花岗岩、片麻岩及石英岩脉中，通常与十字石、石榴石、云母和石英共生。主要产地有美国、法国、印度、瑞士、巴西、意大利等。

采集信息： 采集于瑞士。

主要用途： 用作耐火材料及高强度轻质硅铝合金材料，也可作宝石材料。

黑电气石
Schorl

分类地位： 硅酸盐

标本描述： 黑色，半透明，金属光泽，细粒结构，条带状构造，主要矿物成分：电气石、长石。具压电性和热导性。

成因与产地： 黑电气石主要在花岗岩伟晶岩及气成热液矿床中形成，世界主要产地在美国、纳米比亚，中国主要产地在新疆。

采集信息： 采集于美国。

主要用途： 黑电气石主要用于环保、电子、纺织、日化、建材、陶瓷、制冷业、无线电工业、红外探测，以及宝石原料。

锂云母
Lepidolite

分类地位： 硅酸盐

标本描述： 紫色，玻璃光泽，解理面珍珠光泽，半透明，解理极完全，薄片有弹性。

成因与产地： 锂云母主要在花岗岩伟晶岩中形成，也有在云英岩和高温热液矿脉中产生。主要产地有巴西、俄罗斯、美国、加拿大、瑞典、德国、芬兰、捷克、日本、津巴布韦和马达加斯加。中国的河南、陕西也有分布。

采集信息： 采集于美国。

主要用途： 锂云母是提炼锂的重要原料，也可用来提炼铷和铯，同时也是氢弹、火箭、核潜艇和新型喷气飞机的重要燃料，在军事方面可用作信号弹、照明弹的红色发光剂，以及飞机用稠润滑剂，在冶金方面主要用于制作锂制轻质合金和金属制品的纯净剂。

蛇纹石石棉
Hydroforsterite

分类地位： 硅酸盐

标本描述： 绿色，纤维状结构，丝绢光泽，相对密度2.2—3.6，硬度2.5—4。

成因与产地： 主要是由超基性岩如橄榄岩或辉石岩等，经过热液蚀变而形成的；世界著名的石棉产地有加拿大魁北克等地。

采集信息： 采集于加拿大。

主要用途： 制作化妆品、医药或工业应用如用于涂料、油漆、造纸、塑料、橡胶、电缆、陶瓷、防水材料等生产领域。

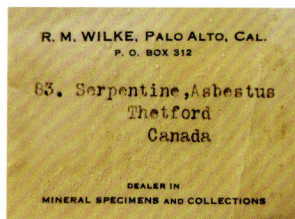

R. M. WILKE, PALO ALTO, CAL.
P. O. BOX 312

63. Serpentine, Asbestus
Thetford
Canada

DEALER IN
MINERAL SPECIMENS AND COLLECTIONS

叶片滑石
Talc

分类地位： 硅酸盐

标本描述： 白色，条痕白色，片状集合体，珍珠光泽，硬度为 1，相对密度 2.58—2.83，完全解理。

成因与产地： 主要是由于富镁矿物经过热液蚀变而形成，常呈橄榄石、角闪石、透闪石等假象，主要分布在美国、巴西、中国、印度、法国、芬兰和俄罗斯，另外韩国和日本等国家也有滑石类矿床分布，我国主要分布在辽宁、山东、广西、江西、青海等地。

采集信息： 采集于美国。

主要用途： 用作耐火材料、农药吸收剂、皮革涂料、化妆品材料及雕刻等。

高岭石
Kaolinite

分类地位： 硅酸盐

标本描述： 白色，土状光泽，不透明，致密块体，具粗糙感，隐晶质。

成因与产地： 高岭石主要由长石、普通辉石和铝硅酸盐矿物在风化作用中形成，有时也在低温热液交代作用下产生，常见于岩浆岩和变质岩的风化壳。主要产地有法国、美国、英国等地，在中国主要分布于江苏、江西、湖南、河北等地。

采集信息： 采集于美国。

主要用途： 用作陶瓷原料、造纸原料、橡胶和塑料的填料、耐火材料原料及日用化工产品的填料等。

硅孔雀石
Chrysocolla

分类地位： 硅酸盐

标本描述： 绿色，蜡状光泽，不透明，块状，相对密度2.4，硬度2。

成因与产地： 硅孔雀石主要在热液矿床中形成，多见于含铜矿床的氧化带中，常与自然铜、孔雀石、赤铜矿、蓝铜矿共生。世界主要产地有美国、英国、俄罗斯、墨西哥、澳大利亚、捷克、以色列、赞比亚、智利等。我国主要产地有广东阳春、湖北黄石等地。

采集信息： 采集于美国。

主要用途： 用于提取铜，还可作观赏石、绿色颜料。

黑色角闪石
Black hornblende

分类地位： 角闪岩

标本描述： 黑色，块状构造，隐晶质结构，主要矿物有角闪石、石英、黑云母等。

成因与产地： 角闪石是一种重要且分布广泛的造岩矿物。

采集信息： 采集于美国。

主要用途： 可作铸石原料中的配料，应用于纺织工业、水泥工业、石棉纸、过滤剂、电木和绝缘材料等领域。

磷灰石
Apatite

分类地位： 磷酸盐

标本描述： 蓝绿色，玻璃光泽，断口油脂光泽，半透明，块状，解理不完全至中等，断口不平坦，或呈贝壳状，硬度5，相对密度3.18—3.21。

成因与产地： 磷灰石在碱性岩中可形成有工业价值的矿床，规模巨大的磷灰石矿床主要为浅海沉积成因。主要产地有美国、德国、加拿大、意大利、葡萄牙、斯里兰卡、巴西、挪威、墨西哥、坦桑尼亚、中国等。

采集信息： 采集于加拿大。

主要用途： 用于制造磷酸、磷肥和各种磷盐，有的可用作激光器、抗菌材料和宝石。

银星石
Wavellite

分类地位： 磷酸盐

标本描述： 绿色，具松脂光泽、解理面珍珠光泽，透明，解理完全。

成因与分布： 银星石是一种含结晶水、羟基铝的磷酸盐矿物，由含磷的水溶液作用于含铝较富的矿物形成，多产于岩石的表面或裂隙内。主要分布在英国、美国等地。

采集信息： 采集于英国。

主要用途： 工业原料；科学研究；观赏。

重晶石
Barite

分类地位： 硫酸盐

标本描述： 黄白色，玻璃光泽，透明，完全解理，解理面珍珠光泽，块状，相对密度 4.3—4.5。

成因与产地： 重晶石形成于中低温热液条件下，我国湖南、广西、青海、新疆等地蕴藏有大型的重晶石矿脉。世界范围内重晶石资源比较丰富，主要分布在中国、美国、印度、伊朗、哈萨克斯坦、巴基斯坦、摩洛哥、土耳其、墨西哥、俄罗斯等国。

采集信息： 采集于美国。

主要用途： 是提取钡、锶和钡的化合物等的矿物原料，也用于造纸工业，在橡胶和塑料工业中提高橡胶和塑料的硬度、耐磨性及耐老化性等。

动物篇

北疆博物院收藏的动物标本共计15万余件，包括软体动物、昆虫、两栖爬行动物、鱼及鸟兽等诸多类群，标本采集地北到内蒙古、南至河南、东达胶东半岛、西抵青藏高原。其中，昆虫标本多达11万件，包含了半翅目、鳞翅目、鞘翅目等23个目；除昆虫外的无脊椎动物标本2万余件，以软体动物为主；脊椎动物标本8000余件，其中鸟类标本3300余件，其次分别为两栖类、爬行类、鱼类和兽类。标本的制作方式类型很多，无脊椎动物以干制标本为主，辅以浸制；鱼类和两栖爬行类以浸制为主，还有些剥制标本及玻片标本等；鸟兽类以假剥制为主，还有些生态标本、骨骼标本等。这些标本不仅丰富了馆藏和展示内容，也极大地提高了北疆博物院的学术研究水平和影响。

到处都能见到狐狸，它们定居在隆起的坟岗，成了棺材的邻居，有时甚至住到破损的棺材里。獾很多见；它选择同样的住处。野兔也一样；因为直隶的土生土长野兔并不是自己挖拥有九个穴的洞，而是霸占獾的洞穴、狐狸废弃的洞或者群集的地洞。这一地区动物群的名单上还包括鼬鼱、刺猬、极为少见的散发麝香气味的鼹鼠、蝙蝠和沙耐特（L. Chanet）先生在正定府发现过的鼢鼠（*Myospalax*），以及韩笃祜（H. Haser）先生在献县见到的仓鼠，一两种小家鼠和小灰鼠；黑色的老鼠不多见，再加上榉貂和罕见的鼬。德伯维神父从广平府西部给我寄来过鼯鼠标本；这种动物适宜于生活在与平原接壤的山区。

——桑志华
1914年4月

无脊椎动物

—— 刺胞动物 ——

笙珊瑚
Tubipora musica Linnaeus, 1758

分类地位： 动物界 Animalia，刺胞动物门 Cnidaria，
珊瑚虫纲 Anthozoa，软珊瑚目 Alcyonacea，
笙珊瑚科 Tubiporidae，笙珊瑚属 *Tubipora*

别名（俗名）： 音乐珊瑚

生活习性： 生活于浅水珊瑚礁区。

分布现状： 我国南海海域；印度洋、太平洋珊瑚礁海域广
泛分布。

保护级别及濒危程度： 国家二级；CITES 附录 Ⅱ；IUCN
近危（NT）

鉴别特征： 群体固着生活，呈大而圆的簇丛状或笙形。笙
珊瑚的骨骼由许多红色的细管构成，细管的直
径 1—2 毫米，排列呈束状。

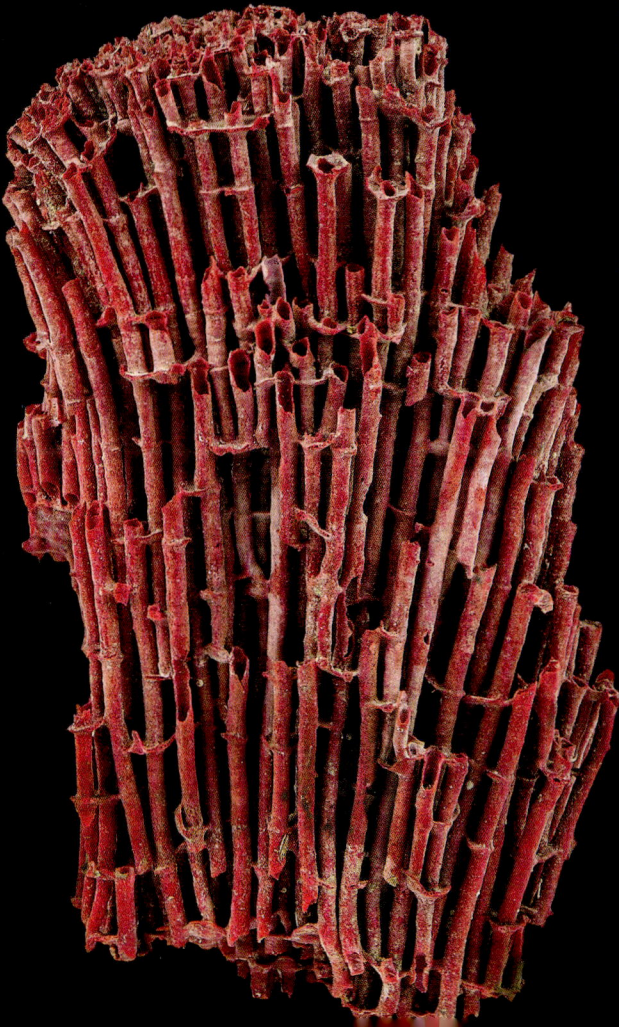

石芝珊瑚
Fungia fungites (Linnaeus, 1758)

分类地位： 动物界 Animalia，刺胞动物门 Cnidaria，珊瑚虫纲 Anthozoa，石珊瑚目 Scleractinia，石芝珊瑚科 Fungiidae，石芝珊瑚属 *Fungia*

别名（俗名）： 为真蕈珊瑚

生活习性： 幼小时反置于海底，会利用水螅体的涨缩慢慢翻转过来，并且能利用四周的触手做有效运动。成虫会在海底慢慢移动，因而得名"会走路的珊瑚"。

分布现状： 我国台湾、海南、东沙、西沙、南沙群岛；红海、印度—西太平洋区域广泛分布。

保护级别及濒危程度： 国家二级；CITES 附录 II；IUCN 近危（NT）

鉴别特征： 整个珊瑚由单个大水螅体组成，仅有一个口。珊瑚骨骼呈圆形，中央窝短而深，底部有交错的小颗粒状或小条状的小梁，珊瑚骨骼正面凸，背面凹，随环境的变化而变化。隔片齿和珊瑚肋是类群特征，隔片齿小而尖且光滑，珊瑚肋光滑或仅有小颗粒。

大竹蛏
Solen grandis Dunker, 1862

分类地位： 动物界 Animalia，软体动物门 Mollusca，
双壳纲 Bivalvia，贫齿目 Adapedonta，
竹蛏科 Solenidae，竹蛏属 *Solen*

生活习性： 埋栖于潮间带中、下区和浅海约 30—40 厘
米深的细沙或泥沙滩上。

分布现状： 中国各海域均有分布；台湾岛以东的西太
平洋海域。

采集信息： 1931 年 5 月采集于山东烟台。

鉴别特征： 壳长约 100 毫米，贝壳呈竹筒状；壳质薄
脆，前缘截形，后缘近圆形。壳面平滑有
光泽，被有一层黄褐色壳皮，常有淡红色
的斑纹。壳内白色或淡红紫色，铰合部小，
两壳各有主齿 1 枚。

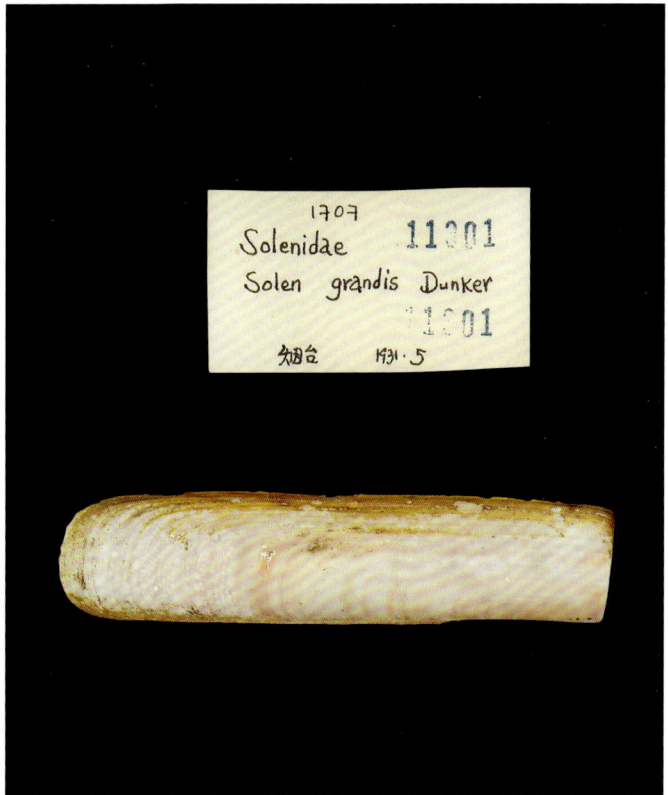

魁蚶
Anadara broughtonii (Schrenck, 1867)

分类地位： 动物界 Animalia，软体动物门 Mollusca，
双壳纲 Bivalvia，蚶目 Arcoida，
蚶科 Arcidae，粗饰蚶属 *Anadara*

生活习性： 生活于潮间带至数十米水深的软泥或泥沙
质海底。

分布现状： 黄海、渤海、东海；日本海和日本以东
海域。

采集信息： 1930 年 9 月采集于山海关。

鉴别特征： 壳长 85 毫米，贝壳呈斜卵圆形，两壳膨凸，
略不等。壳面白色，被有棕色的壳皮和黑
棕色的壳毛，壳表具宽而平滑的放射肋 42
条。壳内白色，内缘有锯齿状缺刻；铰合
部狭长，具一列细密的小齿。

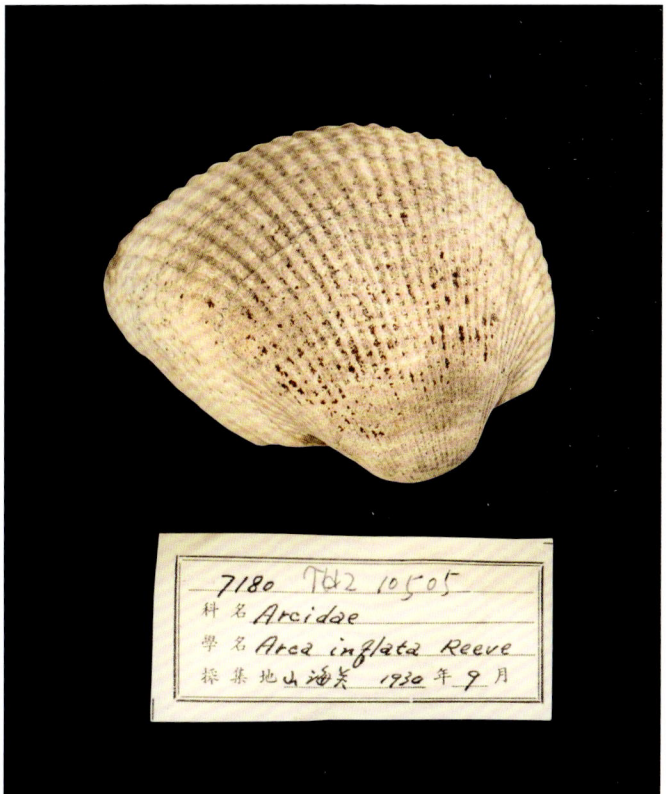

砗蚝
Hippopus hippopus (Linnaeus, 1758)

分类地位： 动物界 Animalia，软体动物门 Mollusca，双壳纲 Bivalvia，鸟蛤目 Cardiida，鸟蛤科 Cardiidae，砗蚝属 *Hippopus*

生活习性： 栖息于珊瑚礁和近礁环境的浅水区，幼体常以足丝附着生活，成体在礁坪上自由生活。

分布现状： 台湾、西沙和南沙群岛；印度—西太平洋海区。

保护级别及濒危程度： 国家二级（仅野外种群）；CITES 附录 Ⅱ

鉴别特征： 壳长 170 毫米，贝壳略呈不等边四角形。壳面黄白色，有多条放射肋，肋上有小鳞片或棘，通常有紫红色的斑，小月面宽广而中凹。壳内洁白色，有与壳表对应的放射沟和紫色斑。

7039-7041
Tridacnidae
Hippopus Hippopus (L)
TJZ 11564

彩虹樱蛤
Iridona iridescens (W. H. Benson, 1842)

分类地位: 动物界 Animalia，软体动物门 Mollusca，双壳纲 Bivalvia，鸟蛤目 Cardiida，樱蛤科 Tellinidae，彩虹蛤属 *Iridona*

别名（俗名）: 海瓜子

生活习性: 生活在低潮线附近至浅海细沙或泥沙质海底。

分布现状: 台湾，浙江舟山以北；印度—西太平洋海区。

采集信息: 1928 年 10 月采。

鉴别特征: 壳长 20 毫米，贝壳呈圆三角形或长椭圆形，质薄，两侧不等。壳面白色而略带粉红色，生长纹细密，在壳后端有一小的纵褶。壳内白色，两壳各有主齿 2 枚。肌痕明显，外套窦深。

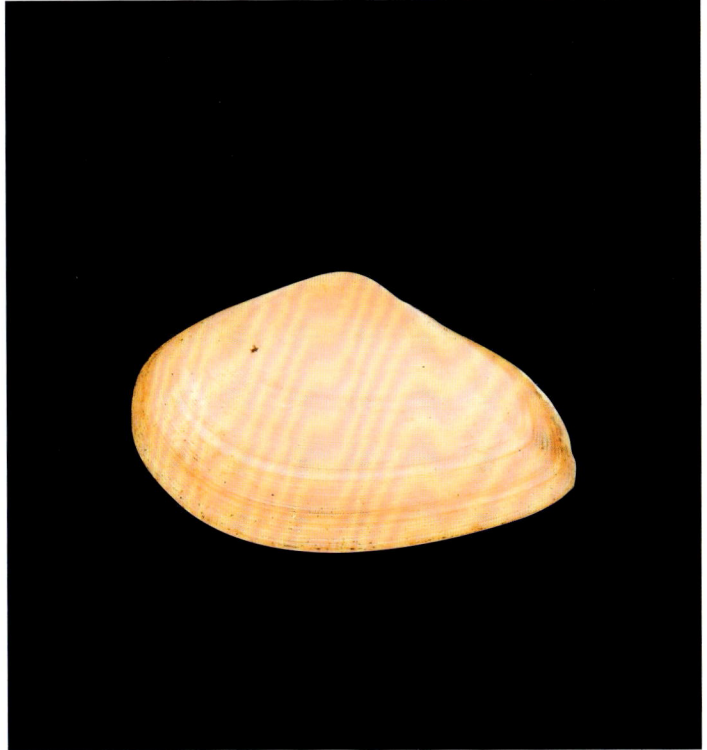

全海笋
Barnea costata (Linnaeus, 1758)

分类地位: 动物界 Animalia，软体动物门 Mollusca，双壳纲 Bivalvia，海螂目 Myida，海笋科 Pholadidae，全海笋属 *Barnea*

别名（俗名）: 天使之翼海鸥蛤

生活习性: 生活在潮间带及浅海泥。

分布现状: 大西洋西北部、美国东部、西印度群岛及中美洲海域。

采集信息: 采集于美国马萨诸塞至佛罗里达海域。

鉴别特征: 壳长 120 毫米，壳质薄，双壳非对称。壳面呈白色，两壳有时略带粉红色，自壳顶具鳞状放射肋，前部的肋较突出，间隔较宽。壳顶背面壳缘向外卷曲。

海月
Placuna placenta (Linnaeus, 1758)

分类地位： 动物界 Animalia，软体动物门 Mollusca，双壳纲 Bivalvia，扇贝目 Pectinida，海月蛤科 Placunidae，海月蛤属 *Placuna*

生活习性： 生活在潮间带中、下区至浅海泥沙或软泥质海底。

分布现状： 浙江以南沿海；印度—西太平洋海区。

鉴别特征： 壳长约 110 毫米，贝壳扁平，近圆形；壳质薄，透明。壳面白色或略显淡粉色，具珍珠光泽，并有细密的生长纹和放射纹。右壳铰合部有一倒 V 形长脊，左壳有对应的凹槽，后闭壳肌痕近圆形。

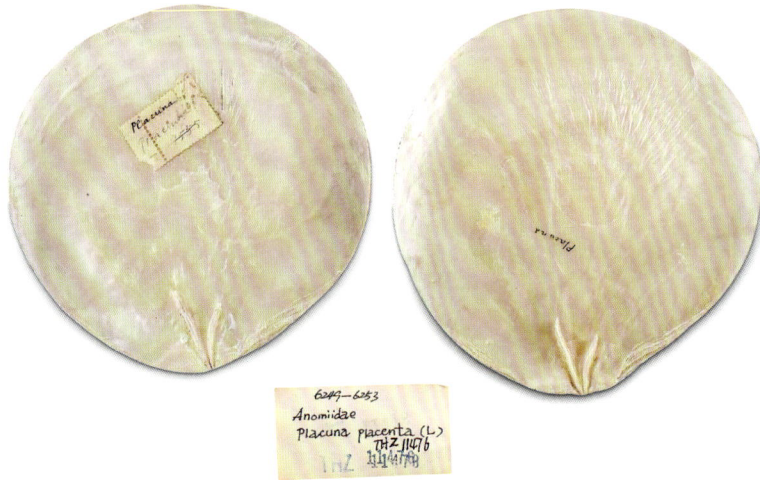

梯状土蜗
Galba laticallosiformis Yen, 1937

分类地位： 动物界 Animalia，软体动物门 Mollusca，腹足纲 Gastropoda，椎实螺科 Lymnaeidae，土蜗属 *Galba*

生活习性： 生活于淡水泥沙底和软泥底，对底质有很强的适应能力。

分布现状： 山西。

采集信息： 1914 年 7 月 25 日采集于山西北部马家堡。

馆藏独特性： 桑志华团队在 1914 年前往山西实地考察，采集了此标本。我国贝类学家阎敦建对该标本进行了研究，鉴定此种为新种，并于 1937 年发表。

模式信息： 正模

文物级别： 馆藏一级

鉴别特征： 壳高 12.1 毫米，壳宽 7 毫米；壳质薄，略透明，呈长卵圆形。壳面呈黄褐色，具有细致的生长线。螺层 5 层，有一高螺旋部，体螺层上部窄小，呈削肩状。缝合线明显。壳口呈窄卵圆形。脐孔深，被轴缘遮盖。

侧旋萝卜螺
Radix latispira Yen, 1937

分类地位：动物界 Animalia，软体动物门 Mollusca，腹足纲 Gastropoda，椎实螺科 Lymnaeidae，萝卜螺属 *Radix*

生活习性：栖息于池塘、湖泊及缓流的小溪。

分布现状：黑龙江、吉林、辽宁、内蒙古、河北等。

采集信息：1924 年 6 月 17 日采集于内蒙古东部。

馆藏独特性：桑志华团队在 1924 年前往今内蒙古实地考察，采集了此标本。我国贝类学家阎敦建对该标本进行了研究，鉴定此种为新种，并于 1937 年发表。

模式信息：正模

文物级别：馆藏一级

鉴别特征：壳高约为 19.5 毫米，宽 12.5 毫米；壳质较厚，坚固，外形略呈棱形。壳面呈黄褐色或淡灰色，具有明显的生长纹。螺层 4—5 层，螺旋部尖而长，体螺层略膨胀，各螺层呈梯状排列。壳口长卵圆形，外缘薄，内缘贴覆于体螺层上，轴缘略扭转呈 S 形。

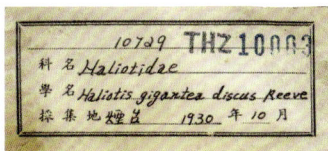

皱纹盘鲍
Haliotis discus hannai Ino, 1953

分类地位：动物界 Animalia，软体动物门 Mollusca，腹足纲 Gastropoda，小笠螺目 Lepetellida，鲍科 Haliotidae，鲍属 *Haliotis*

别名（俗名）：盘鲍螺、盘大鲍

生活习性：栖息于低潮线附近至浅海 3—15 米深处的岩石间，多以褐藻和红藻为食。

分布现状：渤海、黄海、东海；朝鲜半岛和日本。

采集信息：1930 年 10 月采集于山东烟台。

鉴别特征：壳长可达 100 毫米以上，贝壳扁卵圆形。壳面多为青褐色或深绿色，表面粗糙并具有不规则的皱褶，从贝壳的顶部开始，有一列突起的呼水孔，其中有 3—6 个开孔，但 4 个居多。壳内为银白色，有彩虹光泽。

唐冠螺
Cassis cornuta (Linnaeus, 1758)

分类地位： 动物界 Animalia，软体动物门 Mollusca，
腹足纲 Gastropoda，滨螺形目 Littorinimorpha，
冠螺科 Cassididae，冠螺属 *Cassis*

别名（俗名）： 冠螺

生活习性： 生活于水深 1—20 余米的沙或碎珊瑚底质的浅
海，多在黄昏或夜间活动，不活动时部分常埋
于沙面之下。以棘皮动物如海胆等为食。

分布现状： 西沙和南沙群岛等；印度—西太平洋海域暖
水区。

保护级别及濒危程度： 国家二级

鉴别特征： 冠螺科中个体最大者，壳长可达 300 毫米以上；
贝壳近球形。体螺层上通常有 3—4 条粗壮的
螺肋，其上具结节突起，肩部有一列巨大的角
状突出物。壳面灰白色，并具有不规则的红褐
色斑纹和斑块。壳口窄长，橘黄色，富有光泽。

甲胄螺
Casmaria erinaceus (Linnaeus, 1758)

分类地位： 动物界 Animalia，软体动物门 Mollusca，
腹足纲 Gastropoda，滨螺形目 Littorinimorpha，
冠螺科 Cassididae，甲胄螺属 *Casmaria*

生活习性： 栖息于浅海沙质海底，热带性种类。

分布现状： 台湾、西沙群岛和南沙群岛；西太平洋和印
度洋。

采集信息： 采集于印度洋。

鉴别特征： 壳长 60 毫米，贝壳呈卵圆形；壳质坚厚。壳
面白色或灰白色；在体螺层的肩部常有结节突
起，并有 4—6 条微弱淡褐色螺带或纵走波状
花纹。壳口外唇厚，向外翻卷，下端有 4—6
个尖齿。

法螺

Charonia tritonis (Linnaeus, 1758)

分类地位： 动物界 Animalia，软体动物门 Mollusca，腹足纲 Gastropoda，滨螺形目 Littorinimorpha，
法螺科 Charoniidae，法螺属 *Charonia*

别名（俗名）： 大法螺

生活习性： 生活在浅海约 10 米水深的珊瑚礁或岩礁间，喜栖于藻类丛生的生活环境中。

分布现状： 东海、南海；印度—西太平洋暖水区。

保护级别及濒危程度： 国家二级

鉴别特征： 壳长可达 350 毫米，贝壳外形似号角状。壳面黄红色，具有紫褐色鳞状斑和花纹；具粗细相间的
螺肋和结节突起，并有纵肿肋。壳口内橘红色，外唇内缘具有成对的红褐色齿肋，轴唇上有白褐
相间的条状褶襞。

背面

腹面

23427   TM2 2.206

Cymatiidae

Charonia tritonis (L)

黑斑嵌线螺
Cymatium lotorium (Linnaeus, 1758)

分类地位： 动物界 Animalia，软体动物门 Mollusca，腹足纲 Gastropoda，滨螺形目 Littorinimorpha，嵌线螺科 Cymatiidae，嵌线螺属 *Cymatium*

生活习性： 生活在潮间带低潮区或以下岩礁间。

分布现状： 台湾北、东海岸，海南岛、西沙永兴岛和澎湖列岛；印度—西太平洋。

鉴别特征： 壳长 74 毫米，最大可达 100 毫米以上；壳质坚厚。壳面呈橘黄色，纵肿肋和壳口内外唇上有黑色斑，并有粗细不均的螺肋和发达的瘤状突起。壳口卵圆形，外唇内缘具有发达的肋状齿；前水管沟向右扭曲。

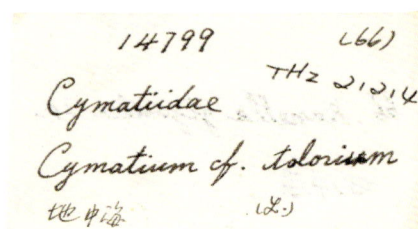

虎斑宝贝
Cypraea tigris Linnaeus, 1758

分类地位： 动物界 Animalia，软体动物门 Mollusca，腹足纲 Gastropoda，滨螺形目 Littorinimorpha，宝贝科 Cypraeidae，宝贝属 *Cypraea*

别名（俗名）： 黑星宝螺

生活习性： 常栖息在潮间带低潮区，稍深的岩石或珊瑚礁质的海底。喜欢在黄昏和夜间活动、觅食或交配。雌雄异体，卵生。主要以珊瑚为食，也取食海绵、有孔虫和小的甲壳动物。

分布现状： 台湾、香港、海南岛、西沙和南沙群岛；印度—太平洋暖海区广布种。

保护级别及濒危程度： 国家二级

鉴别特征： 壳长 98 毫米，贝壳呈卵圆形，壳质结实，背部膨圆。壳面极光滑，呈灰白或淡褐色（壳色常随栖息环境而变化），布满不规则的黑褐色斑点，背线明显，腹面为白色。壳口窄长，内白色，两唇缘具齿列；前沟凸出，后沟钝。

扁玉螺
Neverita didyma (Röding, 1798)

分类地位： 动物界 Animalia，软体动物门 Mollusca，
腹足纲 Gastropoda，滨螺形目 Littorinimorpha，
玉螺科 Naticidae，扁玉螺属 *Neverita*

生活习性： 生活于潮间带至浅海水深 50 米的沙和泥沙质海底，
常潜入海底猎取其他贝类为食。约在 8—9 月产卵，
卵群和细沙黏成围领状。

分布现状： 我国南北沿海常见种；印度—西太平洋广泛分布。

采集信息： 1914 年 7 月采集于北戴河。

鉴别特征： 壳长 62 毫米，贝壳呈半球形。壳面呈淡黄褐色，在
每一螺层的缝合线下方有一条彩虹状螺带。壳口卵圆
形，脐部有一发达的褐色滑层结节，其上有一明显的
沟痕，脐孔大而深，厣角质。

大凤螺
Aliger gigas (Linnaeus, 1758)

分类地位： 动物界 Animalia，软体动物门 Mollusca，
腹足纲 Gastropoda，滨螺形目 Littorinimorpha，
凤螺科 Strombidae，属 *Aliger*

别名（俗名）： 女王凤螺、凤螺

生活习性： 栖息在海草坪及砂质地方。

分布现状： 北美洲、中美洲。

保护级别及濒危程度： CITES 附录 II

鉴别特征： 贝壳较大，略呈小角塔形，壳质坚实而厚重，
有光泽。螺层 7—8 层，螺旋部低矮，体螺层极
膨大；壳顶尖，缝合线深；贝壳表面具有刻纹，
并具有粗壮的小瘤。壳口宽大，外唇厚；厣长
而窄。

水字螺
Harpago chiragra (Linnaeus, 1758)

分类地位： 动物界 Animalia，软体动物门 Mollusca，腹足纲 Gastropoda，滨螺形目 Littorinimorpha，
凤螺科 Strombidae，蜘蛛螺属 *Harpago*

别名（俗名）： 六角螺

生活习性： 生活在低潮线附近至数米水深的岩礁和珊瑚礁间的沙质海底，喜栖于藻类丛生的生活环境中。

分布现状： 台湾和海南各岛礁；热带太平洋诸岛及印度洋东北部，常见种。

鉴别特征： 成体壳长可达 330 毫米，呈拳头状；壳质厚重。壳表密布紫褐色的斑点和纵行花纹，背面有粗大
的瘤状突起和粗细不等的螺肋。壳口呈淡玫瑰红色或粉色，边缘有 6 条强大的爪状棘，向四周伸
展，呈"水"字而得名。

带鹑螺
Tonna galea **(Linnaeus, 1758)**

分类地位：动物界 Animalia，软体动物门 Mollusca，腹足纲 Gastropoda，滨螺形目 Littorinimorpha，
鹑螺科 Tonnidae，鹑螺属 *Tonna*

生活习性：栖息于浅海水深 20—160 米的泥沙及软泥质海底。

分布现状：东海、南海；日本、印度—西太平洋。

采集信息：采集于地中海海域。

鉴别特征：壳长 230 毫米，贝壳近球形。壳面褐色或黄褐色，具有较宽而低平的螺肋，两肋间具 2—4 条细的
间肋，螺肋的颜色较深；螺旋部小，缝合线呈浅沟状。外唇薄，边缘栗色。

东北田螺
Viviparus chui (Hsü, 1935)

原始鉴定名： *Viviparus chui* Yen, 1937

分类地位： 动物界 Animalia，软体动物门 Mollusca，腹足纲 Gastropoda，主扭舌目 Architaenioglossa，田螺科 Viviparidae，田螺属 *Viviparus*

生活习性： 生活在湖沼、缓流的小河及水田内。

分布现状： 黑龙江、吉林、辽宁等。

采集信息： 1929 年 5 月 5 日采集于吉林。

馆藏独特性： 桑志华团队在 1929 年前往吉林实地考察，采集了此标本。我国贝类学家阎敦建对该标本进行了研究，鉴定此种为新种，并于 1937 年发表。

模式信息： 正模

文物级别： 馆藏一级

鉴别特征： 壳高 25 毫米，壳宽 23.5 毫米；壳质较厚而坚固，略呈圆球形。壳面呈黑褐色或绿黄色，有时具有 3 条红褐色色带；螺层 4 层；壳顶钝，螺旋部低，体螺层特别膨大；缝合线深，生长线粗，在体螺层上变成粗壮的纵肋。壳口呈卵圆形，外唇简单，内唇外折；脐孔被内唇遮盖，不明显。

香螺
Neptunea cumingii Crosse, 1862

分类地位： 动物界 Animalia，软体动物门 Mollusca，腹足纲 Gastropoda，新腹足目 Neogastropoda，蛾螺科 Buccinidae，香螺属 *Neptunea*

生活习性： 栖息于潮下带浅海岩礁或泥质海底。

分布现状： 国内渤海、黄海、东海及北方常见；国外分布于朝鲜半岛和日本。

采集信息： 1931 年 7 月采集于山东烟台。

鉴别特征： 壳长 135 毫米。壳面黄褐色，有的个体具有宽、窄不等的螺带，并被有褐色壳皮；螺旋部呈阶梯状，肩角上常有结节或翘起的鳞片状突起。壳口大，内灰白色；前水管沟宽短。

黑芋螺
Conus marmoreus Linnaeus, 1758

分类地位： 动物界 Animalia，软体动物门 Mollusca，腹足纲 Gastroroda，新腹足目 Neogastropoda，
芋螺科 Conidae，芋螺属 *Conus*

生活习性： 生活在浅海数米深的沙质海底或珊瑚礁间。

分布现状： 台湾、西沙和南沙群岛；西太平洋和印度洋。

采集信息： 采集于印度洋海域。

鉴别特征： 壳长 90 毫米，贝壳呈倒圆锥形。壳面多呈黑褐色，布满较大的近三角形的白色斑块，外被有一
层金黄色的壳皮；螺旋部低矮，体螺层高大。壳口狭长，内粉白色；前水管沟宽短。

大千手螺
Chicoreus ramosus (Linnaeus, 1758)

分类地位： 动物界 Animalia，软体动物门 Mollusca，腹足纲 Gastropoda，新腹足目 Neogastropoda，
骨螺科 Muricidae，千手螺属 *Chicoreus*

生活习性： 栖息于低潮线附近至浅海岩礁间。

分布现状： 台湾、南海；印度—太平洋海域。

鉴别特征： 壳长 160 毫米。壳面白色，有褐色斑纹；螺层上有三条纵肿肋，纵肿肋和前水管沟上均有长短不等
的花瓣状棘刺；体螺层膨大。壳口圆形或卵圆形，呈粉红色；外唇边缘呈锯齿状；厣角质，多旋。

红螺
Rapana bezoar (Linnaeus, 1767)

分类地位： 动物界 Animalia，软体动物门 Mollusca，腹足纲 Gastropoda，新腹足目 Neogastropoda，
骨螺科 Muricidae，红螺属 *Rapana*

生活习性： 生活在浅海沙泥质海底。

分布现状： 东海、南海；西太平洋、印度洋、美国加利福尼亚海岸。

采集信息： 1930 年 7 月采集于北戴河。

鉴别特征： 壳长 77 毫米；壳质坚厚。壳面黄褐色，刻有细而稍凸出的螺肋，并耸起一些皱褶状鳞片，肩角
上生有短棘。壳口大，淡黄或白色，有螺纹；具宽大的假脐。

桑氏巴蜗牛
Bradybaena licenti (Yen, 1935)

分类地位： 动物界 Animalia，软体动物门 Mollusca，
腹足纲 Gastropoda，柄眼目 Stylommatophora，
坚齿螺科 Camaenidae，巴蜗牛属 *Bradybaena*

分布现状： 山西。

采集信息： 1927 年 6 月 22 日采集于山西武乡县新州镇。

馆藏独特性： 桑志华团队在 1927 年前往山西实地考察，采集了
此标本。我国贝类学家阎敦建对该标本进行了研究，
鉴定此种为新种，并于 1935 年发表。该物种以桑志
华的本名 Père Licent 命名，以表彰他对探索华北自然
历史的热情和辛勤工作。

模式信息： 正模

文物级别： 馆藏一级

鉴别特征： 壳高 12.2 毫米，壳宽 15.3 毫米；壳质薄，略显半透明。
壳面乳白色，有较均匀成斜行排列的生长线；螺层
4 1/3，层壳顶圆锥形，体螺层膨胀。壳口呈卵圆形；
外唇上缘薄而尖锐，下部略凹陷，内唇薄；脐孔窄。

轮状巴蜗牛
Bradybaena trochiformis Yen, 1938

分类地位： 动物界 Animalia，软体动物门 Mollusca，
腹足纲 Gastropoda，柄眼目 Stylommatophora，
坚齿螺科 Camaenidae，巴蜗牛属 *Bradybaena*

生活习性： 一般生活在山区、丘陵坡地阴暗潮湿、多腐殖质的树
林、灌木丛、草丛中，落叶或石块下，在山区、丘陵、
寺庙或农田附近均可发现。

分布现状： 河北。

采集信息： 1931 年 9 月 10 日采集于河北张家口。

馆藏独特性： 桑志华团队在 1931 年前往河北实地考察，采集了
此标本。我国贝类学家阎敦建对该标本进行了研究，
鉴定此种为新种，并于 1938 年发表。

模式信息： 正模

文物级别： 馆藏一级

鉴别特征： 壳高 7.8 毫米，壳宽 14.2 毫米；壳质薄，但较坚固，
呈轮形。壳面白色，有不均匀成斜行排列的生长线；
螺层 6 1/2 层，各螺层均匀，稍膨胀，螺旋部较高，
呈圆锥形；壳顶钝，缝合线深；体螺层、次体螺层凸起，
光滑。壳口月形，外唇扩张，内唇稍弱；脐孔窄而深。

正模 Holotype
THZ015133 (76)
桑氏华蜗牛
Cathaica licenti
Yen, 1935
北京南口八达岭

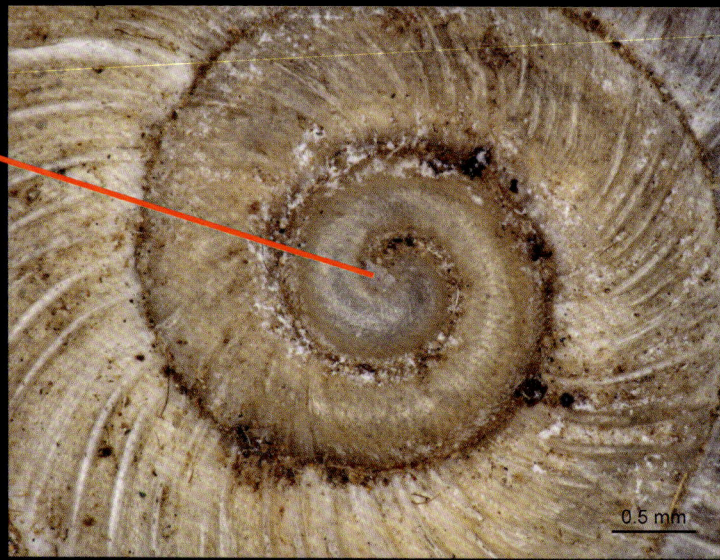

0.5 mm

宝石状华蜗牛
Cathaica orithyiformis Yen, 1935

分类地位： 动物界 Animalia，软体动物门 Mollusca，腹足纲 Gastropoda，柄眼目 Stylommatophora，
坚齿螺科 Camaenidae，华蜗牛属 *Cathaica*

分布现状： 山西。

采集信息： 采集于山西洪洞。

馆藏独特性： 我国贝类学家阎敦建对该标本进行了研究，鉴定此种为新种，并于 1935 年发表。

模式信息： 正模

文物级别： 馆藏一级

鉴别特征： 壳高 10.2 毫米，宽 20.1 毫米，贝壳呈扁圆形；壳质薄而坚固。壳面呈棕白色，具栗色色带；螺
层 4 层多，体螺层膨大；壳顶小圆形，略微凸起；缝合线深，生长线粗。壳口呈卵圆形；外唇简
单锋利，内唇缩减，覆盖脐部的一部分；脐孔深。

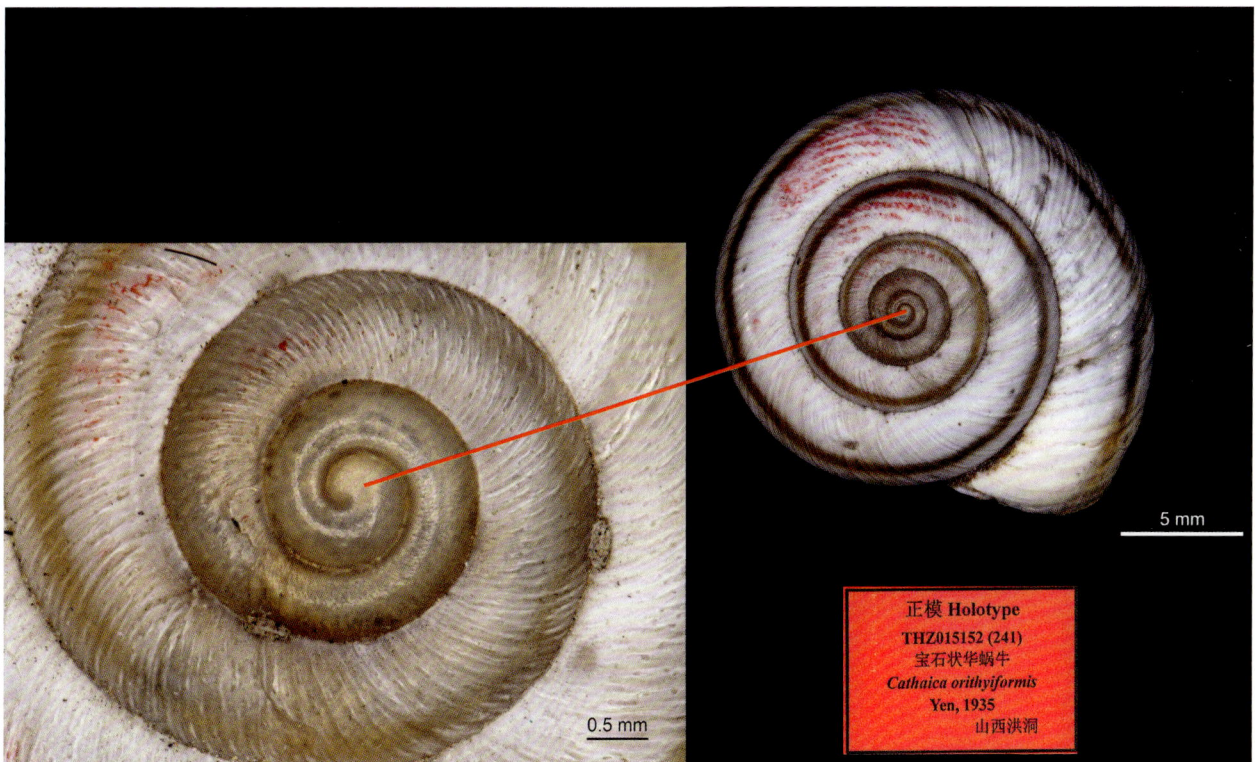

0.5 mm

5 mm

正模 Holotype
THZ015152 (241)
宝石状华蜗牛
Cathaica orithyiformis
Yen, 1935
山西洪洞

罗氏华蜗牛
Cathaica robertsi Yen, 1935

分类地位： 动物界 Animalia，软体动物门 Mollusca，腹足纲 Gastropoda，柄眼目 Stylommatophora，
坚齿螺科 Camaenidae，华蜗牛属 *Cathaica*

分布现状： 内蒙古。

采集信息： 采集于内蒙古河套地区东南部。

馆藏独特性： 我国贝类学家阎敦建对该标本进行了研究，鉴定此种为新种，并于 1935 年发表。此物种以阎
敦建的老师（圣约翰大学的 Donald Roberts 教授）名字命名。

模式信息： 正模

文物级别： 馆藏一级

鉴别特征： 壳高 8 毫米，壳宽 11.8 毫米；壳质厚实坚固。壳顶呈白色，体螺层表面呈蓝白色，具两条紧密线
状色带；螺层 3 1/2 层，各螺层宽度逐渐增加，表面粗糙；缝合线清晰，具连续的生长线。壳口
近似圆形；外唇简单，略微上扬，内唇较短且向后弯曲；脐孔较小。

正模 Holotype
THZ015I53 (101)
罗氏华蜗牛
Cathaica robertsi
Yen, 1935
内蒙河套

0.5 mm

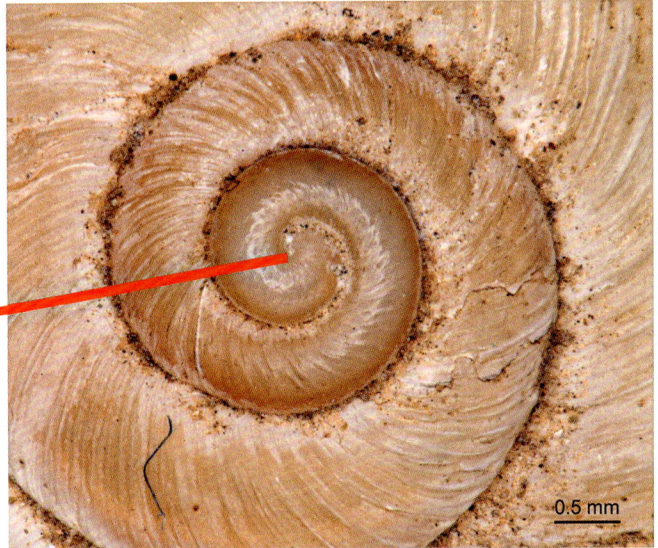

0.5 mm

正定蛇蜗牛侧旋亚种
Pseudiberus chentingensis latispira (Yen, 1935)

分类地位： 动物界 Animalia，软体动物门 Mollusca，腹足纲 Gastropoda，柄眼目 Stylommatophora，坚齿螺科 Camaenidae，蛇蜗牛属 *Pseudiberus*

生活习性： 常生活在丘陵谷地和山坡上潮湿、多腐殖质的草丛中，石缝或乱石堆里。在农田边、住宅区附近的草丛中也可见到。

分布现状： 分布于河北、山西、陕西、甘肃。

采集信息： 采集于河北。

馆藏独特性： 我国贝类学家阎敦建对该标本进行了研究，鉴定此种为新种正定平瓣拟蛇蜗牛 *Platypetasus chentingensis*，并于 1935 年发表，后被国内学者修订为正定蛇蜗牛侧旋亚种 *Pseudiberus chentingensis latispira*。

模式信息： 正模

文物级别： 馆藏一级

鉴别特征： 壳高 10.8 毫米，壳宽 22.3 毫米，贝壳呈扁圆盘形；壳质厚，坚实，无光泽。壳面为棕褐色，有粗糙的生长线和皱褶；螺层 4 1/2—5 层，螺旋部低矮，体螺层膨胀；壳顶钝，缝合线浅。壳口呈马蹄形；脐孔小，呈洞穴状。

节肢动物

虾 蟹 类

日本大眼蟹
Macrophthalmus japonicus (De Haan, 1835)

分类地位：动物界 Animalia，节肢动物门 Arthropoda，软甲纲 Malacostraca，十足目 Decapoda，大眼蟹科 Macrophthalmidae，大眼蟹属 *Macrophthalmus*

生活习性：常穴居于近海潮间带或河口处的泥沙滩上。

分布现状：中国海域；日本、新加坡、澳大利亚及朝鲜半岛。

采集信息：1930 年 9 月采集于山海关。

鉴别特征：头胸甲宽为长的 1.5 倍，表面具颗粒及软毛。额很窄而突出，前侧缘具 3 枚齿，眼柄细长。螯足对称，雄性螯足比雌性大；第 2、3 对步足较第 1、4 对大。雄性腹部呈三角形，雌性腹部大且呈圆形。

日本蟳
***Charybdis japonica* (A.Milne-Edwards,1861)**

分类地位： 动物界 Animalia，节肢动物门 Arthropoda，
软甲纲 Malacostraca，十足目 Decapoda，
梭子蟹科 Portunidae，蟳属 *Charybdis*

别名（俗名）： 赤甲红

生活习性： 生活于低潮线至 50 米，有水草或泥砂、石
块的浅海底。

分布现状： 中国海域；朝鲜半岛、日本、新西兰、澳
大利亚、红海。

采集信息： 1930 年 6 月采集于天津塘沽。

鉴别特征： 头胸甲呈卵圆形，背面隆起。额分 6 枚锐
齿，内眼窝齿较额齿大，前侧缘齿和眼窝
齿共 6 枚，第二触角在眼眶外。螯足掌部
有 5 个棘，末对步足桨状。雄性腹部呈三
角形，雌性腹部呈长圆形。

中华绒螯蟹
***Eriocheir sinensis* H. Milne Edwards, 1853**

分类地位： 动物界 Animalia，节肢动物门 Arthropoda，软甲纲 Malacostraca，十足目 Decapoda，弓蟹科 Varunidae，
绒螯蟹属 *Eriocheir*

别名（俗名）： 河蟹、毛蟹、大闸蟹

生活习性： 常穴居江、河、湖泥岸，昼匿夜出，以动物尸体或谷物为食。

分布现状： 中国渤海、黄海、东海；朝鲜半岛西岸、欧洲海域、美洲北部海域。

采集信息： 1930 年 8 月采集于天津。

鉴别特征： 头胸甲呈圆方形，后半部宽于前半部。背面隆起，额及肝区凹陷，胃区前面有 6 个对称的突起；胃区与心区分界
显著；额宽，分四齿；眼窝上缘近中部处突出，呈三角形；前侧缘具四齿。螯足，雄性比雌性大，掌节与指节
基部的内外面密生绒毛。

犀角蝉
Jingkara hyalipunctata Chou, 1964

分类地位： 动物界 Animalia，节肢动物门 Arthropoda，
昆虫纲 Insecta，半翅目 Hemiptera，
角蝉科 Membracidae，犀角蝉属 *Jingkara*

分布现状： 河南、陕西、湖北、江西、福建、四川、贵州、
云南。

采集信息： 1937 年 7 月 21 日采集于陕西太白山蛟龙寺，采集
人周尧。

馆藏独特性： 我国著名昆虫学家周尧先生 1964 年以该种为模
式种建立了犀角蝉属，馆藏这一标本为副模。

鉴别特征： 身体背面黄褐色至黑褐色，多刻点及白色或黄白
色毛；腹面黑色。前胸背板前面向上突起一阔而
侧扁的直立前角，其后缘具齿，前面末端分成二
叶状，指向后方；后突起隆起，盖片状，紧贴于
复翅上，背缘具齿，基部向背面波状弯曲，顶端
尖锐，达复翅肛角。复翅端缘截形，半透明，基
部和前缘区较厚，有点刻，多毛。

PARATYPE

太白山蛟龙寺
(1015米)
1937-VII-21
周 尧

Jingkara
hyalipunctata
Chou
鉴定人：周尧、袁锋197

1 mm

甘肃直同蝽
Elasmostethus kansuensis Hsiao *et* Liu, 1977

分类地位： 动物界 Animalia，节肢动物门 Arthropoda，
昆虫纲 Insecta，半翅目 Hemiptera，
同蝽科 Acanthosomatidae，直同蝽属 *Elasmostethus*

分布现状： 河南、陕西、甘肃。

采集信息： 1919 年 4 月 27 日采集于甘肃天水，采集人桑志华。

馆藏独特性： 该种是我馆原馆长、半翅目专家萧采瑜先生和
刘胜利在 1977 年依据北疆博物院采集标本建立的
新种，共有 5 件模式标本，均保存在我馆。

鉴别特征： 成虫体色黄绿色。头黄褐色，刻点稀少。触角第 1、
第 2 节浅褐绿色，第 3 节浅棕色。前胸背板前部
有 1 个黄褐色的光滑横带。前革片内缘及顶缘红
棕色，中部浅黄褐色或黄绿色。腹部背面浅棕色，
末端暗红色，侧接缘黄褐色；腹面黄褐色。

1 mm　　1 mm

Elasmostethus
kansuensis
allotype Liu　466-5　甘肃天水(南)

Elasmostethus
kansuensis
Holotype Liu　466-5

光华异蝽
Tessaromerus licenti Yang, 1939

分类地位： 动物界 Animalia，节肢动物门 Arthropoda，昆虫纲 Insecta，半翅目 Hemiptera，异蝽科 Urostylidae，华异蝽属 *Tessaromerus*

分布现状： 北京、天津、河北、山西、云南。

采集信息： 1916 年 6 月 25 日采集于山西北隰县北桥石，采集人桑志华。

馆藏独特性： 我国著名半翅目昆虫学家杨惟义先生 1939 年对中国的异蝽科昆虫进行了修订，以北疆博物院的标本为模式发表了 4 新种。光华异蝽为其中的一种，该标本为模式标本。

文物级别： 馆藏一级

鉴别特征： 体椭圆形，赭色。触角、胫节及跗节具毛，腹部各节气门黑色。触角深褐色，第 2、3、4 节的端半部黑色。雌虫前翅长 5.5 毫米，略超过腹部末端。雄虫生殖节端缘腹突很小，似两个小瘤，其下方具毛。

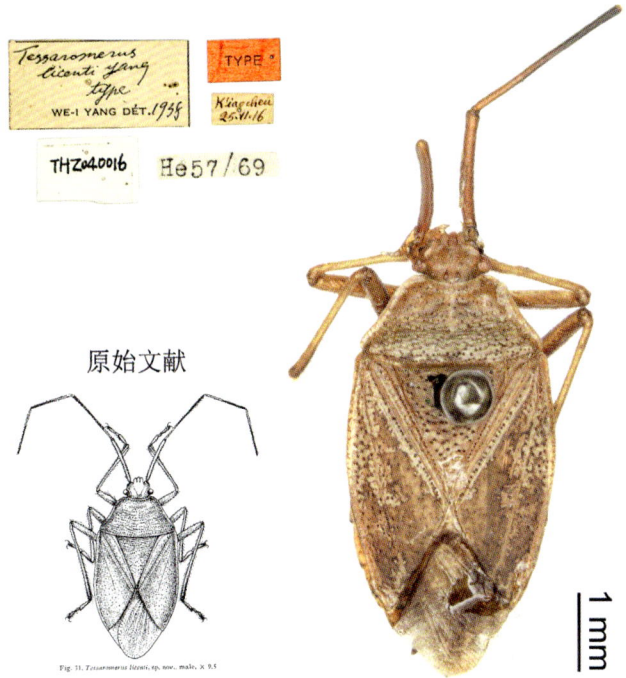

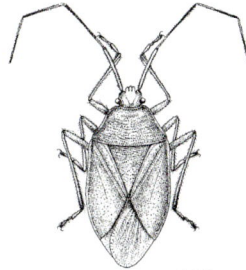

原始文献

Fig. 31. *Tessaromerus licenti*, sp. nov., male, × 9.5

斑华异蝽
Tessaromerus maculatus Hsiao *et* Ching, 1977

分类地位： 动物界 Animalia，节肢动物门 Arthropoda，昆虫纲 Insecta，半翅目 Hemiptera，异蝽科 Urostylidae，华异蝽属 *Tessaromerus*

分布现状： 甘肃、湖南、四川。

采集信息： 1919 年 4 月 29 日采集于甘肃天水，采集人桑志华。

馆藏独特性： 该种是萧采瑜和经希立 1977 年依据北疆博物院采集标本建立的新种，其中正模和配模标本保存在我馆。

鉴别特征： 体长 8.8—10 毫米，宽 3.5—4.5 毫米。椭圆形，黄褐色，被黑刻点。前胸背板侧缘微向上弯，其中部略凹陷，具黄色小圆斑。单眼周围的长椭圆形斑、前翅革片端缘中部的圆斑（有时不明显）均为黑色。触角第 1 节基部褐色，其余各节黑色；体腹面、触角第 1 节基部及各足腿节均具黑刻点；各足股节近基部侧具一浅褐色或黄色宽带状环斑。

前胸背板

股节环斑

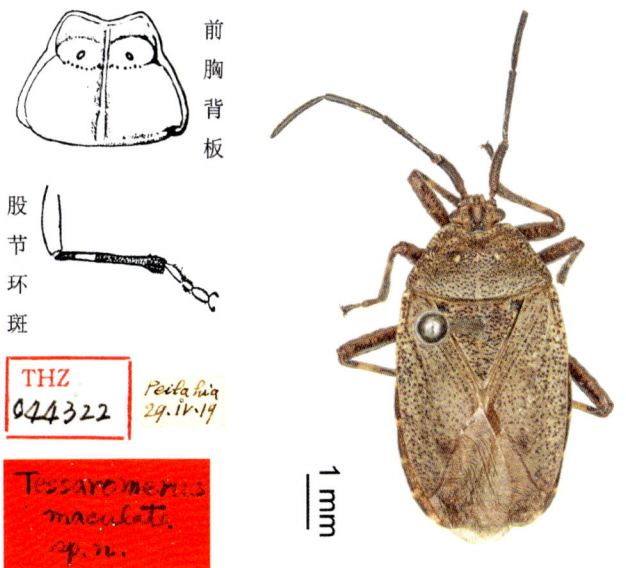

139

黄脊壮异蝽
Urochela tunglingensis Yang, 1939

分类地位： 动物界 Animalia，节肢动物门 Arthropoda，
昆虫纲 Insecta，半翅目 Hemiptera，
异蝽科 Urostylidae，壮异蝽属 *Urochela*

生活习性： 寄主为山杨，在甘肃文县邱家坝地区 6 月下旬
至 7 月上旬为成虫交尾、产卵期。

分布现状： 辽宁、北京、天津、河北、陕西、宁夏、甘肃、
四川、西藏；朝鲜半岛。

采集信息： 1928 年 9 月 23 日采集于东北 Kaochantiun，采
集人桑志华。

馆藏独特性： 我国著名半翅目昆虫学家杨惟义先生 1939
年对中国的异蝽科昆虫进行了修订，以北疆博
物院的标本为模式发表了 4 新种。黄脊壮异蝽
为其中的一种，此件标本为模式标本。

文物级别： 馆藏一级

鉴别特征： 体椭圆形，赭色，触角 5 节，触角第 1 节具黑
色点。前胸背板中央具一黄色纵纹向后延伸达
小盾片末端，一般呈红色。腹面土黄色或浅赭
色。身体背面有黑色刻点，头部刻点细小，前
胸背板、小盾片及革片外域上刻点密。

亮壮异蝽
Urochela distincta Distant, 1900

分类地位： 动物界 Animalia，节肢动物门 Arthropoda，
昆虫纲 Insecta，半翅目 Hemiptera，
异蝽科 Urostylidae，壮异蝽属 *Urochela*

生活习性： 江西一年发生 1 代，以成虫过冬，4 月间外出，
5—10 月连续采到成虫。大发生时污染池水，影
响饮食卫生。寄主为榆、栎、野桐、青榨槭等。

分布现状： 山西、河南、陕西、甘肃、安徽、浙江、江西、
湖南、福建、广西、四川、贵州、云南。

采集信息： 1916 年 9 月 15 日采集于陕西新寨，采集人桑
志华。

文物级别： 馆藏二级

鉴别特征： 体长 9—11 毫米，宽 4—4.8 毫米。长椭圆形，
暗褐色，前胸背板及革片略带红色，具光泽。
触角 5 节，黑色，第 4、5 节基本橙黄。前翅
革片中部及端缘的中央各有 1 个黑褐色圆斑；
膜片透明，淡色。体腹面及足深褐，气门周缘
具黑色圆斑。

拟娇异蝽
Urostylis agan var. *caudatus* Yang, 1939

分类地位：动物界 Animalia，节肢动物门 Arthropoda，
昆虫纲 Insecta，半翅目 Hemiptera，
异蝽科 Urostylidae，娇异蝽属 *Urostylis*

分布现状：山西、陕西、宁夏、甘肃、湖北、四川、贵州、
云南。

采集信息：1935 年 6 月 28 日采集于山西七里峪，采集人
桑志华。

馆藏独特性：我国著名半翅目昆虫学家杨惟义先生 1939
年对中国的异蝽科昆虫进行了修订，以北疆博
物院的标本为模式发表了 4 新种。拟壮异蝽为
其中的一种，此件标本为模式标本。

文物级别：馆藏一级

鉴别特征：体草绿色，喙前端黑色，几乎达中胸腹板的中
部。触角第 1 节长于前胸背板的长度。前翅长，
超过腹部末端。腹部各节的气门黑色。

侧点娇异蝽
Urostylis lateralis Walker, 1867

分类地位：动物界 Animalia，节肢动物门 Arthropoda，
昆虫纲 Insecta，半翅目 Hemiptera，
异蝽科 Urostylidae，娇异蝽属 *Urostylis*

生活习性：群居性。9 月中旬成虫大量出现。成虫在枯枝
落叶下越冬。寄主蒙古栎。

分布现状：内蒙古、山西；俄罗斯。

采集信息：1935 年 8 月 23 日采集于山西，采集人桑志华。

文物级别：馆藏二级

鉴别特征：成虫 10.9—12.1 毫米，宽 4.2—4.9 毫米。宽梭形，
黄绿或灰黄绿色雌虫具浅色刻点；雄虫前胸背
板侧角、前翅外革片具黑色刻点，其余刻点浅
色。复眼球状外突，褐色。单眼红色。触角 5 节，
具浅色短细毛，第 1 节约为头长的 2 倍。

褐伊缘蝽
Aeschyntelus communis Hsiao, 1963

分类地位： 动物界 Animalia，节肢动物门 Arthropoda，
昆虫纲 Insecta，半翅目 Hemiptera，
姬缘蝽科 Rhopalidae，伊缘蝽属 *Aeschyntelus*

生活习性： 寄主为小麦、高粱、蚕豆、大豆、茄子、野燕
麦等农作物。成虫和若虫在嫩穗、嫩叶及嫩茎
上吸食汁液。一年多代，重叠发生。卵散生，
多产于寄主叶背和小穗上。

分布现状： 黑龙江、内蒙古、河北、山西、陕西、江苏、
浙江、湖北、江西、湖南、福建、广东、广西、
贵州、云南；俄罗斯、朝鲜半岛及日本。

文物级别： 馆藏二级

鉴别特征： 体长 6—8 毫米，背面灰绿色，腹面灰黄色，
具褐色斑点，被浅色长毛。复眼与单眼之间的
斑点、前翅革片上的许多小点均为黑色，头、
前胸背板及小盾片上的刻点、触角及足的斑点
黑色或褐色。

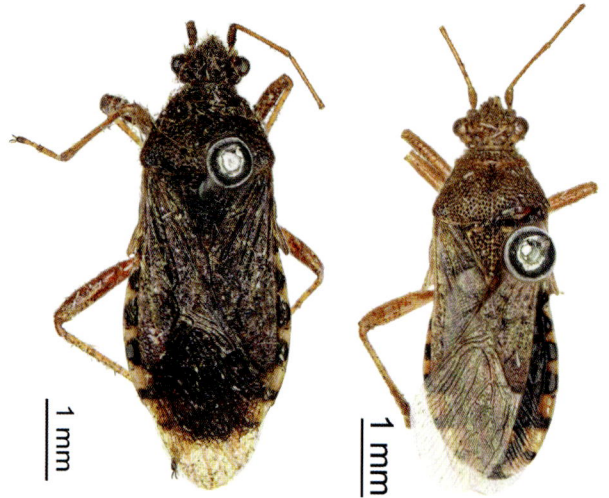

点伊缘蝽
Aeschyntelus notatus Hsiao, 1963

分类地位： 动物界 Animalia，节肢动物门 Arthropoda，
昆虫纲 Insecta，半翅目 Hemiptera，
姬缘蝽科 Rhopalidae，伊缘蝽属 *Aeschyntelus*

生活习性： 寄主为麦、粟、高粱、油菜、大豆、花生、野
燕麦、狗尾草、稗草、老鹳草、荠菜等农作物。
成虫和若虫躲在花序、嫩穗、嫩叶及嫩茎上吸
食汁液，被害处现黄褐色斑点，严重时造成落
花落粒（荚）。一年多代，重叠发生。卵散生，
多产于寄主叶背和小穗上。

分布现状： 黑龙江、内蒙古、河北、山西、甘肃、浙江、
湖北、江西、四川、云南、西藏。

采集信息： 1919 年 5 月 6 日采集于甘肃阜城北石门，采
集人桑志华。

文物级别： 馆藏二级

鉴别特征： 体长 7—10.7 毫米，宽 2.8—4 毫米。长椭圆形，
密被黄褐色直立长毛及细密刻点，背面灰色微
绿，腹面灰黄或黄褐色，具光泽。头三角形，
表面粗糙。复眼大而突出，紫黑色，单眼紫红
色。触角 4 节，第 1 节粗短，第 2 节最长。

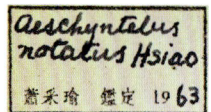

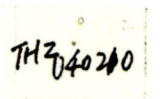

离缘蝽

Chorosoma brevicolle Hsiao, 1964

分类地位： 动物界 Animalia，节肢动物门 Arthropoda，
昆虫纲 Insecta，半翅目 Hemiptera，
缘蝽科 Coreidae，离缘蝽属 *Chorosoma*

生活习性： 在内蒙古呼伦贝尔盟一年发生一代，以成虫越
冬，次年 5 月中下旬开始外出活动，6 月若虫
盛发，7 月中下旬羽化，8 月下旬逐渐蛰伏过冬。
为害碱草等禾本科牧草。成虫、若虫吸食寄主
汁液，影响牧草生长。

分布现状： 内蒙古、山西、陕西、新疆。

采集信息： 1920 年 8 月 12 日采集于甘肃庆阳，采集人桑
志华。

文物级别： 馆藏一级

鉴别特征： 体长 14—17 毫米，狭长，草黄色，少数个体
稍显橙黄。复眼黑褐，单眼红褐。前胸背板具
刻点，中央及侧缘稍纵隆起。前翅短，透明，
后翅更短。触角微带红色，具黑色平伏短毛，
分 4 节。

黄边迷缘蝽

Myrmus lateralis Hsiao, 1964

分类地位： 动物界 Animalia，节肢动物门 Arthropoda，
昆虫纲 Insecta，半翅目 Hemiptera，
姬缘蝽科 Rhopalidae，迷缘蝽属 *Myrmus*

生活习性： 寄主无芒雀麦、羊草、拂子茅。

分布现状： 内蒙古、北京、天津、河北、山东、陕西、甘
肃；俄罗斯，朝鲜半岛。

馆藏独特性： 该种是我馆原馆长、半翅目专家萧采瑜先生
1964 年定的新种，多件副模标本保存在我馆。

文物级别： 馆藏一级

鉴别特征： 体长 8.2—10 毫米，身体狭长，长翅型，头长
稍大于宽，前端三角形，触角 4 节。头前端三
角形，伸达触角第 1 节中央。前翅革片中央翅
脉红褐或黑色。腹部背面两侧黄绿色，中央黑
色。体腹面黄色，两侧具黑色纵带。足细长，
胫节腹侧方具长毛。

甘肃真龙虱
Cybister kansou Feng, 1936

分类地位： 动物界 Animalia，节肢动物门 Arthropoda，
昆虫纲 Insecta，鞘翅目 Coleoptera，
龙虱科 Dytiscidae，真龙虱属 *Cybister*

分布现状： 内蒙古、宁夏、甘肃、新疆；中亚、中欧、西欧。

采集信息： 1919 年 6 月 30 日采集于银川附近，采集人桑志华。

馆藏独特性： 1936 年，冯学棠先生研究了北疆博物院收藏的龙虱
科标本，发表了 11 新种，甘肃真龙虱为其中的一种，
该标本为模式标本。

文物级别： 馆藏一级

鉴别特征： 体型较大。体长 29—37 毫米，卵形，前段略窄。背
面适度隆起，背面黑色，常具绿色光泽。腹面黄色，
前胸背板及鞘翅前缘较窄。

中华龙虱
Dytiscus sinensis Feng, 1935

分类地位： 动物界 Animalia，节肢动物门 Arthropoda，
昆虫纲 Insecta，鞘翅目 Coleoptera，
龙虱科 Dytiscidae，龙虱属 *Dytiscus*

属种名由来： 属名 *Dytiscus* 来源于拉丁语 "dyticus"，意为 "潜水者"。

生活习性： 冬季成虫能在结冰的水下正常活动。初春冰开始融化
时，成虫会立刻进行交配，温度升高后成虫则极少交
配。成虫一般都是捕食性，不仅捕食行动缓慢的动物，
还能捕食行动迅速的鱼类。雄虫利用带有强大吸力的
抱握足去捕捉鱼类，成功率很高，抱住鱼后立即用锋
利的口器咀嚼进食，气味会很快在水中散开，吸引来
更多成虫前来进食，猎物往往很快被完全吃掉。

分布现状： 东北、内蒙古、陕西、四川等地区。

采集信息： 1931 年 7 月 23 日采集于东北帽儿山，采集人桑志华。

馆藏独特性： 该种为冯学棠先生 1935 年依据北疆博物院收藏的
标本订的新种，该标本为模式标本。

文物级别： 馆藏二级

鉴别特征： 大型水生甲虫。体长卵圆形，背面青黑色或深红褐色，
具金属光泽。前胸背板边缘和鞘翅侧缘有浅黄色条
带。足为浅黄色，腹面具有黑色斑纹，腹部腹面深红
色。雄性龙虱前足和中足前三节跗节特化具有吸附能
力，是抱握足。

单色粒龙虱
Laccophilus uniformis Feng, 1936

分类地位： 动物界 Animalia，节肢动物门 Arthropoda，
昆虫纲 Insecta，鞘翅目 Coleoptera，
龙虱科 Dytiscidae，粒龙虱属 *Laccophilus*

生活习性： 生活在平地或低海拔地区，栖息于池塘、沼泽
等静水域中。

采集信息： 1915 年 9 月 1 日采集于山海关，采集人桑志华。

馆藏独特性： 1936 年，冯学棠先生研究了北疆博物院收
藏的龙虱科标本，发表了 11 新种，单色粒龙
虱为其中的一种，该标本为模式标本。

文物级别： 馆藏一级

鉴别特征： 体长 3.6 毫米，体宽 1.9 毫米，卵圆形，末端较
窄，背面略拱，通体棕黄色。前胸背板后缘具
颜色略深窄边。鞘翅具颜色极浅 "Z" 线，不明
显，远离基部。腹面较光亮。前中足腿节扁，
后足腿节较粗短，后胫节端距末端分叉。

0.5 mm

文信草天牛
Eodorcadion (Ornatodorcadion) wenhsini Yang *et* Danilevsky, 2013

分类地位： 动物界 Animalia，节肢动物门 Arthropoda，
昆虫纲 Insecta，鞘翅目 Coleoptera，
天牛科 Cerambycidae，草天牛属 *Eodorcadion*

分布现状： 内蒙古。

采集信息： 1937 年 7 月 19 日采集于内蒙古陕坝西北河套外，
采集人桑志华。

馆藏独特性： 2013 年，我馆杨春旺和俄罗斯的 M. L.
Danilevsky 合作发表了该新种，该标本为副模。

模式信息： 副模

鉴别特征： 身体较窄，鞘翅上有宽阔的白色条纹。触角呈
黑色，雄虫触角比身体略长，雌虫则比身体短
得多，大约只能到达鞘翅最后 1/4。背部鞘翅
脊稍稍隆起，鞘翅的角质层相对粗糙，且有深
大的刻点。腿多为红色（雄性）或淡红色（雌
性），腿节顶端为黑色（雄性）或顶端半部为
黑色（雌性）；腹体侧具致密的白色短柔毛。

2 mm

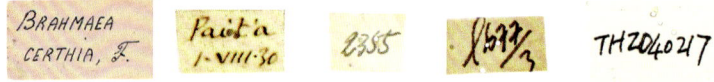

黄褐箩纹蛾
Brahmaea certhia (Fabricius, 1793)

分类地位： 动物界 Animalia，节肢动物门 Arthropoda，昆虫纲 Insecta，鳞翅目 Lepidoptera，
箩纹蛾科 Brahmaeidae，箩纹蛾属 *Brahmaea*

生活习性： 黄褐箩纹蛾毛毛虫是长得最诡异的，第二和第三体节各有两个背角，头部似龙头，身体末端还有
三个背角。不过到了末龄，这些背角会脱落。受惊扰时，箩纹蛾幼虫会用身体摩擦发出"咯咯"
的声音。幼虫多食用木犀科的植物，如女贞、桂花等，食量较大。

分布现状： 黑龙江、华北、浙江、华中。

采集信息： 1930 年 8 月 1 日采集于北京延庆北部白塔，采集人桑志华。

文物级别： 馆藏二级

鉴别特征： 翅展 110.1—110.6 毫米。棕褐色；前翅中带由 10 个长卵形横纹组成，中带内侧为 7 条波浪纹，
中带外侧为 6 条箩筐编织纹；后翅中线白色，中线内侧棕色，外侧有 8 条箩筐纹，外缘褐间黑色；
头部及胸部棕色褐边，腹部背面棕色。

黑褐箩纹蛾
Brahmaea christophi **Staudinger, 1879**

分类地位： 动物界 Animalia，节肢动物门 Arthropoda，昆虫纲 Insecta，鳞翅目 Lepidoptera，
箩纹蛾科 Brahmaeidae，箩纹蛾属 *Brahmaea*

生活习性： 黑褐箩纹蛾在福建南平 1 年发生 1 代，以蛹越冬。翌年 2 月中、下旬羽化，2 月下旬始见卵。3
月中旬至 5 月上旬为幼虫期。蛹期自 4 月中、下旬至次年 2 月中旬。雄成虫寿命 11—21 天，雌
成虫 19—30 天。卵多单粒散产于较嫩叶背。

分布现状： 北京、天津、河北、湖北、福建、台湾、四川、云南；俄罗斯、印度。

采集信息： 1925 年 9 月 2 日采集于河北头炮村，采集人桑志华。

文物级别： 馆藏二级

鉴别特征： 翅展约 111 毫米。体棕黑；前翅中带由 10 个长卵形横纹组成，中带内侧为 7 条波浪纹。后翅中线
白色，在后缘略向外弯或很直，后翅基部（尤其反面）深黑色。

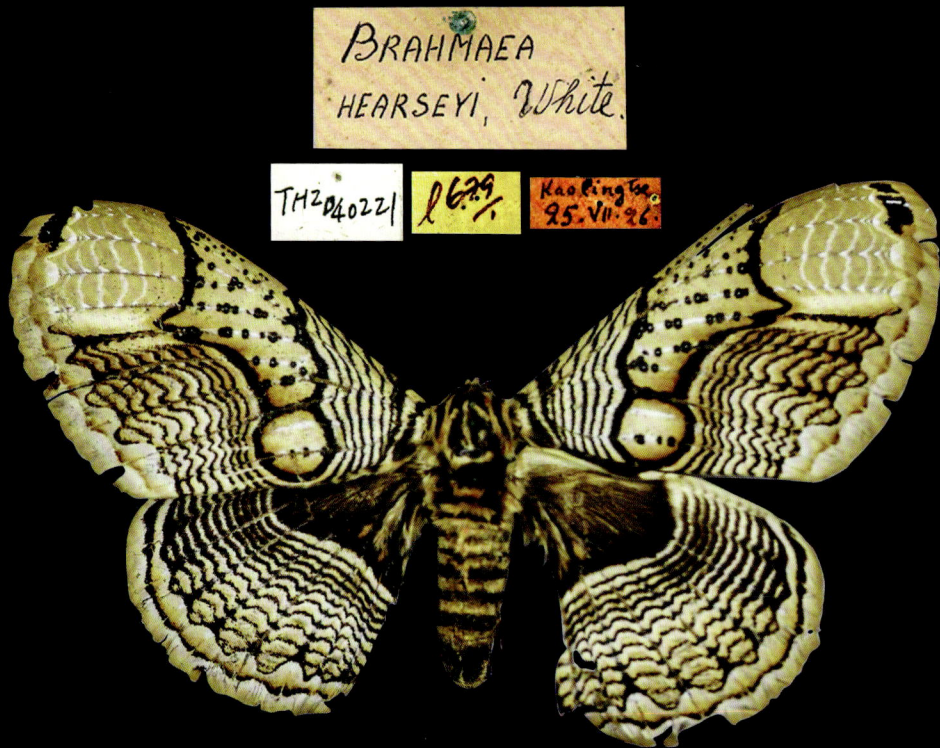

青球箩纹蛾
Brahmaea hearseyi White, 1862

分类地位： 动物界 Animalia，节肢动物门 Arthropoda，昆虫纲 Insecta，鳞翅目 Lepidoptera，箩纹蛾科 Brahmaeidae，箩纹蛾属 *Brahmaea*

生活习性： 老熟幼虫在地面下做土室化蛹越冬，成虫多在早晨羽化，白天在地面掩藏，晚间活动，成虫寿命10—20 天。幼虫寄主是女贞属植物。

分布现状： 山西、河南、湖北、湖南、福建、广东、四川、贵州；印度、缅甸、印度尼西亚。

采集信息： 1926 年 7 月 25 日采集于山西 Kao ling tze，采集人桑志华。

文物级别： 馆藏二级

鉴别特征： 体青褐色；翅展约 112—115 毫米。前翅中带底部球形，中带外侧有 6—7 行箩筐形纹，排列成5 垄，翅外缘有 7 个青灰色半球形斑。后翅中线曲折，内侧棕黑，有灰黄色斑，外侧有箩筐形条纹9 垄，呈水浪纹状。

榆凤蛾

Epicopeia mencia var. aemilii Strelkov, 1932

分类地位： 动物界 Animalia，节肢动物门 Arthropoda，昆虫纲 Insecta，鳞翅目 Lepidoptera，
凤蛾科 Epicopeiidae，榆凤蛾属 *Epicopeia*

生活习性： 各种榆树为食。初孵幼虫只食叶肉、大龄幼虫蚕食叶片。成虫多在 9—15 点羽化。羽化后 15 分
钟爬行展翅，不久即飞翔。2 天后，追逐交配。交配后即产卵于树梢嫩叶片上。成虫具有趋光性，
白天常于路边飞舞。蛹树叶间过冬，6、7 月间成虫出现。

分布现状： 黑龙江、吉林、辽宁、北京、河北、山东、江苏、上海、浙江、湖北、江西；朝鲜半岛。

采集信息： 1928 年 7 月 2 日采集于东北帽儿山，采集人桑志华。

馆藏独特性： 1932 年，俄籍学生斯特莱尔科夫（V. Strelkov）对北疆博物院的榆凤蛾 *Epicopeia mencia* Moore
进行了研究，新定一亚种和三变种，该标本为其中一变种。

文物级别： 馆藏二级

鉴别特征： 成虫形态似凤蝶，体长约 20 毫米，翅展约 80—90 毫米，体翅为灰黑色或黑褐色。触角栉齿状。
前翅外缘为黑色宽带，后翅有 1 个尾状突起，外缘有两列不规则的红色或灰白色斑。卵黄色，圆
球形，有光泽，蛹黑褐色，外被椭圆形土茧。

TH2040089

Epicopeia Mencia Var. Nov. Aemilii.
(Plate 2, Fig. 3).

This variation by its sharp forms is allied to Epicopeia mencia licenti (new subspecies), from which it differs by its brighter coloration which is of brownish tone.

The spots and rings are brickly red, rarely crimson. This variation is larger, also, than Epicopeia mencia licenti, but does not reach the size of typical (after Janet; ibid) Epicopeia mencia Moore.

Body blacky brown. The rings on the abdomen are present or not, no matter the sex.

In the collection of the above Museum is one specimen of this variation, collected by Father E. Licent, which has the crimson spot only on one side of the head.

Primaries browny. In the direction of the body, they are getting darker. Veins very dark brown.

Secondaries are darker. Coloration is getting deeper down to the tails, which are almost blacky—brown.

Above the tails, the same as in subspecies licenti, brick-reddish or crimson spots are present.

In China, it is found in Yang-kia-ping (Trappist monastery), North Chili, and also in environs of Chinwangtao (Peking-Moukden Railway), North-East and South-West. Flying during June and July (mainly in the last).

Measurements of Epicopeia mencia var. nov. aemilii.

	Millimeters.	
Expanse of the primaries	85,0	90,0
Expanse of the secondaries	63,0	65,0
Length of the body	20,0	20,0
Length of the tails	17,0	16,0
Width of the tails in the end	4,5	5,5
Width of the tails in the middle	3,0	4,0
Sex	♂	♀

褐蜂茧蜂
Aridelus fuscus Wang, 1981

分类地位：动物界 Animalia，节肢动物门 Arthropoda，昆虫纲 Insecta，膜翅目 Hymenoptera，
茧蜂科 Braconidae，蜂茧蜂属 *Aridelus*

分布现状：山西。

采集信息：1933 年 8 月 13 日采集于山西五寨，采集人桑志华。

馆藏独特性：1981 年，中国科学院动物研究所王金言发表了蜂茧蜂属一新种，模式标本共两件，均为北疆博
物院旧藏标本，该标本为正模。

鉴别特征：体长 4.4 毫米。头黄褐色，绕单眼和额在触角上方褐色；复眼黑色并有反光；触角柄节黄褐色，
鞭节黑褐色；胸部和柄后腹黑褐色，腹柄节自基部至端部明黄至深明褐色；翅透明，前缘脉及翅
痣褐色，其余翅脉色浅；翅基片和足黄色，跗节端部深褐色。

脊椎动物

鱼 类

皱唇鲨
***Triakis scyllium* Müller *et* Henle, 1839**

分类地位： 动物界 Animalia，脊索动物门 Chordata，
软骨鱼纲 Chondrichthyes，真鲨目 Carcharhiniformes，
皱唇鲨科 Triakidae，皱唇鲨属 *Triakis*

别名（俗名）： 鲨条、九道三峰齿鲛

生活习性： 属温带大陆架和岛架近海底栖鲨，喜栖息于河口、港湾浅水
沙底藻类覆盖地，能忍受低盐度。食小鱼、甲壳类和底栖无
脊椎动物。

分布现状： 渤海、黄海、东海，南海偶见。

采集信息： 1921 年 8 月 22 日采集于山东烟台。

鉴别特征： 体前部较粗大，后部细小。头宽扁，尾细长。眼椭圆形。喷
水孔长椭圆形，位于眼后。体灰褐带紫色，具暗褐色横纹 13
条，暗色的横纹上具不规则大小不一的黑色斑点。腹面白色。
各鳍褐色，有时也具黑色斑点。

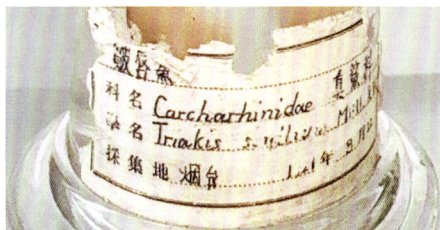

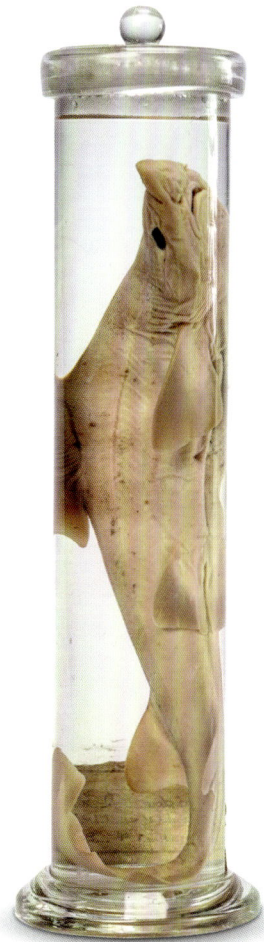

黑龙江鳑鲏
Rhodeus sericeus (Pallas, 1776)

分类地位： 动物界 Animalia，脊索动物门 Chordata，
硬骨鱼纲 Osteichthyes，鲤形目 Cypriniformes，
鲤科 Cyprinidae，鳑鲏属 *Rhodeus*

别名（俗名）： 鳑鲏

生活习性： 群居，杂食性。喜栖息在肥水缓流处。繁殖季
节雄鱼的背鳍、臀鳍和胸鳍均延长；吻部具珠
星；臀鳍外缘黑色。雌鱼产卵管延长，拖曳于
体外。

分布现状： 黑龙江、图们江和额尔齐斯河水系。

采集信息： 1929 年 7 月 8 日采集于黑龙江哈尔滨。

鉴别特征： 体高且侧扁，呈纺锤形。头较长。口亚下位；
口裂呈浅弧形；口角无须。眼较大，侧上位。
尾柄细长。尾鳍叉形。侧线不完全。

鳡
Elopichthys bambusa (Richardson, 1845)

分类地位： 动物界 Animalia，脊索动物门 Chordata，
硬骨鱼纲 Osteichthyes，鲤形目 Cypriniformes，
鲤科 Cyprinidae，鳡属 *Elopichthys*

别名（俗名）： 大口鳡、鳏

生活习性： 较大型鱼类，最大个体可达 2 米，重 80 千克。喜在江河、
湖泊的中上层活动，游泳能力极强。性凶猛，行动敏捷，
常袭击和追捕其他鱼类，属典型的掠食性肉食性鱼类。

分布现状： 黑龙江至珠江沿海各水系。

采集信息： 采集于河北。

鉴别特征： 体长圆筒形，略侧扁。鳞细小。侧线完全。鲜活时，体
背灰黑色，腹部银白色，背鳍和尾鳍深灰色，颊部及其
他各鳍淡黄色，尾鳍边缘黑色。

花鳕
Hemibarbus maculatus Bleeker, 1871

分类地位： 动物界 Animalia，脊索动物门 Chordata，硬骨鱼纲 Osteichthyes，鲤形目 Cypriniformes，
鲤科 Cyprinidae，鳕属 *Hemibarbus*

生活习性： 体型中等，生长速度较快。主要生活在江河、湖泊、水库等水体的中下层，主要以底栖无脊椎动
物包括虾、昆虫幼虫等为食物。生殖季节在 4—5 月，分批产卵，卵黏性，附着于水草上孵化。

分布现状： 我国东部江河、湖泊等大水面水体均有分布。

采集信息： 1921 年 10 月采集于河北。

鉴别特征： 体呈长形，背部自头后至背鳍前方显著隆起。头中等大。口角须 1 对，较短。眼较大，侧上位。
侧线完全，略平直。尾鳍分叉。体背及体侧上部青灰色，腹部白色，体侧具多数大小不等的黑褐
色斑点。背鳍和尾鳍具多数小黑点，其他各鳍灰白色。

翘嘴鲌
Culter alburnus Basilewsky, 1855

分类地位： 动物界 Animalia，脊索动物门 Chordata，
硬骨鱼纲 Osteichthyes，鲤形目 Cypriniformes，
鲤科 Cyprinidae，鲌属 *Culter*

别名（俗名）： 翘嘴、噘嘴鲢子、刀鱼

生活习性： 喜在湖泊、水库等大水面缓流或静水开敞水域中上层
活动。凶猛肉食性鱼类，成鱼主要摄食其他鱼、虾等，
幼鱼以枝角类、甲壳类、昆虫等为食。春季繁殖，产
黏性卵。

分布现状： 我国东部南自珠江北至黑龙江广泛分布。

采集信息： 1927 年 2 月 21 日采集于天津。

鉴别特征： 体呈长形，侧扁，尾柄较长。吻稍尖。口上位，口裂
几乎竖直，下颌厚而上翘，突出于上颌之前。体鳞较
小。侧线完整，前部略呈弧形，后段较平直。尾鳍深
分叉，下叶长于上叶，叶端尖。体背侧部青黑色，腹
侧银白色；各鳍呈深灰色。

银鲴
Xenocypris argentea Günther, 1868

分类地位： 动物界 Animalia，脊索动物门 Chordata，
硬骨鱼纲 Osteichthyes，鲤形目 Cypriniformes，
鲤科 Cyprinidae，鲴属 *Xenocypris*

别名（俗名）： 密鲴

生活习性： 喜在江河、湖泊、水库等水面较大的水体中下层集群
活动，植食性为主，常以角质化的下颌刮食着生在水
下石块表面的藻类，也食水生高等植物碎屑、浮游动
物等。春季繁殖，产黏性卵。

分布现状： 我国东部北自黑龙江南至红河水系上游的元江广泛
分布。

采集信息： 1921 年 10 月采集于河北。

鉴别特征： 体呈长形，侧扁。头小，吻钝；口下位，下颌前缘形
成薄角质缘；眼侧上位。体鳞小。侧线完整，前部略
呈弧形，后段较平直。尾鳍深分叉。新鲜标本，体背
侧上部灰黑色，侧腹部银白色；鳃盖膜后缘有橘黄色
斑块；胸鳍、腹鳍、臀鳍基部浅黄色，背鳍灰色，尾
鳍灰黑色，固定标本黄色消失，各鳍色淡。

北方花鳅
Cobitis granoei Rendahl, 1935

分类地位： 动物界 Animalia，脊索动物门 Chordata，
硬骨鱼纲 Osteichthyes，鲤形目 Cypriniformes，
鳅科 Cobitidae，花鳅属 *Cobitis*

别名（俗名）： 北方鳅

生活习性： 小型底栖鱼类，多生活在河流浅水细小沙石底质的河
段，以水生无脊椎动物、藻类等为食。产卵期为 4 月
初—7 月。

分布现状： 黑龙江水系、滦河上游、湟水等。

采集信息： 1921 年 10 月采集于河北。

鉴别特征： 体细长，稍侧扁。须长，口角须末端后伸达眼中央。
背部具 13—18 个矩形大斑，体上侧及头部具蠕虫形
花纹或不规则斑点。尾鳍上侧具 1 明显黑斑。

黑斑狗鱼
Esox reicherti Dybowski, 1869

分类地位： 动物界 Animalia，脊索动物门 Chordata，
硬骨鱼纲 Osteichthyes，狗鱼目 Esociformes，
狗鱼科 Esocidae，狗鱼属 *Esox*

别名（俗名）： 狗鱼、黑龙江狗鱼

生活习性： 喜栖息于缓流的河汊和湖泊水库中。有明显的洄游规
律，河水解冻后游向上游河口（湖泊）或进入小河口、
泡沼进行产卵洄游。产卵结束后分散育肥，冬季进入
深水处越冬，不停食。幼鱼集群，成鱼分散活动。行
动敏捷，游泳迅速。

分布现状： 嫩江、黑龙江、松花江、乌苏里江等支流泡沼和水库，
达赉湖、镜泊湖、五大连池等湖泊。

采集信息： 1931 年 9 月 8 日采集于黑龙江哈尔滨。

鉴别特征： 体呈圆筒状。头前部扁平。吻长，口裂大，下颌突出。
侧线鳞大多数不规则。背部和体侧灰黄绿色或绿褐色，
散布着许多黑色斑点，腹部灰白色。背鳍、臀鳍和尾
鳍也有许多小黑斑点，其余为灰白色。

龟鲅
Chelon haematocheilus (Temminck *et* Schlegel, 1845)

分类地位： 动物界 Animalia，脊索动物门 Chordata，
硬骨鱼纲 Osteichthyes，鲻形目 Mugiliformes，
鲻科 Mugilidae，龟鲅属 *Chelon*

别名（俗名）： 豆仔鱼、乌仔、乌鱼、红眼、肉棍、赤眼鲅

生活习性： 近岸暖水性海产鱼类。喜栖息于江河口咸淡水区及海
湾内，亦可进入淡水。性活泼，善跳跃，有逆流习性。
常成群洄游。杂食性。幼鱼以浮游动物为食，成鱼
杂食。

分布现状： 渤海、黄海、东海。

采集信息： 1921 年 8 月 22 日采集于山东烟台。

鉴别特征： 体细长。头短宽，背部平坦，吻短宽。眼小，微带红色。
口下位，人字形。下颌中央具一凸起，可嵌入上颌相
对的凹中。头、体背面青灰色，两侧浅灰色，腹部银
白色，体侧上方有黑色纵纹数条，各鳍浅灰色，边缘
色较深。

燕鳐须唇飞鱼
Cheilopogon agoo (Temminck *et* Schlegel, 1846)

分类地位： 动物界 Animalia，脊索动物门 Chordata，
硬骨鱼纲 Osteichthyes，颌针鱼目 Beloniformes，
飞鱼科 Exocoetidae，须唇飞鱼属 *Cheilopogon*

别名（俗名）： 阿戈飞鱼、飞乌、大乌、白翅仔、燕鳐鱼

生活习性： 喜栖息在水的上层，具趋光性。游泳迅速，习性活泼，
善于飞跃。接近水面时，尾鳍左右急剧摆动，使身体
迅速前进，产生强大冲力，突然跃出水面，随即将胸
鳍张开，在空中作滑翔飞行，姿态极为优美。飞跃的
主要动力来自尾部，胸鳍只起到降落伞的作用，不能
控制速度和方向。

分布现状： 渤海、黄海、东海、南海。

采集信息： 1933 年 7 月 20 日采集于山东青岛。

鉴别特征： 体呈长形，胸鳍无斑点，上半部为淡黑色。背鳍暗色；
腹鳍淡黑色无斑点。未成年鱼在胸鳍和腹鳍上有若干
小于瞳孔径的黑斑。幼鱼有 1 对短须。

莫氏海马
Hippocampus mohnikei **Bleeker, 1853**

分类地位： 动物界 Animalia，脊索动物门 Chordata，硬骨鱼纲 Osteichthyes，刺鱼目 Gasterosteiformes，海龙科 Syngnathidae，海马属 *Hippocampus*

别名（俗名）： 海马、日本海马

生活习性： 喜栖息于近海。直立游泳，尾部弯曲，可以握附在海藻等上。雄性有育儿袋，雌性产卵于其中，由雄性孵化、抚育。

分布现状： 渤海、黄海、东海。

采集信息： 1930 年采集，地点不详。

保护级别及濒危程度： 国家二级（仅野外种群）；CITES 附录 Ⅱ

鉴别特征： 体型很小。头部小刺及体环上棱棘发达。体冠矮小，上有不突出的钝棘。躯干部七棱形，尾部四棱形而卷曲。口小无牙。鳃盖凸出，光滑不具放射状纹。无鳞，全身包以骨环，以背侧棱棘为最发达。腹部很为突出，无棱。

弹涂鱼
Periophthalmus modestus Cantor, 1842

分类地位： 动物界 Animalia，脊索动物门 Chordata，
硬骨鱼纲 Osteichthyes，鲈形目 Perciformes，
虾虎鱼科 Gobiidae，弹涂鱼属 *Periophthalmus*

别名（俗名）： 滩涂鱼、跳跳鱼

生活习性： 喜栖息于海水或半咸水的河口附近。退潮时借
胸鳍肌柄跳动于泥滩上觅食。稍受惊动即跳回
水中，速度颇快。

分布现状： 渤海、黄海、东海、南海。

采集信息： 1930 年 6 月 8 日采集于天津塘沽。

鉴别特征： 体呈长形，侧扁，背缘平直，腹缘浅弧形。吻
短而圆钝。眼小，高位。口宽大，唇发达。牙
尖锐，直立。体及头背均被小圆鳞。背鳍 2 个，
分离；第一背鳍高，扇状。胸鳍尖圆。腹鳍愈
合，后缘凹入。尾鳍圆形。体棕褐色。

花尾胡椒鲷
Plectorhinchus cinctus (Temminck *et* Schlegel, 1843)

分类地位： 动物界 Animalia，脊索动物门 Chordata，
硬骨鱼纲 Osteichthyes，鲈形目 Perciformes，
仿石鲈科 Haemulidae，胡椒鲷属 *Plectorhinchus*

别名（俗名）： 加志、黄斑石鲷、花软唇

生活习性： 喜栖息于亚热带和温热带浅海底层的岩礁海域，
特别在岛屿周围海域分布较多，栖息底质多为
沙泥质、岩礁或珊瑚礁。肉食性，以底层小鱼、
甲壳类及头足类等为食饵。

分布现状： 黄海、东海、南海。

采集信息： 1927 年 8 月采集于河北秦皇岛山海关。

鉴别特征： 体长椭圆形，侧扁而高。背缘曲度大，呈弧形。
尾柄侧扁而高。头中等大，前端颇钝，背部凸，
两侧平坦。吻前端钝圆。眼中等大，侧上位。
鼻孔每侧 2 个，长椭圆形。口小，唇较厚。两
颌牙细小。舌游离，前端圆形。

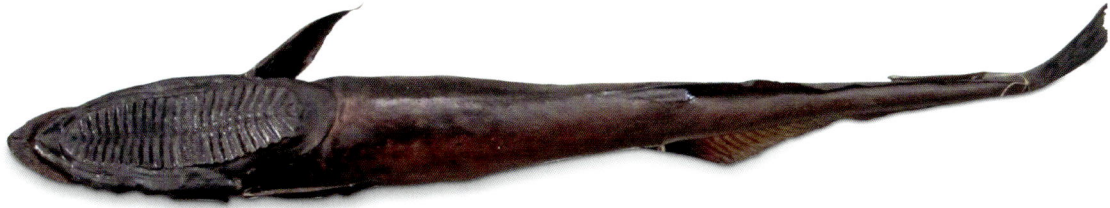

鲫

***Echeneis naucrates* Linnaeus, 1758**

分类地位： 动物界 Animalia，脊索动物门 Chordata，硬骨鱼纲 Osteichthyes，鲈形目 Carcharhiniformes，鲫科 Echeneidae，鲫属 *Echeneis*

生活习性： 肉食性。在海洋内，常用头顶特化吸盘吸附其他大型鱼类以获取行动便利，并接食食物残渣。

分布现状： 渤海、黄海、东海、南海。

采集信息： 1931 年 7 月 1 日采集于山东烟台。

鉴别特征： 体细长。头及体前端背侧平扁，有一长椭圆形吸盘。鳞很微小，为长圆形，除头及吸盘外，全身均有。身体呈灰黑色，体侧具 2 条白色纵纹，体下较淡。尾鳍黑色，而上下缘为白色。其他鳍均为淡黑色。

白鲟

***Psephurus gladius* (Martens, 1862)**

分类地位： 动物界 Animalia，脊索动物门 Chordata，硬骨鱼纲 Osteichthyes，鲟形目 Acipenseriformes，长（匙）吻鲟科 Polyodontidae，白鲟属 *Psephurus*

别名（俗名）： 象鱼、象鼻鱼、扬子江白鲟（长江）、琵琶鱼、朝剑鱼（湖南）、箭鱼、象鲟（四川）。

生活习性： 属海、淡水洄游鱼类，但主要栖息于长江流域的中下层。肉食性。性成熟迟。雌鱼最小成熟年龄为 7—8 龄、体重 25—30 千克；雄性成熟较雌性稍早，体重也相应小些。3—4 月为生殖季节。在卵石底质的河床上产卵。卵圆形，黑色，沉性。

分布现状： 主要分布于长江干流，钱塘江偶见。

采集信息： 1921 年 11 月 12 日采集于天津。

保护级别及濒危程度： 国家一级；CITES 附录Ⅱ；已公布灭绝

鉴别特征： 头较长，头长为体长一半以上。吻延长呈圆锥状，前端平扁而窄，基部宽大肥厚。眼极小。口下位。体表无鳞，或仅有退化的鳞痕。尾鳍上叶有 8 个棘状硬鳞。背部和尾鳍深灰或浅灰色，各鳍及腹部白色。

黑斑侧褶蛙
Pelophylax nigromaculatus (Hallowell, 1860)

分类地位：动物界 Animalia，脊索动物门 Chordata，两栖纲 Amphibia，无尾目 Anura，蛙科 Ranidae，侧褶蛙属 *Pelophylax*

别名（俗名）：黑斑蛙、青蛙、青鸡、青头蛤蟆、田鸡

生活习性：广泛生活于平原、丘陵及海拔 2200 米以下山地的水田、池塘等静水和河流附近。白天隐蔽，黄昏及夜间活动。捕食昆虫、蜘蛛等。成蛙在 10—11 月进入松软土中或枯枝落叶下冬眠，翌年 3—5 月出蛰。3 月下旬至 4 月繁殖，卵群呈团状，每团 3000—5500 粒。

分布现状：广布于全国（除台湾、海南）；国外分布于俄罗斯、日本、朝鲜半岛。

采集信息：1915 年 9 月 21 采集于河北山海关，采集人桑志华。

馆藏独特性：卵和蝌蚪在水中发育生长，幼体完成变态后登陆生活。标本展示了变态过程中幼蛙的形态。

鉴别特征：雄蛙体长约 62 毫米、雌蛙体长约 74 毫米。头大于头宽，吻部略尖，吻端钝圆，鼓膜大而明显。背面皮肤较粗糙，背褶明显，其间有长短不一的肤棱。体色变异很多，多为蓝绿、暗绿、黄绿、灰褐等，有许多大小不一的黑斑纹（体色较深的个体黑斑不明显）。多数个体脊中央有浅绿或浅黄脊线纹。

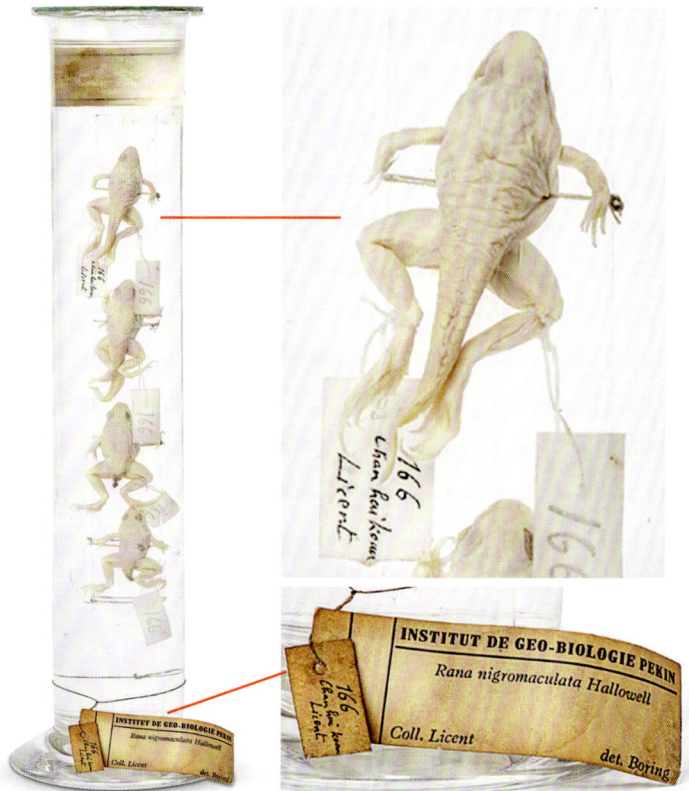

中华鳖
Pelodiscus sinensis (Wiegmann, 1835)

分类地位： 动物界 Animalia，脊索动物门 Chordata，爬行纲 Reptilia，龟鳖目 Testudines，鳖科 Trionychidae，中华鳖属 *Pelodiscus*

别名（俗名）： 甲鱼、团鱼、水鱼、元鱼、王八

属种名由来： 种名 *sinensis* 是"中国的"意思。

生活习性： 河流、湖泊、沼泽、稻田和水库等水域中生活。阳光充裕时，喜上岸晒背。杂食性，主要取食鱼虾等各种肉类，也吃植物。繁殖期 4—10 月，通常产卵 4—6 枚，卵为白色球形。

分布现状： 除宁夏、新疆、青海和西藏外全国均有分布，各地养殖量大，流通频繁；国外分布于日本和越南。

采集信息： 1916 年 6 月 6 日年采集于山西西南部吉县。

鉴别特征： 背甲表面为柔软革质，长 200—300 毫米。头大小适中，呈三角形，吻部窄而突起。背甲长椭圆形，表面光滑或有多条小瘰粒组成的纵棱，裙边较窄。体色和斑纹差异较大，头部和背甲呈橄榄绿、橄榄黄或黄褐色等，有的具色斑，常有过眼黑色细纹。

玳瑁
Eretmochelys imbricata (Linnaeus, 1766)

分类地位： 动物界 Animalia，脊索动物门 Chordata，爬行纲 Reptilia，龟鳖目 Testudines，
海龟科 Cheloniidae，玳瑁属 *Eretmochelys*

别名（俗名）： 十三鳞、鹰嘴海龟、文甲

属种名由来： 属名 *Eretmochelys* 由希腊语单词 eretmon（桨）和 chelys（龟）组成，指具有桨状四肢的海龟；
种名 *imbricata* 来源于拉丁语 imbricatus（重叠的、覆瓦状），意指其盾片呈覆瓦状排列的特征。

生活习性： 主要生活在珊瑚礁区，喜独居，一生中栖息活动的范围很广。性成熟后每隔几年会在觅食地和繁
殖地间进行长途迁徙，在海岛或海边沙地上筑巢。杂食性，吃海绵为主的各种海洋生物，幼龟多
以海藻为食。

分布现状： 太平洋、大西洋、印度洋的热带及亚热带海域。我国见于从山东到广东、海南各省的沿海海域。

采征集信息： 产地为香港，由北疆博物院的研究人员巴甫洛夫（P. Pavlov）1931 年从天津的一家商店购买，
后赠予北疆博物院。

馆藏独特性： 为北疆博物院收藏的唯一一件海龟标本，在文献中有形态描述、测量数据及照片，制作精良，
保存完好。

保护级别及濒危程度： 国家一级；IUCN 极危（CR）；CITES 附录 I

鉴别特征： 小型海龟，背甲长可达 1 米。头部窄小，头背具两对前额鳞，因上喙前端呈鹰嘴状又名鹰嘴海
龟。背甲心形，后缘锯齿状，盾片呈覆瓦状排列，具 4 对肋盾。背甲棕色，上有浅色放射状或云
状斑纹。

团花锦蛇
Elaphe davidi (Sauvage, 1884)

分类地位： 动物界 Animalia，脊索动物门 Chordata，
爬行纲 Reptilia，有鳞目 Squamata，
游蛇科 Colubridae，锦蛇属 *Elaphe*

别名（俗名）： 花长虫

属种名由来： 种名 *davidi* 是为了纪念该种的发现者
法国博物学家谭卫道（Armand David）。

生活习性： 栖息在平原、丘陵、山地的多种环境中，
如开阔河谷、草丛、土坡上。取食小型
哺乳动物、鸟类和鸟卵等，有文献记载
夏季到水源饮水。

分布现状： 国内分布于北京、河北、天津、黑龙江、
辽宁、内蒙古、山东、山西、陕西等北
方地区，数量稀少；国外无分布记录。

采集信息： 1922 年采集于河北河间。

保护级别及濒危程度： 国家二级

鉴别特征： 中等偏大无毒蛇，全长约 1000—1200 毫
米。体粗圆，头略大，与颈明显区分。
体背灰褐色，有 3 行黑褐色镶黑边的圆
斑，背中线上的 1 行较大，与两侧的交
错排列；腹面浅黄色，散布褐色斑点。
头背深褐色，眼后有黑色斜纹达口角。

165

虎斑颈槽蛇（捕食黑斑侧褶蛙）
Rhabdophis tigrinus (Boie, 1826)

分类地位：动物界 Animalia，脊索动物门 Chordata，爬行纲 Reptilia，有鳞目 Squamata，
水游蛇科 Natricidae，颈槽蛇属 *Rhabdophis*

别名（俗名）：野鸡脖子、野鸡项、竹竿青、鸡冠蛇、雉鸡脖

属种名由来：种名 *tigrinus* 是虎斑的意思。

生活习性：栖息于平原、山区、丘陵地带的水域附近或潮湿多草的山坡。白天活动，行动敏捷。受惊时常将
躯干前端竖起，颈部变扁宽，对敌害有攻击行为。以蛙、蟾、蝌蚪、蛇等为食。

分布现状：国内除广东、海南、新疆、西藏外各地都有分布；国外分布于俄罗斯、日本、朝鲜半岛。

采集信息：1929 年 10 月 16 日采集于天津，采集人桑志华。

鉴别特征：中等大小毒蛇，全长约 900—1200 毫米。头较长扁，呈椭圆形。眼较大，瞳孔圆形，颈背中央颈
槽明显。体背深绿、翠绿或草绿色；躯干前段有黑红相间的斑块，红斑向后逐渐消失，至中段仅
余黑斑；腹面黄绿或青灰色。眼下及眼斜后方各有一黑纹。

馆藏独特性：标本保留了蛇捕食蛙的瞬间，生动展示了两种动物间的捕食关系。

石鸡
Alectoris chukar (Gray, 1830)

分类地位： 动物界 Animalia，脊索动物门 Chordata，
鸟纲 Aves，鸡形目 Galliformes，
雉科 Phasianidae，石鸡属 *Alectoris*

别名（俗名）： 嘎嘎鸡、红腿鸡

生活习性： 栖息于丘陵、多石山地，季节性垂直迁移，常
隐藏在草丛中，白天成群到附近耕地上取食。

分布现状： 欧洲南部、小亚细亚、喜马拉雅山脉、亚洲中
部至内蒙古。广泛分布于我国北方，为地方性
常见鸟。

采集信息： 1939 年 2 月 23 日于天津采集。

鉴别特征： 上体棕褐色，沿颈侧向下至前胸形成一个完
整的黑色圈，两胁有 10 条黑色和栗色并列的
横斑。

石鸡
Alectoris chukar
23.II.1939
Tentsn（天津）
THN003191

斑翅山鹑
Perdix dauurica (Pallas, 1811)

分类地位： 动物界 Animalia，脊索动物门 Chordata，
鸟纲 Aves，鸡形目 Galliformes，
雉科 Phasianidae，山鹑属 *Perdix*

别名（俗名）： 板鸡、沙半鸡

生活习性： 栖息于低山荒丘、丛草地等环境，一雌一雄制，
营巢于有灌丛的地面上。

分布现状： 中亚至西伯利亚、蒙古及中国北部

鉴别特征： 脸、喉中部及腹部橘黄色，腹中部有一倒 U 形
黑色斑块。胸为黑色而非栗色，喉部橘黄色延
至腹部，喉部有羽须。雌鸟胸部无橘黄色及黑
色，但有"羽须"。

白冠长尾雉
Syrmaticus reevesii (Gray, 1829)

分类地位： 动物界 Animalia，脊索动物门 Chordata，鸟纲 Aves，鸡形目 Galliformes，雉科 Phasianidae，长尾雉属 Syrmaticus

别名（俗名）： 长尾鸡、地鸡、山雉

属种名由来： 以英国博物学家约翰·里夫斯（John Reeves）命名。

生活习性： 通常成群活动在森林茂密而林下较为空旷的林中沟谷和空地，活动多在上午和下午，中午休息。

分布现状： 中国中部及东部的特有种。

保护级别及濒危程度： 国家一级；IUCN 易危（VU）；CITES 附录 II

鉴别特征： 头部花纹黑白色。上体金黄而具黑色羽缘，呈鳞状。腹中部及股黑色。雌鸟胸部具红棕色鳞状纹，尾远较雄鸟为短。

斑头雁
Anser indicus (Latham, 1790)

分类地位：动物界 Animalia，脊索动物门 Chordata，鸟纲 Aves，雁形目 Anseriformes，鸭科 Anatidae，雁属 *Anser*

别名（俗名）：白头雁、黑纹头雁

生活习性：栖息于水边草滩上或游泳于浅水中。

分布现状：国内繁殖于中国极北部及青海、西藏的沼泽及高原泥淖，冬季迁徙至华中及西藏南部；国外繁殖于中亚，在南亚越冬。

鉴别特征：浅灰色。头和颈侧白色，头后有两道黑色条纹，在野外极易辨认。

赤麻鸭
Tadorna ferruginea (Pallas, 1764)

分类地位：动物界 Animalia，脊索动物门 Chordata，鸟纲 Aves，雁形目 Anseriformes，鸭科 Anatidae，麻鸭属 *Tadorna*

别名（俗名）：黄鸭、寒鸭

属种名由来：种名 *ferruginea* 意为铁锈色的。

生活习性：栖息于湖泊、水塘等水草丰美地带。

分布现状：东南欧及亚洲中部，越冬于印度和中国南方。广泛繁殖于中国东北和西北，及至青藏高原海拔 4600 米，迁至中国中部和南部越冬。赤麻鸭在中国北部冬季和迁徙期间极为常见。

鉴别特征：全身黄褐色，雄鸟繁殖期颈基部有一窄的黑色领环，飞行时白色的翅上覆羽和铜绿色的翼镜非常明显。雌鸟色淡，颈基部无黑色领环。

鸳鸯
Aix galericulata (Linnaeus, 1758)

分类地位： 动物界 Animalia，脊索动物门 Chordata，鸟纲 Aves，雁形目 Anseriformes，鸭科 Anatidae，
鸳鸯属 *Aix*

别名（俗名）： 邓木鸟、官鸭

属种名由来： 种名 *galericulata* 源自拉丁语 galer（帽子、顶部）、cul（小的）。中文名鸳指雄鸟，鸯指雌鸟，
故 "鸳鸯" 属合成词。

生活习性： 栖息于开阔水域，常成群活动，尤其是迁徙季节。善游泳和潜水，觅食活动主要在白天。除在水
上活动外，也常到陆地上活动和觅食。

分布现状： 东北亚、中国东部及日本。繁殖于中国东北但冬季迁至中国南方。

保护级别及濒危程度： 国家二级

鉴别特征： 雄鸟羽色艳丽，有醒目的白色眉纹，翅上有一对橙黄色的帆状羽饰。雌鸟体羽灰色，有白眼圈和
眼后白纹。

罗纹鸭
Mareca falcate (Georgi, 1775)

分类地位： 动物界 Animalia，脊索动物门 Chordata，鸟纲 Aves，雁形目 Anseriformes，鸭科 Anatidae，水鸭属 *Mareca*

别名（俗名）： 扁头鸭、葭凫、镰刀毛小鸭

属种名由来： 种名 *falcate* 源自拉丁语 falcis，表示镰刀，罗纹鸭的三级飞羽是镰刀形状的。

生活习性： 栖息于河流、湖泊、水库、池塘等水域，喜结群，白天多在水面上休息游荡，清晨或黄昏飞到农田或浅水处。

分布现状： 繁殖于东北亚，迁徙至华东及华南。在中国繁殖于东北湖泊及湿地，冬季飞经大部分地区包括云南西北部。

采集信息： 采集于天津北大港地区。

保护级别及濒危程度： IUCN 近危（NT）

鉴别特征： 雄鸟头大、深色而带有光泽，额基有一白斑很显眼。三级飞羽特别长而弯曲，雌鸭较小，全身暗褐色，有杂纹。

斑嘴鸭
Anas zonorhyncha Swinhoe, 1866

分类地位：动物界 Animalia，脊索动物门 Chordata，鸟纲 Aves，雁形目 Anseriformes，鸭科 Anatidae，
鸭属 *Anas*

别名（俗名）：黄嘴尖鸭、大白眉

生活习性：栖息于各类大小湖泊、水库、沼泽地带，成群活动，善游泳，有时漂浮在水面上休息。晨昏活动、
觅食。

分布现状：国内华北至华中、华东、西南地区广泛分布，相当常见；国外见于印度、缅甸及东北亚。

鉴别特征：头顶黑色，眉纹为淡黄色，有黑色过眼纹。嘴黑色，有黄斑。

琵嘴鸭
Spatula clypeata (Linnaeus, 1758)

分类地位: 动物界 Animalia，脊索动物门 Chordata，鸟纲 Aves，雁形目 Anseriformes，鸭科 Anatidae，匙嘴鸭属 *Spatula*

别名（俗名）: 铲土鸭、琵琶嘴鸭

属种名由来: 种名 *clypeata* 源自拉丁语 clypeum，表示盾牌、挡板，指琵嘴鸭勺子状的喙。

生活习性: 栖息于开阔的水域，主要用铲形嘴在泥土中掘食，也能在水面上来回摆动，通过滤水的方式收集食物，还常常头朝下在水底觅食。通常在白天活动，休息时在岸边。

分布现状: 国内繁殖于中国东北及西北，冬季迁至北纬35°以南包括台湾的大部分地区。国外繁殖于全北界；南方越冬。

采集信息: 1928 年 4 月 9 日采集于天津。

鉴别特征: 雄鸟头暗绿色，胸部白色，腹部和两胁栗色。雌鸟褐色，头顶至后颈有浅色斑纹。独特的嘴型是琵嘴鸭最为显著的特征。

花脸鸭
Sibirionetta formosa (Georgi, 1775)

分类地位：动物界 Animalia，脊索动物门 Chordata，
鸟纲 Aves，雁形目 Anseriformes，
鸭科 Anatidae，花脸鸭属 *Sibirionetta*

别名（俗名）：巴鸭、黑眶鸭、眼镜鸭

生活习性：栖息于水草丰盛的水域，多在浅水中活动。

分布现状：国内繁殖于东北的小型湖泊；在华中和华南的
一些地区越冬，偶见于香港。国外繁殖于东北
亚，越冬于朝鲜及日本。

保护级别及濒危程度：国家二级；CITES 附录 II

鉴别特征：雄鸟繁殖羽极为艳丽。脸部由黄、绿、黑、白
等多种色彩组成的花斑极为醒目。雌鸟暗褐色，
嘴基有白点，脸侧有白色月牙形斑块。

青头潜鸭
Aythya baeri (Radde, 1863)

分类地位： 动物界 Animalia，脊索动物门 Chordata，
鸟纲 Aves，雁形目 Anseriformes，
鸭科 Anatidae，潜鸭属 *Aythya*

别名（俗名）： 猫叫鸭

生活习性： 栖息于富有水生植物的水域，常成对或小群活
动于水生植物丛中，性胆小，遇惊吓常隐藏于
苇丛中。主要通过潜水觅食。

分布现状： 在国内东北繁殖；迁徙时见于东部，越冬于华
南大部地区。国外分布于西伯利亚；在东南亚
越冬。

采集信息： 1935 年 5 月 22 日采集于天津。

保护级别及濒危程度： 国家一级；IUCN 极危（CR）

鉴别特征： 头和颈黑绿色而有光泽，眼白色，胸部暗栗色。
胁部白色和褐色相间。

斑头秋沙鸭
***Mergellus albellus* (Linnaeus, 1758)**

分类地位： 动物界 Animalia，脊索动物门 Chordata，鸟纲 Aves，雁形目 Anseriformes，鸭科 Anatidae，
斑头秋沙鸭属 *Mergellus*

别名（俗名）： 小鱼鸭、白秋沙鸭、熊猫鸭

生活习性： 喜栖息于湖泊、江河等水域，主要通过潜水觅食，大部分时间在水中频繁潜水，很少上岸。

分布现状： 分布于古北界北部，越冬于古北界南部。国内分布广泛，繁殖于东北，冬季南迁。

保护级别及濒危程度： 国家二级

鉴别特征： 头、颈白色，眼周黑色，头顶两侧有显著的黑斑，在白色的头上很醒目。雌鸟灰褐色，头部栗色，
喉颊白色。

普通秋沙鸭

Mergus merganser **Linnaeus, 1758**

分类地位：动物界 Animalia，脊索动物门 Chordata，鸟纲 Aves，雁形目 Anseriformes，鸭科 Anatidae，秋沙鸭属 *Mergus*

别名（俗名）：东方鱼鸭

生活习性：喜栖息于开阔的水域中，常结小群，迁徙时成大群，游泳时颈伸得很直，善游泳和潜水，也能在地面上行走。

分布现状：北半球常见的留鸟和季节性候鸟。国内繁殖于新疆、内蒙古西部、东北地区和青藏高原，迁徙和越冬时见于国内大部地区，偶至台湾。

馆藏独特性：是秋沙鸭中个体最大的一种。

鉴别特征：嘴细长，红色。雄鸟头黑褐色，下体乳黄色，雌鸟头、颈棕褐色，和淡色的胸部界限明显。

凤头䴙䴘
Podiceps cristatus **(Linnaeus, 1758)**

分类地位：动物界 Animalia，脊索动物门 Chordata，鸟纲 Aves，䴙䴘目 Podicipediformes，䴙䴘科 Podicipedidae，䴙䴘属 *Podiceps*

别名（俗名）：落虎张、浪花儿、浪里白

生活习性：常成对或成小群活动在开阔的水面，活动时频频潜水，最长达 50 秒。

分布现状：国内广布，于黄河以南大部地区越冬；国外分布于古北界、非洲、印度、澳大利亚及新西兰。

采集信息：采集于天津。

鉴别特征：外型优雅，颈长，向上伸直与水面保持垂直姿势。繁殖期头顶具显著的黑色冠羽，颈部有环形皱领，非繁殖期头顶黑色，眼和头顶黑色之间有白色。

毛腿沙鸡

***Syrrhaptes paradoxus* (Pallas, 1773)**

分类地位： 动物界 Animalia，脊索动物门 Chordata，鸟纲 Aves，沙鸡目 Pterocliformes，沙鸡科 Pteroclidae，毛腿沙鸡属 *Syrrhaptes*

别名（俗名）： 寇雉、沙鸡、突厥雀

生活习性： 栖息于开阔草地及林缘。多因西北地区遇暴雪，无处寻食迁往东部沿海。

分布现状： 中亚及中国北部。国内北方适宜生境的无定性留鸟；东北的鸟群南下至河北、陕西、辽宁及山东越冬。

采集信息： 1939 年 1 月 11 日采集。

鉴别特征： 尾羽形延长，上体具浓密黑色杂点，脸侧有橙黄色斑纹，眼周浅蓝。无黑色喉块，但腹部具特征性的黑色斑块。

馆藏独特性： 此组标本生动展现了沙鸡集群啄食的场景。

大鸨
Otis tarda Linnaeus, 1758

分类地位： 动物界 Animalia，脊索动物门 Chordata，鸟纲 Aves，鸨形目 Otidiformes，鸨科 Otididae，大鸨属 *Otis*

别名（俗名）： 大花肩

属种名由来： 鸨名来自这样一个传说：古时有一种鸟，它们成群生活在一起，每群的数量总是七十只，形成一个小家族，于是人们就把它的集群个数联系在一起，在鸟字左边加上一个"七十"字样，就构成了"鸨"。

生活习性： 栖息于开阔草地及干湿地，善奔跑，飞翔技能较差。

分布现状： 欧洲、西北非至中东、中亚及中国北方。

保护级别及濒危程度： 国家一级；IUCN 易危（VU）；CITES 附录 Ⅱ

鉴别特征： 头、颈灰色，其余上体淡棕色，具细的黑色横斑，最外侧尾羽几乎纯白色，仅具黑褐色亚端斑。前颈蓝灰色，前胸两侧具宽阔的栗棕色横带，前胸以下灰白色，有白斑。

灰鹤
Grus grus **(Linnaeus, 1758)**

分类地位： 动物界 Animalia，脊索动物门 Chordata，
鸟纲 Aves，鹤形目 Gruiformes，
鹤科 Gruidae，鹤属 *Grus*

别名（俗名）： 千岁鹤、玄鹤

生活习性： 栖息于富有水生植物的开阔湖泊和沼泽地带，
常结几十只的小群活动，性机警，人无法靠得
很近；休息时常一只脚站立，另一只收于腹部。

分布现状： 繁殖于中国的东北及西北；冬季南移至中国南
部及中南半岛。

采集信息： 1918 年 11 月采集于甘肃。

馆藏独特性： 此件标本为北疆博物院创办人桑志华第一次
到甘肃考察时采得。

保护级别及濒危程度： 国家二级；CITES 附录 Ⅱ

鉴别特征： 通体灰色，头顶裸出皮肤鲜红色，眼后、耳羽
和后颈白色，飞羽黑褐色。

白头鹤
Grus monacha **Temminck, 1835**

分类地位： 动物界 Animalia，脊索动物门 Chordata，鸟纲 Aves，鹤形目 Gruiformes，鹤科 Gruidae，鹤属 *Grus*

别名（俗名）： 黑袖鹤、玄鹤

生活习性： 栖息于富有水生植物的开阔湖泊和沼泽地带。

分布现状： 繁殖于西伯利亚北部及中国东北；在日本南部及中国东部越冬。

保护级别及濒危程度： 国家一级；IUCN 易危（VU）；CITES 附录 I

鉴别特征： 头颈白色，头顶裸出皮肤鲜红色，上下体羽石板灰色。飞羽灰黑色。

凤头麦鸡
Vanellus vanellus (Linnaeus, 1758)

分类地位：动物界 Animalia，脊索动物门 Chordata，鸟纲 Aves，鸻形目 Charadriiformes，鸻科 Charadriidae，麦鸡属 *Vanellus*

别名（俗名）：小辫子、稻米鸡、洼子

生活习性：栖息于湖泊、水塘及农田地带，常集成大群活动。

分布现状：古北界；冬季南迁至印度及东南亚的北部。很常见。繁殖于中国北方大部分地区，越冬于北纬 32° 以南。

采集信息：1939 年 5 月 24 日采集于天津。

保护级别及濒危程度：IUCN 近危（NT）

鉴别特征：夏羽头部有黑色反曲的长形羽冠，上体暗绿色，下体白色，胸部具宽阔的黑色环带，尾下覆羽棕色。

灰头麦鸡
Vanellus cinereus (Blyth, 1842)

分类地位： 动物界 Animalia，脊索动物门 Chordata，鸟纲 Aves，鸻形目 Charadriiformes，鸻科 Charadriidae，麦鸡属 *Vanellus*

生活习性： 栖息于沼泽、河湖岸边及水稻田等地。

分布现状： 国内繁殖于东北各省至江苏和福建；迁徙经华东及华中，越冬于云南及广东，偶见于台湾。国外繁殖于日本；冬季南迁至印度东北部、东南亚。

采集信息： 1931 年采集。

鉴别特征： 头、颈、胸灰色，眼先裸皮鲜黄，胸下连一黑色横带，其余下体白色。

金鸻
Pluvialis fulva (Gmelin, 1789)

分类地位： 动物界 Animalia，脊索动物门 Chordata，鸟纲 Aves，鸻形目 Charadriiformes，鸻科 Charadriidae，斑鸻属 *Pluvialis*

别名（俗名）： 麻儿、大头札

生活习性： 栖息于沿海、河流、湖泊沿岸及沼泽水稻田等地，成松散小群活动。

分布现状： 国内经中国全境；冬候鸟常见于北纬 25° 以南沿海及开阔地区、海南和台湾。国外繁殖在俄罗斯北部、西伯利亚北部及阿拉斯加西北部；越冬在非洲东部、印度、东南亚及马来西亚至澳大利亚、新西兰并太平洋岛屿。

采集信息： 1935 年 5 月 22 日采集于天津。

鉴别特征： 雄鸟上体黑色，密布金黄色斑点，额白色，向后经眉纹沿颈侧至胸侧，形成一白带。下体纯黑色。

朱鹮
Nipponia Nippon (Temminck, 1835)

分类地位: 动物界 Animalia，脊索动物门 Chordata，鸟纲 Aves，鹈形目 Pelecaniformes，鹮科 Threskiornithidae，朱鹮属 *Nipponia*

别名（俗名）： 红鹤、朱鹭

生活习性: 在大栎树上结群营巢。在附近农场农作区及自然沼泽区取食。

分布现状: 过去在中国东部、朝鲜及日本为留鸟。现在繁殖于陕西南部秦岭南坡。

采集信息: 图中两件标本均为 1916 年 5 月 3 日在山西采集。

保护级别及濒危程度: 国家一级；IUCN 濒危（EN）；CITES 附录 I

鉴别特征: 脸朱红色，嘴长而下弯，嘴端红色，颈后饰羽长，为白或灰色（繁殖期），腿绯红。亚成鸟灰色，部分成鸟仍为灰色。夏季灰色较浓，饰羽较长。飞行时飞羽下面红色。

白琵鹭
Platalea leucorodia **Linnaeus, 1758**

分类地位： 动物界 Animalia，脊索动物门 Chordata，鸟纲 Aves，鹈形目 Pelecaniformes，鹮科 Threskiornithidae，琵鹭属 *Platalea*

别名（俗名）： 大勺嘴、琵琶鹭

属种名由来： 种名 *leucorodia* 源自希腊语，leuko 表示白色，rodo 表示一朵玫瑰。

生活习性： 栖息于河流、湖泊、水库岸边及其他芦苇沼泽浅水处，常成群活动，休息时常在水边呈一字排开。多在晨昏活动。

分布现状： 欧亚大陆及非洲。国内繁殖于东北、内蒙古至新疆西北部地区，越冬于长江流域及其以南的地区。

保护级别及濒危程度： 国家二级；CITES 附录 Ⅱ

鉴别特征： 通体白色，飞羽先端为黑色。嘴长而扁，呈琵琶形。繁殖期后枕部有长而呈发丝状的橙黄色冠羽，前颈下部具橙黄色环带。

大麻鳽
Botaurus stellaris (Linnaeus, 1758)

分类地位： 动物界 Animalia，脊索动物门 Chordata，鸟纲 Aves，鹈形目 Pelecaniformes，鹭科 Ardeidae，
麻鳽属 *Botaurus*

别名（俗名）： 文蒙、蒲鸡

生活习性： 栖息于水域附近的芦苇丛及沼泽湿草地上，遇人时，嘴指向天空，颈部羽毛散开。多在晚上活动，
常常独站立于浅水中，静候食物，飞行笨拙，5 月繁殖。

分布现状： 繁殖于非洲、欧亚大陆；冬候鸟见于东南亚及菲律宾。国内繁殖于天山、呼伦湖和东北各省，冬
季南迁至长江流域，东南沿海各省和云南南部。

鉴别特征： 上体黄褐色，有波浪状的黑色斑纹，下体棕黄色，前颈和胸具棕色纵纹。

紫背苇鳽
Ixobrychus eurhythmus (Swinhoe, 1873)

分类地位： 动物界 Animalia，脊索动物门 Chordata，
鸟纲 Aves，鹈形目 Pelecaniformes，
鹭科 Ardeidae，苇鳽属 *Ixobrychus*

别名（俗名）： 秋鳽、黄鳝公、秋小鹭

生活习性： 性孤僻羞怯，喜芦苇地、稻田及沼泽地。

分布现状： 国内繁殖于黑龙江经中国东部及中部至云
南、广东，迁徙经过海南、台湾；国外繁
殖于西伯利亚东南部、朝鲜半岛及日本，
越冬南迁至东南亚、菲律宾及印度尼西亚。

采集信息： 1929 年 8 月 3 日采集于河北。

鉴别特征： 雄鸟：头顶黑色，上体紫栗色，下体具皮
黄色纵纹，喉及胸有深色纵纹形成的中线。
雌鸟及亚成鸟褐色较重，上体具黑白色及
褐色杂点，下体具纵纹。

夜鹭
Nycticorax nycticorax (Linnaeus, 1758)

分类地位： 动物界 Animalia，脊索动物门 Chordata，鸟纲 Aves，鹈形目 Pelecaniformes，鹭科 Ardeidae，夜鹭属 *Nycticorax*

别名（俗名）： 五位鹭、夜游鹤

属种名由来： 希腊语 nyx 表示晚上，拉丁语 corax 指渡鸦。

生活习性： 白天藏于树上，叫声粗犷。夜间活动。

分布现状： 美洲、非洲、欧洲至日本、印度、东南亚、大巽他群岛。地区性常见于我国华东、华中及华南的低地，近年来在华北亦见常见。冬季迁徙至中国南方沿海及海南岛。

鉴别特征： 头大而体胖，黑色、白色和灰色很有特色地配合，繁殖期枕部有两三枚带状白色饰羽，极为醒目。

秃鹫
Aegypius monachus (Linnaeus, 1766)

分类地位： 动物界 Animalia，脊索动物门 Chordata，鸟纲 Aves，鹰形目 Accipitriformes，鹰科 Accipitridae，秃鹫属 *Aegypius*

别名（俗名）： 狗头雕、坐山雕

生活习性： 多栖息于山地、林缘，也到平原村庄等地。在高空翱翔窥视地面，主要以大型动物的尸体为食，也偶尔低空飞行，攻击小型兽类、两栖类及鸟类等。

分布现状： 国内繁殖在新疆西部喀什及天山、青海南部及东部、甘肃、宁夏、内蒙古西部、四川北部，北方其他地区有零星出现；国外分布于西班牙、巴尔干地区、土耳其至中亚。

保护级别及濒危程度： 国家一级；IUCN 近危（NT）；CITES 附录 Ⅱ

鉴别特征： 体形巨大，飞行时双翼宽长，翼缘带有锯齿，尾呈楔状。通体黑褐色，后颈完全裸出无羽，颈基部有长的淡黑褐色羽簇形成的皱翎。

金雕
Aquila chrysaetos (Linnaeus, 1758)

分类地位： 动物界 Animalia，脊索动物门 Chordata，
鸟纲 Aves，鹰形目 Accipitriformes，
鹰科 Accipitridae，雕属 *Aquila*

别名（俗名）： 洁白雕、红头雕

生活习性： 栖息环境较广，山区较多，也常在林中
草地、沼泽、河谷等开阔地觅食，捕食
方式多样。

分布现状： 广布于全北界。国内广布于台湾、海南
外的大部分地区。

采集信息： 1930 年 8 月 10 日采集于黑龙江哈尔滨。

保护级别及濒危程度： 国家一级；CITES 附录 II

鉴别特征： 体羽暗褐色，头后、枕部羽毛尖锐，呈
金黄色的披针形，尾灰褐色，具黑色横
斑和端斑。

苍鹰
Accipiter gentilis (Linnaeus, 1758)

分类地位：动物界 Animalia，脊索动物门 Chordata，鸟纲 Aves，鹰形目 Accipitriformes，鹰科 Accipitridae，鹰属 *Accipiter*

别名（俗名）：黄鹰、破和、鸡鹰

生活习性：栖息于树林、林缘及平原丘陵地带，常隐藏在树上，发现猎物突然捕获。

分布现状：分布于北美洲、欧亚区、北非。国内繁殖于东北、西北和西南部分地区，越冬于我国南方和东部沿海地区。

采集信息：1939 年 2 月 10 日采集于天津。

保护级别及濒危程度：国家二级；CITES 附录 II

鉴别特征：上体羽毛呈石板灰色，有白色眉纹，下体污白色，喉部具细的黑褐色纵纹，胸、腹部满布暗褐色纤细的横斑纹。

红角鸮
Otus sunia (Hodgson, 1836)

分类地位： 动物界 Animalia，脊索动物门 Chordata，
鸟纲 Aves，鸮形目 Strigiformes，
鸱鸮科 Strigidae，角鸮属 *Otus*

别名（俗名）： 小猫头鹰、夜猫子、东方角鸮

生活习性： 栖息于山地和平原林中，也出现在林缘
和居民区等地。白天紧闭双眼，隐藏在
树枝间，黄昏后捕食鼠类和昆虫等。叫
声为"王刚，王刚哥"，营巢于树洞中。

分布现状： 古北界西部至中东及中亚。国内分布于
东北至黄河中东部流域周边为夏候鸟，
于长江流域周边及其以南地区和海南为
留鸟，台湾为冬候鸟。

采集信息： 1928 年 4 月 25 日采集于天津。

保护级别及濒危程度： 国家二级；CITES 附录 II

鉴别特征： 全身体羽为棕灰色，头部有灰褐色面
盘，上方有突出的具黑色端斑的棕红色
耳羽，在受惊吓时竖起。

雕鸮
***Bubo bubo* (Linnaeus, 1758)**

分类地位: 动物界 Animalia,脊索动物门 Chordata,鸟纲 Aves,鸮形目 Strigiformes,鸱鸮科 Strigidae,雕鸮属 *Bubo*

别名(俗名): 大猫头鹰、大猫王、夜猫

生活习性: 栖息于山地和平原森林、灌丛等地。夜行性。

分布现状: 古北界、中东地区、印度次大陆。国内除海南和台湾外均有分布。

保护级别及濒危程度: 国家二级,CITES 附录 II

鉴别特征: 有明显的面盘,棕黄色翎领,耳羽显著,突出头顶两侧。上体棕黄色,有黑褐色斑纹。下体羽淡棕黄色,胸部有粗著的黑褐色纵纹。

纵纹腹小鸮
Athene noctua (Scopoli, 1769)

分类地位： 动物界 Animalia，脊索动物门 Chordata，
鸟纲 Aves，鸮形目 Strigiformes，
鸱鸮科 Strigidae，小鸮属 *Athene*

别名（俗名）： 辞怪、小猫头鹰、小鸮

属种名由来： 小鸮属 *Athene* 被视为雅典娜（Athena）
的象征，因此在西方文化里也常常和智慧
联系起来。

生活习性： 栖息于山地和平原森林、林缘灌丛和农田
等地。飞行波浪式。

分布现状： 西古北界、中东、东北非、中亚至中国东北。
广布于中国北方及西部的大多数地区。

保护级别及濒危程度： 国家二级；CITES 附录 II

鉴别特征： 小型鸮类，面盘和皱翎不明显，无耳突，
上体有大量白色斑点，下体有褐色纵纹，
胸部纵纹较粗著。

长耳鸮
Asio otus (Linnaeus, 1758)

分类地位： 动物界 Animalia，脊索动物门 Chordata，
鸟纲 Aves，鸮形目 Strigiformes，
鸱鸮科 Strigidae，耳鸮属 *Asio*

别名（俗名）： 长耳木兔、长耳猫王

生活习性： 栖息于各种森林及林缘、农田防护林等地。
白天在树干上休息，夜行性。

分布现状： 全北界。是中国北方的常见留鸟和季节性
候鸟。

保护级别及濒危程度： 国家二级；CITES 附录 II

鉴别特征： 上体棕黄色，面盘显著，耳羽簇长。下体
棕白色，有黑褐色羽干纹和囊状斑，腹部
以下羽干纹两侧具树枝状的横纹，虹膜橙
红色。

普通翠鸟
Alcedo atthis (Linnaeus, 1758)

分类地位： 动物界 Animalia，脊索动物门 Chordata，鸟纲 Aves，佛法僧目 Coraciiformes，翠鸟科 Alcedinidae，翠鸟属 *Alcedo*

别名（俗名）： 小翠鸟、小鱼狗

生活习性： 栖息于有水的林区、平原及水库、水田岸边，多在河边树桩或岩石上一动不动，捕食水中的小动物。

分布现状： 广泛分布于欧亚大陆、东南亚、印度尼西亚至新几内亚。国内分布于西北和中东部大部分地区，在东北地区为夏候鸟。

采集信息： 1927 年 9 月 5 日采集于天津。

鉴别特征： 嘴直而尖长，上体呈金属蓝般的翠绿色光泽，下体栗棕色。雄鸟嘴黑色，雌鸟上嘴黑红色，下嘴橘红色。

红隼
Falco tinnunculus Linnaeus, 1758

分类地位： 动物界 Animalia，脊索动物门 Chordata，鸟纲 Aves，
隼形目 Falconiformes，隼科 Falconidae，隼属 *Falco*

别名（俗名）： 茶隼、红鹰、山麻虎子

生活习性： 栖息于林缘、疏林、河谷、农田等地，常通过两翅快
速扇动在空中停留，主要在地面捕食。

分布现状： 分布于非洲、古北界、印度及中国；越冬于菲律宾及
东南亚。国内广布。

采集信息： 1911 年采集。

保护级别及濒危程度： 国家二级；CITES 附录 II

鉴别特征： 背部红棕色的隼，翼和尾特别长。雄鸟头灰褐色，尾
羽灰色。雌鸟头、上背、尾羽棕红色。

黑枕黄鹂
Oriolus chinensis Linnaeus, 1766

分类地位： 动物界 Animalia，脊索动物门 Chordata，鸟纲 Aves，
雀形目 Passeriformes，黄鹂科 Oriolidae，
黄鹂属 *Oriolus*

别名（俗名）： 黄伯劳、黄鹂、黄鸟

属种名由来： 种名 *chinensis* 指中国，黑枕黄鹂是第一次在中国被
描述的鸟类。

生活习性： 主要栖息于天然林，也见于农田、村庄及公园的树上，
主要在树的冠层活动，隐藏在树丛间鸣叫，鸣声嘹亮
而动听。

分布现状： 国内见于除西藏、新疆及内蒙古部分地区外的区域；
国外分布于印度、东南亚、巽他群岛、菲律宾及苏拉
威西岛。

采集信息： 1933 年 5 月 12 日采集于天津。

鉴别特征： 通体鲜黄色，头枕部有一宽阔的黑色带斑，并与黑色
贯眼纹相连，形成一环带。

紫寿带
Terpsiphone atrocaudata (Eyton, 1839)

分类地位： 动物界 Animalia，脊索动物门 Chordata，
鸟纲 Aves，雀形目 Passeriformes，
王鹟科 Monarchidae，寿带属 *Terpsiphone*

别名（俗名）： 似寿带

生活习性： 通常从森林较低层的栖处捕食。

分布现状： 繁殖于日本、朝鲜半岛及我国台湾；越冬在东南亚。国内主要见于东南部。

保护级别及濒危程度： IUCN 近危（NT）

鉴别特征： 雄鸟具冠羽，与寿带的区别在翼及尾黑色，背近紫色。雌鸟似雌寿带，但头顶色彩较暗且无金属光泽。

灰喜鹊
Cyanopica cyanus (Pallas, 1776)

分类地位： 动物界 Animalia，脊索动物门 Chordata，鸟纲 Aves，雀形目 Passeriformes，鸦科 Corvidae，
灰喜鹊属 *Cyanopica*

别名（俗名）： 山喜鹊、马尾鹊、蓝脖喜鹊

生活习性： 田野、村庄、城市公园的树上常见。成小群活动。有季节性游荡的习性。

分布现状： 东北亚、中国、日本及伊比利亚半岛（可能为引种）。常见且广泛分布于中国华东及东北。

采集信息： 两件标本分别于 1938 年 12 月 20 日、23 日在天津采集。

鉴别特征： 头部黑色，双翼和长尾蓝灰色，尾羽凸尾状，具白色端斑。

红嘴相思鸟
Leiothrix lutea (Scopoli, 1786)

分类地位： 动物界 Animalia，脊索动物门 Chordata，
鸟纲 Aves，雀形目 Passeriformes，
噪鹛科 Leiothrichidae，相思鸟属 *Leiothrix*

别名（俗名）： 红嘴鸟、相思鸟

生活习性： 吵嚷成群栖于次生林的林下植被。休息时常紧
靠一起相互舔整羽毛。

分布现状： 广布于喜马拉雅山脉、印度阿萨姆、缅甸西部
及北部、中国南方及越南北部。

采集信息： 1946 年 4 月 6 日采集于四川马边。

保护级别及濒危程度： 国家二级；CITES 附录 II

鉴别特征： 具显眼的红嘴。上体橄榄绿，眼周有黄色块斑，
下体橙黄。尾近黑而略分叉。翼略黑，红色和
黄色的羽缘在歇息时呈明显的翼纹。

灰椋鸟

Spodiopsar cineraceus (Temminck, 1835)

分类地位： 动物界 Animalia，脊索动物门 Chordata，
鸟纲 Aves，雀形目 Passeriformes，
椋鸟科 Sturnidae，丝光灰椋鸟属 *Spodiopsar*

别名（俗名）： 麻巧、高粱头

生活习性： 多成群活动，秋季常见有成群的椋鸟栖落
在树枝或电线上。常在河谷等潮湿地上
觅食。

分布现状： 广泛分布于西伯利亚、中国、日本、菲律宾、
越南，以及缅甸北部。国内繁殖于华北及
东北，冬季迁徙经华南地区。

鉴别特征： 头黑色，两颊灰白。飞行时白腰明显。嘴
橘红色，脚橙黄色。

蓝歌鸲

Larvivora cyane (Pallas, 1776)

分类地位： 动物界 Animalia，脊索动物门 Chordata，
鸟纲 Aves，雀形目 Passeriformes，
鹟科 Muscicapidae，歌鸲属 *Larvivora*

别名（俗名）： 蓝尾巴根、蓝鸲、蓝靛

生活习性： 多在针阔叶混交林地面和灌木丛中活动。常隐
于灌丛中。善于在地面奔跑，奔跑时尾不停地
上下摆动。

分布现状： 繁殖于东北亚；冬季迁至印度、东南亚及大巽
他群岛。国内广布于除西部以外地区，繁殖于
东北，越冬于西南地区。

采集信息： 1928 年 5 月 22 日采集。

鉴别特征： 雄鸟上体铅蓝色。一条宽阔的黑纹从嘴部延至
胸两侧，下体纯白色。雌鸟上体橄榄褐色，腰
和尾蓝灰色。

红喉歌鸲
Calliope calliope (Pallas, 1776)

分类地位： 动物界 Animalia，脊索动物门 Chordata，
鸟纲 Aves，雀形目 Passeriformes，
鹟科 Muscicapidae，红喉歌鸲属 *Calliope*

别名（俗名）： 红点颏

属种名由来： 种名 *calliope* 源自希腊语，表示美丽的声音。

生活习性： 栖息于林间的灌木丛和草地，单个或成对活动。

分布现状： 国外繁殖于东北亚；冬季至印度及东南亚。国
内繁殖于中国东北、青海东北部至甘肃南部及
四川；越冬于中国南方。

采集信息： 1932 年 5 月 19 日采集于天津。

保护级别及濒危程度： 国家二级

鉴别特征： 具醒目的白色眉纹和颊纹，尾褐色，两胁皮黄，
腹部皮黄白。雌鸟胸带近褐，头部黑白色条纹
独特。成年雄鸟的特征为喉红色。

太平鸟
Bombycilla garrulus (Linnaeus, 1758)

分类地位： 动物界 Animalia，脊索动物门 Chordata，
鸟纲 Aves，雀形目 Passeriformes，
太平鸟科 Bombycillidae，太平鸟属 *Bombycilla*

别名（俗名）： 十二黄

生活习性： 栖息于树林、林缘、果园、公园等地，常在树
上活动，集群。

分布现状： 欧亚大陆北部及北美洲西北部，越冬南迁。国
内越冬于东北及中北部，偶至长江流域、新疆
极西部的喀什地区。

采集信息： 1915 年 12 月 25 日采集于天津。

鉴别特征： 易于辨认的有冠灰色鸟类，尾羽有黑色次端斑
和黄色端斑。

沟牙鼯鼠
***Aëretes melanopterus* (Milne-Edwards, 1867)**

分类地位： 动物界 Animalia，脊索动物门 Chordata，
哺乳纲 Mammalia，啮齿目 Rodentia，
松鼠科 Sciuridae，沟牙鼯鼠属 *Aëretes*

别名（俗名）： 黑翼鼯鼠、飞鼠

生活习性： 栖息在山地森林。

分布现状： 仅在国内分布于四川、甘肃、河北及北京，中国特有种。

保护级别及濒危程度： IUCN 近危（NT）

鉴别特征： 耳基无细簇毛，背毛浅棕色或暗棕色，柔软，长而蓬
松；尾棕色，无黑色毛梢；足黑色；腹面淡黄色到发
白，腹毛较背毛短，滑翔膜背面边缘黑色，面部和喉
灰色。

小飞鼠
***Pteromys volans* (Linnaeus, 1758)**

分类地位： 动物界 Animalia，脊索动物门 Chordata，
哺乳纲 Mammalia，啮齿目 Rodentia，
松鼠科 Sciuridae，飞鼠属 *Pteromys*

别名（俗名）： 飞鼠、飞老鼠

生活习性： 仅栖息于旧大陆北半球常绿森林中，也常出现在成熟
的桦树林中。在树洞筑巢，大多数小飞鼠占有几个巢，
常换着住。不冬眠，严格的夜行性。

分布现状： 中国西北和东北向南延伸到中国中部；从北海道和萨
哈林岛跨过西伯利亚到斯堪的纳维亚。

采集信息： 1934 年 2 月采集于东北北部。

鉴别特征： 眼大而黑。有短而稠密的贴身的体毛。背毛灰色，通
常比腹面深些；腹毛淡白到米黄色，足腹面白，背面
棕色。尾毛长得似箭头形状；尾扁，尾侧毛长，毛尖
淡灰黑色。

东北刺猬
***Erinaceus amurensis* Schrenk, 1859**

分类地位： 动物界 Animalia，脊索动物门 Chordata，
哺乳纲 Mammalia，劳亚食虫目 Eulipotyphla，
猬科 Erinaceidae，猬属 *Erinaceus*

别名（俗名）： 远东刺猬、黑龙江刺猬

生活习性： 栖息地多样，包括乡村和城市公园、各种耕地、
落叶林和灌丛地、湿地草原和林地草原，以及
山地、低海拔的针叶林和亚高山地。夜行性，
挖食地栖的无脊椎动物。

分布现状： 中国中部和东部；延伸到俄罗斯和朝鲜。

采集信息： 1924 年 5 月 19 日采集于内蒙古。

鉴别特征： 头、背和体侧覆有长而尖的棘刺；尾很短。腹
毛淡色，面部常常淡色。背部棘刺有的全白色，
有的基部和端部一段呈白色或浅黄棕色，中段
棕色或深棕色。

华北犬吻蝠
***Tadarida latouchei* Thomas, 1920**

分类地位： 动物界 Animalia，脊索动物门 Chordata
哺乳纲 Mammalia，翼手目 Chiroptera，
蝙蝠科 Vespertilionidae，犬吻蝠科 Molossidae，
犬吻蝠属 *Tadarida*

生活习性： 捕食昆虫，集群活动。

分布现状： 国外已知分布于老挝、日本和泰国；国内华北
和东北地区分布。

采集信息： 1930 年 10 月 1 日采集于天津。

鉴别特征： 体型较小；耳大；双耳在额部相连；上唇有纵
褶；毛色浅黑棕色；毛基几乎为白色；腹毛毛
尖颜色较淡，毛软而稠密。

野猪
Sus scrofa Linnaeus, 1758

分类地位： 动物界 Animalia，脊索动物门 Chordata，哺乳纲 Mammalia，鲸偶蹄目 Cetartiodactyla，
猪科 Suidae，猪属 *Sus*

别名（俗名）： 山猪、欧亚野猪

生活习性： 野猪几乎在所有野外栖息地均能发现，从森林到灌丛、草地和沼泽，并侵入农地，其范围还深入
到山区。主要于黄昏和夜晚活动，杂食。

分布现状： 除干旱荒漠和高原区外遍布中国；延伸到欧洲、北非，穿过亚洲到近陆岛屿。

采集信息： 1919 年采集于甘肃，采集人桑志华。

鉴别特征： 身材矮胖，体色褐色或略带黑色，具粗毛，特征鲜明。雄性从头顶到颈后有一条毛脊。

中华斑羚
Naemorhedus griseus (Milne-Edwards, 1871)

分类地位： 动物界 Animalia，脊索动物门 Chordata，哺乳纲 Mammalia，鲸偶蹄目 Cetartiodactyla，牛科 Bovidae，斑羚属 *Naemorhedus*

别名（俗名）： 川西斑羚

生活习性： 在多草的山脊和陡峭岩石坡觅食。

分布现状： 中国北部、中部、南部和东部；延伸到印度东北部、缅甸西部、泰国东北部、孟加拉国东部。

保护级别及濒危程度： 国家二级；CITES 附录 I；IUCN 易危（VU）

鉴别特征： 被毛深褐色、淡黄色或灰色，表面覆盖少许黑毛，头顶具短的深色冠毛和一条清晰的粗的深色背纹。四肢色浅与体色对比鲜明，有时前肢红色，具黑色条纹。喉部浅色斑的边缘为橙色，颏深色，腹部浅灰色，尾不长但有丛毛。

岩羊
Pseudois nayaur (Hodgson, 1833)

分类地位： 动物界 Animalia，脊索动物门 Chordata，哺乳纲 Mammalia，鲸偶蹄目 Cetartiodactyla，
牛科 Bovidae，岩羊属 *Pseudois*

别名（俗名）： 青羊、石羊

生活习性： 栖息于海拔 2500—5500 米的开阔多草的山坡。生活于小的或较大的集群中。在高山草甸草类繁
茂的陡坡上交替休息和觅食。

分布现状： 分布范围从青藏高原延伸进入四川西部、甘肃南部，向东远到内蒙古中部；向南进入不丹、缅甸
北部，横过喜马拉雅山脉进入尼泊尔、印度北部、巴基斯坦和塔吉克斯坦（帕米尔高原）。

保护级别及濒危程度： 国家二级

鉴别特征： 冬毛厚而呈羊毛状，夏毛较短而稀薄，毛色背部灰褐色，具蓝灰色调，腹面和四肢内侧白色，四
肢外侧有黑色条纹。尾宽扁，中央表面裸露。圆而光滑的角向后弯曲越过颈部然后向外扭转，两
性均有角。

原麝
Moschus moschiferus **Linnaeus, 1758**

分类地位： 动物界 Animalia，脊索动物门 Chordata，哺乳纲 Mammalia，鲸偶蹄目 Cetartiodactyla，麝科 Moschidae，麝属 *Moschus*

别名（俗名）： 香獐子

生活习性： 栖于阔叶林、针叶林或混交林。独居，主要在晨昏活动。

分布现状： 中国东北和西北部；延伸到西伯利亚、朝鲜半岛、蒙古。

保护级别及濒危程度： 国家一级；CITES 附录Ⅱ；IUCN 易危（VU）

鉴别特征： 被毛柔软，深褐而带有红的色调，背上有许多明显的淡黄色斑点；下颌白色，有两条白色条纹从颈部延伸到肩部。头骨轻薄，泪骨高大于长，鼻骨长而细，前后宽度相等。

豹

Panthera pardus **(Linnaeus, 1758)**

分类地位： 动物界 Animalia，脊索动物门 Chordata，哺乳纲 Mammalia，食肉目 Carnivora，猫科 Felidae，豹属 *Panthera*

别名（俗名）： 金钱豹、豹子

生活习性： 适应性强，见于多种生境类型。除真正的沙漠外，可见于其他所有生境，在森林覆盖地区、林地、灌丛林，以及有岩石的丘陵，豹更为常见。

分布现状： 广布于中国东部、中部和南部；是分布最广的旧大陆猫科动物。国外见于非洲、中东、中亚、印度次大陆、东南亚和俄罗斯。

采集信息： 1937 年 12 月 31 日采集于河北杨家坪。

保护级别及濒危程度： 国家一级；CITES 附录 I；IUCN 易危（VU）

鉴别特征： 基色通常是浅褐色到淡黄灰色，头、四肢和尾带有黑色花瓣状斑点。耳在头两侧，短而圆。腹部白色。黑化个体较常见。

貉

Nyctereutes procyonoides (Gray, 1834)

分类地位：动物界 Animalia，脊索动物门 Chordata，哺乳纲 Mammalia，食肉目 Carnivora，犬科 Canidae，貉属 *Nyctereutes*

别名（俗名）：貉子

生活习性：栖息于阔叶林中开阔、接近水源的地方或开阔草甸、茂密的灌丛带和芦苇地。喜欢在有丰盛的林下层特别是蕨类植物的林地觅食。夜行性，有时以家庭群居生活或成对觅食。

分布现状：中国中部、南部和东部；延伸到日本、内蒙古、朝鲜半岛、俄罗斯；引到欧洲。

采集信息：1931 年采集于天津。

馆藏独特性：是犬科非常古老的物种，现在采集地已很难见到。

保护级别及濒危程度：国家二级

鉴别特征：体型小，腿不成比例地短，外形似狐。前额和鼻吻部白色，眼周黑色。颊部覆有蓬松的长毛，形成环状领；背的前部有一交叉形图案；胸部、腿和足暗褐色。尾覆有蓬松的毛。背部和尾部的毛尖黑色；背毛浅棕灰色，混有黑色毛尖。

棕熊
***Ursus arctos* Linnaeus, 1758**

分类地位： 动物界 Animalia，脊索动物门 Chordata，哺乳纲 Mammalia，食肉目 Carnivora，熊科 Ursidae，
熊属 *Ursus*

别名（俗名）： 罴（pí）、马熊

属种名由来： 属名 *Ursus* 源自拉丁语 "ursus"（意为 "熊"），也来自希腊语 "bearρκτοςαrktos"。

生活习性： 棕熊占据了特别广阔的栖息地，包括茂密的森林、亚高山山地和苔原。它们虽然体型很大，但奔
跑起来时速达 50 公里 / 小时。夜行性，晨昏活动。多数情况下独居，除非雌性携带幼崽，且在繁
殖季节。有冬眠的习性。

分布现状： 广布于中国西部和东北部，延伸到几乎整个全北界。

采集信息： 1918 年采集于甘肃，采集人桑志华。

保护级别及濒危程度： 国家二级；CITES 附录 I

鉴别特征： 有巨大的头和肩部，圆盘状的脸和长吻。耳小、向两侧突出；雄性比雌性大。前足足垫大小是黑
熊的一半。

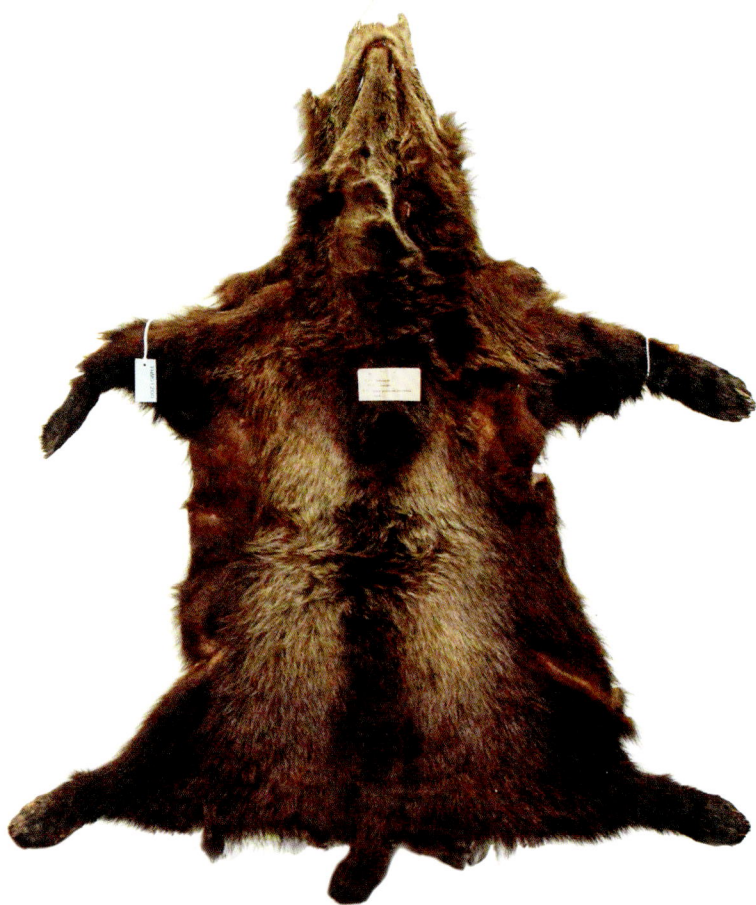

藏马熊（皮张）
Ursus arctos pruinosus Blyth, 1853

分类地位： 动物界 Animalia，脊索动物门 Chordata，哺乳纲 Mammalia，食肉目 Carnivora，熊科 Ursidae，熊属 *Ursus*

别名（俗名）： 西藏棕熊、马熊、蓝熊

属种名由来： 于 1854 年由英国动物学家艾德华·布莱（Edward Blyth）首次分类定名，有人认为它是"雪人"这一传说的起源。西藏棕熊的皮毛是黑色的，通常带有淡蓝色，这就是它的英文别称"Tibetan Blue Bear"（藏蓝熊）的来源。

生活习性： 主要栖息在山区的森林带，食性较杂，主要以翻掘洞穴的方法捕食鼠兔和旱獭，还吃没有腐烂的动物尸体。

分布现状： 分布于尼泊尔、不丹及中国的青藏高原、甘肃和新疆等地。

采集信息： 1930 年采集于西藏东南部。

保护级别及濒危程度： 国家二级；CITES 附录 I

鉴别特征： 通常颜色有暗褐色或浅黑褐色，到苍白褐色或浅灰白色，爪是典型的苍白色且仅略有颜色，与其他棕熊亚种的典型的暗褐色到黑色的特征正好相反。

小熊猫
Ailurus fulgens Cuvier, 1825

分类地位： 动物界 Animalia，脊索动物门 Chordata，哺乳纲 Mammalia，食肉目 Carnivora，小熊猫科 Ailuridae，小熊猫属 *Ailurus*

别名（俗名）： 红熊猫、九节狼

属种名由来： 法国动物学家乔治·居维叶（Georges Cuvier）在 1825 年最先描述了小熊猫，将其归类为浣熊（浣熊科）的近亲，又基于小熊猫类似家猫的外表将其属名命名为"*Ailurus*"（取自古希腊语"猫"）。小熊猫的种加词是拉丁语形容词"fulgens"（"闪闪发光的"）。

生活习性： 生活于常绿阔叶林、常绿混交林和针叶林中，但主要在夏季温度低于 20℃、冬季不低于 0℃ 的近山谷的竹丛中。主食竹类的嫩芽和叶子。独居，夜行性；有时形成 2—5 只的小群。

分布现状： 中国西南部；延伸到缅甸北部、尼泊尔、印度（锡金）。

保护级别及濒危程度： 国家二级；CITES 附录 I；IUCN 濒危（EN）

鉴别特征： 身体矮胖，外形似家猫；皮毛为均一的红褐色；吻部白色；颊部、眉和耳的边缘毛为白色；耳大、直立且尖锐；尾长、较粗而蓬松，并有 12 条红暗相间的环纹；尾尖深褐色。

猪獾
Arctonyx collaris Cuvier, 1825

分类地位： 动物界 Animalia，脊索动物门 Chordata，哺乳纲 Mammalia，食肉目 Carnivora，鼬科 Mustelidae，猪獾属 *Arctonyx*

别名（俗名）： 沙獾、獾猪

属种名由来： 猪獾的名字来源于它猪一样的嘴，其他方面与狗獾相似，只是体型更大。

生活习性： 据报道中国的猪獾主要栖于森林区，从低地丛林至海拔 3500 米的高地林地；在印度则常见于草地。独居，晨昏活动，地栖性。

分布现状： 广布于中国西南部、中部和东部；遍及印度阿萨姆和缅甸直至越南、泰国、苏门答腊。

保护级别及濒危程度： IUCN 易危（VU）

鉴别特征： 头部伸长，圆锥形，面部几乎为白色，从鼻子延伸出两条黑色条纹，穿过眼和淡白的耳直至颈部。足、腿和腹部为深褐色至黑色；喉部白色；前足的爪为白色，尾淡白色。

黄喉貂
Martes flavigula (Boddaert, 1785)

分类地位： 动物界 Animalia，脊索动物门 Chordata，
哺乳纲 Mammalia，食肉目 Carnivora，
鼬科 Mustelidae，貂属 *Martes*

别名（俗名）： 青鼬

生活习性： 见于海拔 200—3000 米的雪松林、柞木林、热
带松林、针叶林、潮湿的落叶林。成对捕猎或
集小家庭群。昼行性，多在晨昏活动，但靠近
人类居住地转为夜行性。

分布现状： 广布于中国西南部、南部和东部；延伸到印度、
印度尼西亚、朝鲜半岛、巴基斯坦、俄罗斯东
部、越南。

采集信息： 1932 年 11 月 3 日采集。

保护级别及濒危程度： 国家二级

鉴别特征： 黄喉貂与其他貂类的身体比例明显不同，看上
去身体非常细长，颈长，尾也细长。身体前半
部分为浅褐色至淡黄褐色；后半部分为浅黑褐
色；喉部显著的亮黄色；四肢和尾黑色；头部
和背侧的毛色较暗；腹部为淡黄色。长尾全黑
色，不蓬松，其长为头体长的 3/5—3/4。

艾鼬
Mustela eversmanii Lesson, 1827

分类地位： 动物界 Animalia，脊索动物门 Chordata，
哺乳纲 Mammalia，食肉目 Carnivora，
鼬科 Mustelidae，鼬属 *Mustela*

别名（俗名）： 艾虎、地狗

生活习性： 艾鼬在其整个分布范围占据开阔的草原环境，
避开森林。主要为夜行性，在远离人类的地区
它们也在白天活动。独居，占据其他动物挖掘
的洞穴。

分布现状： 分布于中国中部、西部、北部和东北部；广泛
延伸到亚洲和欧洲东部。

鉴别特征： 艾鼬是中国的鼬属动物中体型最大者，也是该
属唯一足、尾和腹部黑色的种类。身体有长的
黑色针毛，下层绒毛为黄褐色。在淡色的鼻吻
部有暗褐色面纹。尾尖暗褐色至黑色（可能为
尾的一半）；尾长约为头体长的 1/3。

伶鼬
Mustela nivalis Linnaeus, 1766

分类地位： 动物界 Animalia，脊索动物门 Chordata，哺乳纲 Mammalia，食肉目 Carnivora，鼬科 Mustelidae，鼬属 *Mustela*

别名（俗名）： 银鼠、白鼠

生活习性： 栖息地广泛，如森林、草原、草甸、山地、村庄、花园、农田，但是通常不栖息在无良好覆盖层的生境。可在雪下度过整个冬季。独居，一般夜行性。

分布现状： 中国西北部、西南部和东北部；广泛地延伸到亚洲、欧洲和北美洲。

采集信息： 1933 年 1 月 20 日采集于天津。

鉴别特征： 雄性大小约为雌性的 2 倍。皮毛颜色随季节而变；夏毛浅棕红色，腹部则为明显的白色或苍白色；冬毛在北方地区为均一的白色，在南方地区则比夏毛更苍白。尾尖与体色相同；尾长小于头体长的 1/3。

虎鼬
Vormela peregusna (Güldenstädt, 1770)

分类地位： 动物界 Animalia，脊索动物门 Chordata，哺乳纲 Mammalia，食肉目 Carnivora，鼬科 Mustelidae，虎鼬属 *Vormela*

别名（俗名）： 花地狗、臭狗子、马艾虎

生活习性： 通常见于草原和干燥、开阔的丘陵和山谷生境。具有肛门腺，当受到威胁时，把头向后转，体毛竖立，尾向背部蜷曲，从肛门腺放出气体。夜行性，晨昏活动，是最善于挖掘的鼬类。

分布现状： 中国西北部和中北部；广泛延伸到亚洲和欧洲。

保护级别及濒危程度： IUCN 易危（VU）

鉴别特征： 背部主要为淡黄白色，混有褐色和白色的条纹和斑点。面部、四肢和腹部全为淡黑褐色；尾白色，有浅黑褐色尾尖；尾长，其长度达头体长之半。虎鼬具明显的大耳。下体为暗褐色，面部暗褐色。

植物篇

北疆博物院收藏的植物标本共计6万余件，大部分采自我国黄河流域及以北地区。这些标本以种子植物为主，还包含了菌物、苔藓、蕨类植物等类群，标本类型以腊叶标本为主，还有种子、果实、木材、浸制标本等，这些保存良好、制作精细、记载完备珍贵的植物标本，加上珍藏的植物文献和植物科学画，为世界植物专家学者所瞩目，已成为20世纪初期中国北方植物资源环境的珍贵记录和凭证。在这些收藏中，有7300余件采自法国北部地区的植物标本，均为19世纪至20世纪初期所采集。我国的自然博物馆中拥有标本采集时间这么早且收藏量这么大的国外植物标本是非常少有的，这些标本为植物对比研究和区系分析提供了基础的数据资料，具有重要的科学价值和收藏意义。

实际上，下午我冒雨进行的远足，是非常有成果的：榛子树、两种丁香花、无刺的山楂树、千金榆、荆条、铁线莲、杏树、松树、桃树、小栎树、桦树、葡萄树、开着黄花的灌木状的铁线莲、榆树、白杨树、玫瑰、崖柏、卫矛、胡枝子，等等，漫山遍野地分布在坡面上。我也捕捉了数目众多的昆虫标本。

——桑志华

1926 年 8 月 3 日

火绒层孔菌 / 木蹄层孔菌
Fomes fomentarius (L.) Fr.

分类地位： 真菌界 Fungi，担子菌门 Basidiomycota，伞菌亚门 Agaricomycotina，伞菌纲 Agaricomycetes，
多孔菌目 Polyporales，多孔菌科 Polyporaceae，层孔菌属 *Fomes*

生活习性： 生于白桦、枫、栎及山杨等的枯木和腐木上。

分布现状： 分布于东北、华北、西南及陕西、新疆、河南、广西等地。

采集信息： 1917 年 9 月 1 日采集于河北，采集人桑志华。

鉴别特征： 子实体多年生。木质，半球形至马蹄形，或呈吊钟形。无柄，侧生。菌盖光滑，无毛，有坚硬的
皮壳，鼠灰色、灰褐色至灰黑色，断面黑褐色，有光泽，有明显的同心环棱。

灵芝

Ganoderma lingzhi Sheng H. Wu, Y.Cao *et* Y. C. Dai

分类地位： 真菌界 Fungi，担子菌门 Basidiomycota，伞菌亚门 Agaricomycotina，伞菌纲 Agaricomycetes，多孔菌目 Polyporales，灵芝科 Ganodermataceae，灵芝属 *Ganoderma*

生活习性： 灵芝子实体夏、秋季单生、群生或丛生于栎、壳斗科等多种阔叶树和松棵松属等木桩旁或根际地上，亦长在铁杉等针叶树上。灵芝属真菌大多生长在有散射阳光、树木较稀疏的地方或者空旷地带。

分布现状： 灵芝在世界各大洲均有分布，其中绝大部分生长在热带、亚热带和温带地区。中国是灵芝真菌资源分布广泛的地方，其主要分布于北京、河北、山东、江苏、浙江、福建、江西、湖北、湖南、广西、广东、河南、云南、四川、贵州、海南、台湾、陕西、山西、安徽、甘肃、西藏、香港等地。

采集信息： 1927 年 8 月 18 日采集于河北唐山，采集人桑志华。

保护级别及濒危程度：《中国生物多样性红色名录》LC 级

馆藏独特性： 有相对应的水彩画。

鉴别特征： 灵芝子实体大多为一年生，少数为多年生，有柄，小柄侧生。菌盖木质，木栓质，扇形，具沟纹，肾形、半圆形或近圆形，表面褐黄色或红褐色，血红至栗色，有时边缘逐渐变成淡黄褐色至黄白色，具似漆样光泽，盖表有同心环沟，或环带棱纹，并有辐射状的皱纹，边缘锐或稍钝，有时成截形，往往内卷。

红孔菌
Trametes cinnabarina (Jacq.) Fr.

分类地位：真菌界 Fungi，担子菌门 Basidiomycota，担子菌纲 Basidiomycetes，非褶菌目 Aphyllophorales，多孔菌科 Polyporaceae，栓菌属 *Trametes*

别　　名：朱红密孔菌、红栓菌、红菌子

生活习性：生长于栎、桦、椴及其他阔叶树腐木上。

分布现状：全国大部分地区有分布。

采集信息：1934 年 8 月 28 日采集于山西，采集人桑志华

保护级别及濒危程度：《中国生物多样性红色名录》LC 级

鉴别特征：担子果一年生，无柄到平展至反卷，木栓质。菌盖半圆形或扇形，扁半球形至扁平。

黄鳞衣属
Rusavskia sp.

分类地位：真菌界 Fungi，子囊菌门 Ascomycota，茶渍纲 Lecanoromycetes，黄枝衣目 Teloschistales，黄枝衣科 Teloschistaceae

生活习性：生长在高海拔相当干燥的小气候中的岩石上，通常是钙质砂岩的、暴露的、营养丰富的表面。

分布现状：北极—阿尔卑斯山、环极地物种，发现于陡峭倾斜至下悬、营养丰富的外露石灰质或白云质巨石表面，有时也存在于基性硅质岩石上；在阿尔卑斯山最常见，在那里它可以到达水平带，在亚平宁山脉则更为罕见。在中国区域内公开的采集记录很少。

保护级别及濒危程度：《中国生物多样性红色名录》LC 级

采集信息： 1927 年 8 月 18 日采集于河北唐山，采集人桑志华。

鉴别特征：叶状体至亚壳状叶状体，牢固附着，橙黄色至亮橙红色，形成高达 3.5 厘米宽的莲座丛。裂片非常短，背腹，扁平到凸起，圆形到截形。

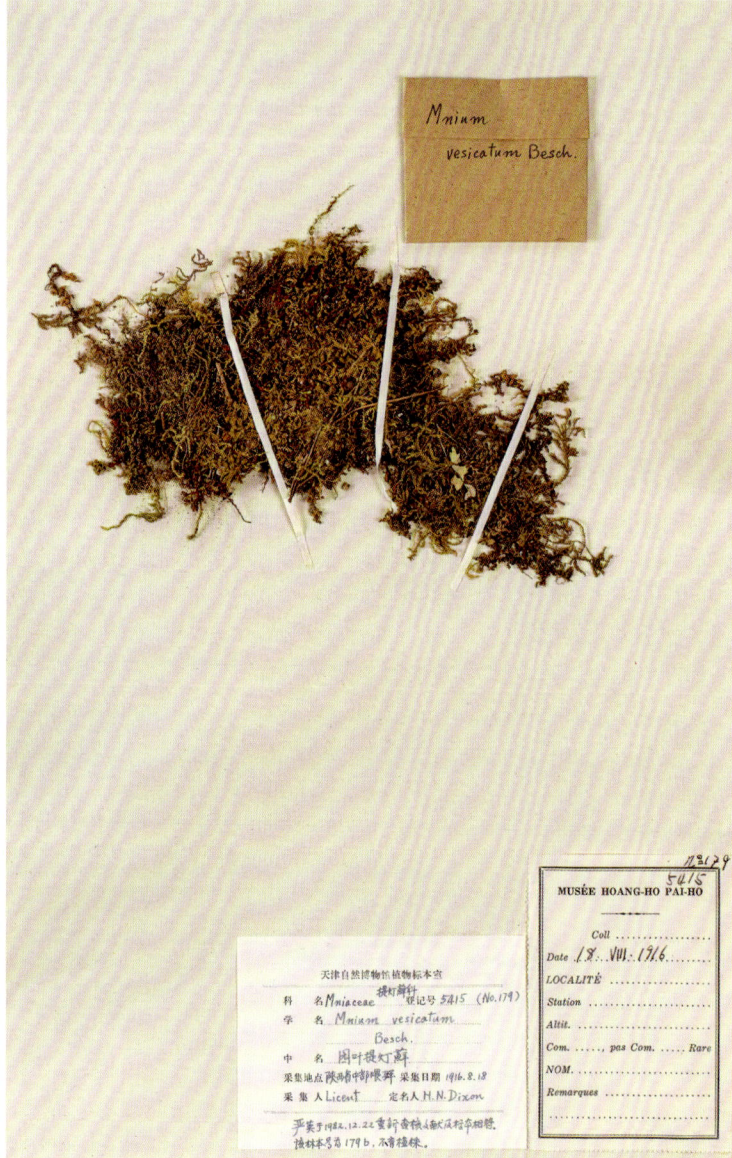

圆叶提灯藓
Mnium vesicatum Besch.

分类地位： 植物界 Plantae，藓类植物门 Bryophyta，真藓纲 Bryopsida，真藓目 Bryales，提灯藓科 Mniaceae，
提灯藓属 *Mnium*

生活习性： 生于林下或湿原，土生或湿石生。

分布现状： 分布于我国东北、西北、华东、华中。

采集信息： 1916 年 8 月 18 日采集于陕西中部喂子坪，采集人桑志华。

鉴别特征： 植物体绿色或黄绿色，疏丛生。茎常因叶下延而成棱状。叶片在干燥时不卷缩，呈卵圆形。不育枝叶疏生。雌雄
异株。常不生孢子体。

密枝青藓
Brachythecium amnicolum C. Muell.

分类地位： 植物界 Plantae，藓类植物门 Bryophyta，
真藓纲 Bryopsida，灰藓目 Hypnales，
青藓科 Brachytheciaceae，青藓属 *Brachythecium*

生活习性： 分布于海拔 20—3600 米土、岩面、腐木及林
下树干。

分布现状： 中国多省有分布。

采集信息： 1916 年 8 月 20 日采集于陕西中部喂子坪，采
集人桑志华。

鉴别特征： 植物体绿色到带褐色。茎单一，连叶高 18—
60 毫米；叶 14—26 对，基部叶细小而疏离，
中部的各叶远比基部叶为大，密生，披针形至
狭披针形，叶边上半部具不规则的牙齿，下半
部近全缘。雌雄异株。雌器苞在中、上部叶腋
生，雌苞叶狭披针形至钻状披针形，蒴柄侧生。

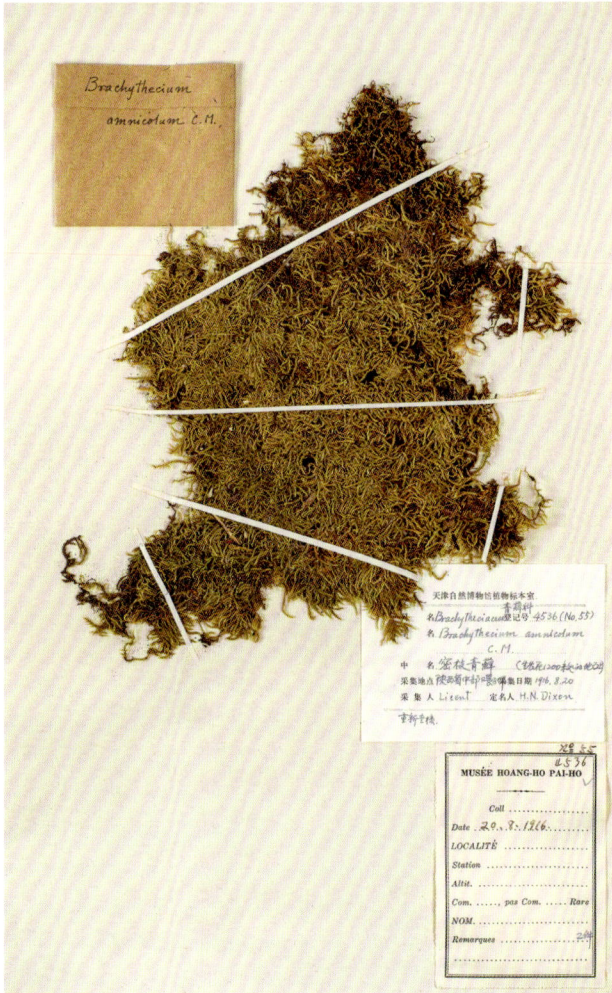

燕尾藓
Bryhnia novae-angliae (Sull. & Lesq.) Grout

分类地位： 植物界 Plantae，藓类植物门 Bryophyta，
真藓纲 Bryopsida，灰藓目 Hypnales，
青藓科 Brachytheciaceae，燕尾藓属 *Bryhnia*

生活习性： 生长于海拔 1500—2700 米林下潮湿林地上、
溪边石上或腐木上。

分布现状： 我国长江流域以南和青藏高原有分布。

采集信息： 1916 年 8 月 20 日采集于陕西中部喂子坪，采
集人桑志华。

鉴别特征： 植物体稍硬，浅绿色或黄绿色，老时带黄棕色，
几无光泽。主茎长约 5 厘米，匍匐伸展，呈不
连续的羽状分枝；分枝直立或倾立，有时上部
分枝多而呈树形，基部密生成簇的假根。茎叶
疏列，三角状心脏形，内凹，有细长尖，枝叶
具短尖，且多扭转。

皱叶牛舌藓
Anomodon rugelii (C. Muell.) Keissl.

分类地位： 植物界 Plantae，藓类植物门 Bryophyta，
真藓纲 Bryopsida，灰藓目 Hypnales，
牛舌藓科 Anomodontaceae，牛舌藓属 *Anomodon*

生活习性： 生于海拔约 1300 米林内树干。

分布现状： 分布于吉林、辽宁、浙江、湖北、广东、四川
和云南。

采集信息： 采集人桑志华。

鉴别特征： 植物体黄绿色至黄褐色，丛集生长。支茎倾立，
不规则羽状分枝；中轴缺失。茎叶长 1—2.5 毫
米，基部两侧具小圆耳，叶尖圆钝，稀具小尖；
叶边全缘，枝叶狭卵状披针形。雌雄异株。

细枝羽藓
Thuidium delicatulum (Hedw.) Mitt.

分类地位： 植物界 Plantae，藓类植物门 Bryophyta，
真藓纲 Bryopsida，灰藓目 Hypnales，
羽藓科 Thuidiaceae，羽藓属 *Thuidium*

生活习性： 生于海拔约 2000 米的腐殖土或湿地。

分布现状： 分布于山西和陕西，日本、朝鲜、欧洲、北美
洲及南美洲中部也有分布。

采集信息： 1916 年 8 月 20 日采集于陕西中部喂子坪，采
集人桑志华。

鉴别特征： 植物体黄绿色至淡褐绿色，规则多回羽状分枝，
枝长 5—15 毫米；中轴分化；鳞毛密被，披针
形或线形。茎叶三角状卵形，具披针形尖；枝
叶卵形，具短尖，内凹，雌雄异株。

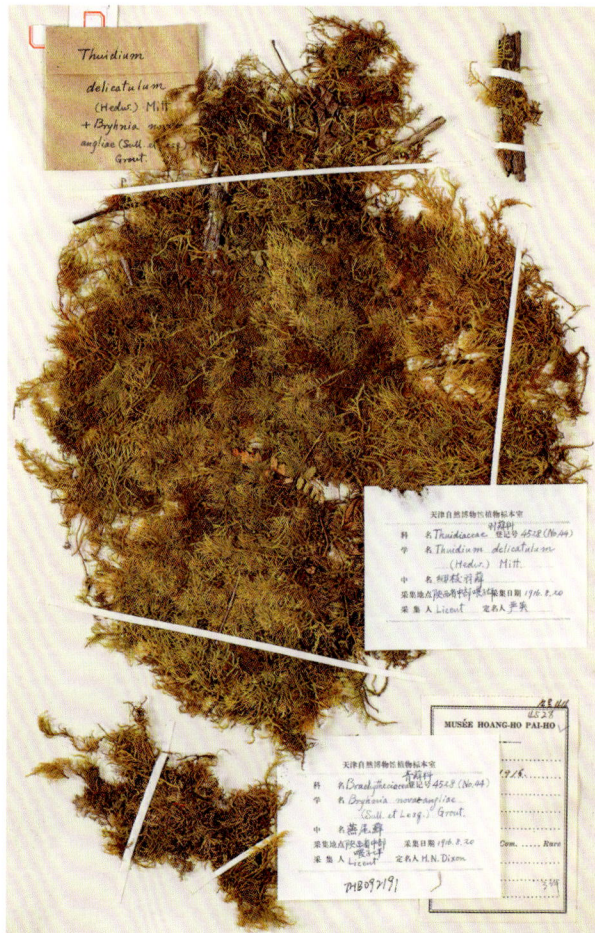

陕西曲尾藓
Dicranum schensianum C. Muell.

分类地位： 植物界 Plantae，藓类植物门 Bryophyta，真藓纲 Bryopsida，曲尾藓目 Dicranales，曲尾藓科 Dicranaceae，曲尾藓属 *Dicranum*

生活习性： 生长于林下湿地上。

分布现状： 分布于黑龙江、吉林、陕西、云南、西藏等地。

采集信息： 1916年8月22日采集于陕西中部秦岭眉县以南，采集人桑志华。

鉴别特征： 植物体较大，黄绿色。茎高 4—10 厘米，稀分枝，下部具假根。叶密生，长披针形，叶尖细长镰刀状弯曲，叶缘上部具细齿，中肋细，长达叶尖，背部具刺突。雌雄异株。蒴柄长 2—5 厘米，常多数聚生；孢蒴长卵形，弓形弯曲，平列或倾斜；蒴齿单层；蒴盖圆锥形，具长喙。

陕西绢藓
Entodon schensianus C. Muell.

分类地位： 植物界 Plantae，藓类植物门 Bryophyta，真藓纲 Bryopsida，灰藓目 Hypnales，绢藓科 Entodontaceae，绢藓属 *Entodon*

生活习性： 生长在海拔 1370 米的树皮上。

分布现状： 为中国特有种。北京、贵州、广西、河北、内蒙古、吉林、陕西、山东、四川、西藏等有分布。

采集信息： 1917 年 9 月 24 日采集于河北北部兴隆以西马兰峪西北，采集人桑志华。

鉴别特征： 茎匍匐，亚羽状分枝，长约 2—5 厘米，圆条状。枝上密生叶，呈圆条状，茎叶卵圆形，先端具微齿，枝叶卵状披针形，干燥时紧密复瓦状排列，先端具微齿，中肋 2 条，短小。蒴柄红色，孢蒴圆筒形，褐色。

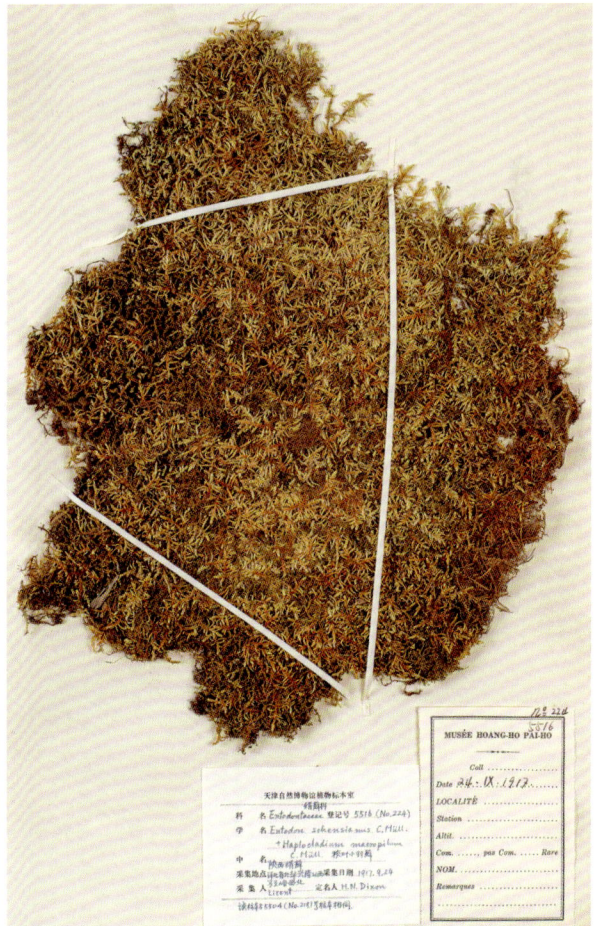

扁枝藓
Homalia trichomanoides (Hedw.) Schimp.

原始鉴定名称： *Homalia spathulata* Dixon

分类地位： 植物界 Plantae，藓类植物门 Bryophyta，真藓纲 Bryopsida，灰藓目 Hypnales，平藓科 Neckeraceae，扁枝藓属 *Homalia*

生活习性： 多着生树干基部，海拔分布多处于低山地区。

分布现状： 分布于中国黑龙江、辽宁、内蒙古、河北、陕西、甘肃、山东、江苏、上海、浙江、江西、湖北、四川、云南、台湾、广东、海南、香港。

采集信息： 1916 年 8 月 18 日采集于陕西中部喂子坪，采集人桑志华。

馆藏独特性： 模式标本，由爱尔兰植物学家狄克逊（Henry Horatio Dixon）鉴定发表新种。

文物级别： 馆藏一级

鉴别特征： 植物体黄绿色，具明显光泽，相互扁平贴生。主茎纤细，匍匐；茎叶扁平交互着生，椭圆形，两侧不对称，略呈弓形弯曲，上部宽阔，具钝尖或锐尖，基部着生处狭窄。

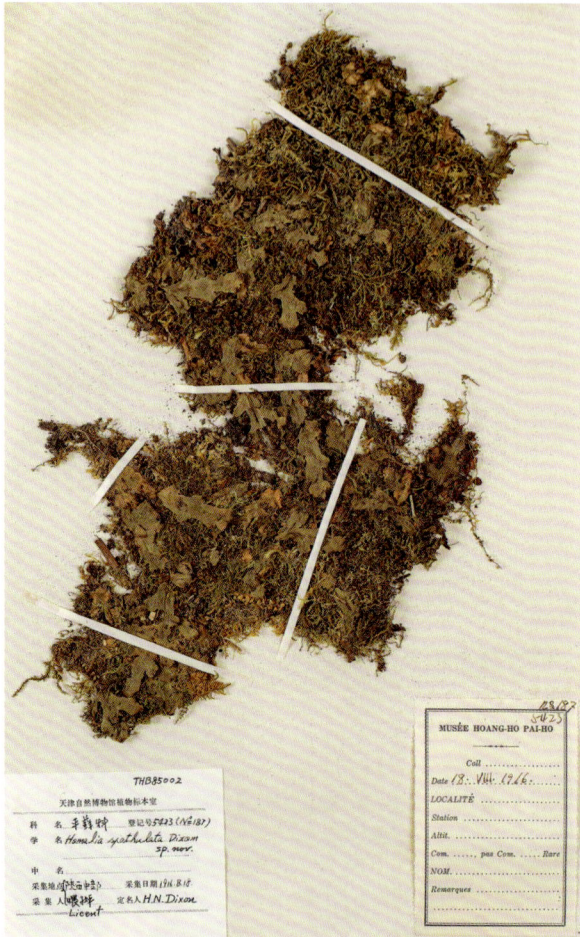

羽平藓
Neckera pennata Hedw.

分类地位： 植物界 Plantae，藓类植物门 Bryophyta，真藓纲 Bryopsida，灰藓目 Hypnales，平藓科 Neckeraceae，平藓属 *Neckera*

生活习性： 在林内阴湿树干或岩壁成大片倾垂生长。

分布现状： 分布于中国东北、西北和西南地区；亚洲其他地区，欧洲，北美及大洋洲也有。

采集信息： 1916 年 9 月 14 日采集于陕西中部眉县东南太白山附近，采集人桑志华。

鉴别特征： 植物体扁平，黄绿色或灰绿色，具光泽，疏松交织成片群生。主茎横展，老时叶片脱落；支茎直立或倾垂，1—2 回羽状分枝。叶扁平着生，斜展，长舌形，两侧明显不对称，上部渐尖，具多数横波纹，基部一侧常内折；边缘具细齿。雌雄异株。蒴柄极短。孢蒴长卵形，隐于苞叶内。蒴盖圆锥形，具短斜喙。蒴帽兜形。

细牛毛藓
Ditrichum flexicaule (Schwaegr.) Hamp.

分类地位： 植物界 Plantae，藓类植物门 Bryophyta，
真藓纲 Bryopsida，曲尾藓亚纲 Dicranidae，
曲尾藓目 Dicranales，牛毛藓科 Ditrichaceae，
牛毛藓属 *Ditrichum*

生活习性： 生长于岩面或岩面薄土上，或林下土生，有时
见于滴水岩石面。

分布现状： 分布于陕西、贵州、西藏。

采集信息： 采集人桑志华。

鉴别特征： 植物体中等大小，绿色或黄绿色。茎单一或叉
状分枝，基部无或具稀疏假根。叶长 2.5—3.6
毫米，干燥时略扭曲，湿时伸直倾立，从卵形
或宽卵形基部，向上呈披针形；中肋单一，突
出叶端；叶缘平直；雌雄异株。孢子体未见。

挺枝银藓
Anomobryum yasudae Broth.

原始鉴定名称： *Anomobryum validum* Dixon

分类地位： 植物界 Plantae，藓类植物门 Bryophyta，
真藓纲 Bryopsida，真藓目 Bryales，
真藓科 Bryaceae，银藓属 *Anomobryum*

生活习性： 土生，多生于林缘、路边或沟边土坡上。

分布现状： 山西、陕西、四川、重庆、台湾、广东、海南。

采集信息： 1915 年 6 月 20 日采集于山西长治，采集人桑
志华。

馆藏独特性： 模式标本，由爱尔兰植物学家狄克逊鉴定发
表新种。

文物级别： 馆藏一级

鉴别特征： 植物体呈细条状，强壮，灰黄绿色，几无光泽。
茎略弯曲，不直立。叶略稀疏的覆瓦状，湿时
呈近柔黄花序状，干时弯曲。

THB85003

天津自然博物馆植物标本室

科 名 重枝藓科 登记号 5778 (No.126)
学 名 *Gollania densepinnata* Dixon
sp. nov.

中 名
采集地点 陕西省中部 采集日期 1916.9.6
采集人 太白山之南 定名人 H. N. Dixon
Licent

No.126   5778
6. IX. 1916

密枝粗枝藓
Gollania turgens (C. Muell.) Ando

原始鉴定名称：*Gollania densepinnata* Dixon

分类地位：植物界 Plantae，藓类植物门 Bryophyta，真藓纲 Bryopsida，灰藓目 Hypnales，灰藓科 Hypnaceae，粗枝藓属 *Gollania*

生活习性：着生针阔叶混交林或高山砾石荒漠地带的岩面、腐殖质土及腐木上。

分布现状：山西、陕西、四川、云南。

采集信息：1916 年 9 月 6 日采集于陕西中部太白山以南，采集人桑志华。

馆藏独特性：模式标本，由爱尔兰植物学家狄克逊鉴定发表新种。

文物级别：馆藏一级

鉴别特征：植物体淡黄绿色，有时淡红色。茎平展，叶具短钝叶尖，叶边缘具规则细齿，叶细胞较短，具前角突，以及中肋较长。

华北薄鳞蕨
Aleuritopteris kuhnii (Milde) Ching

原始鉴定名称： *Leptolepidium kuhnii* (Milde) K. H. Shing et S. K. Wu

分类地位： 植物界 Plantae，蕨类植物门 Pteridophyta，木贼纲 Equisetopsida，水龙骨目 Polypodiales，凤尾蕨科 Pteridaceae，粉背蕨属 *Aleuritopteris*

别　　名： 华北粉背蕨、宽叶薄鳞蕨、白粉蕨、小蕨鸡

生活习性： 生长在海拔 2700—3500 米的林下或路边岩石下阴处。

分布状况： 我国东北、华北、西北、西南；俄罗斯、朝鲜半岛、日本。

采集信息： 1925 年 9 月 2 日采集于察哈尔南部，采集人桑志华。

鉴别特征： 植株高可达 40 厘米。根状茎直立，鳞片阔披针形，红棕色，边缘具锯齿。叶簇生，柄粗壮，栗红色，阔披针形鳞片；叶片长圆披针形，羽片近对生。孢子囊群圆形，成熟时汇合成线形；囊群盖草质，幼时褐绿色，边缘波状。

井栏边草
Pteris multifida Poir.

分类地位： 植物界 Plantae，蕨类植物门 Pteridophyta，
木贼纲 Equisetopsida，水龙骨目 Polypodiales，
凤尾蕨科 Pteridaceae，凤尾蕨属 *Pteris*

别　　名： 八字草、百脚鸡、背阴草、大小金鸡尾、刀口药

生活习性： 井栏边草生境较为广泛，常生长在海拔 1000 米
以下的井边、河边、山谷石缝中、墙壁缝隙、竹
林边、林缘阴湿处。喜半荫，较耐寒，耐干旱。

分布状况： 国内分布于秦岭以南地区，产于广东、海南等
地；国外分布于日本、越南、菲律宾。

采集信息： 1936 年 6 月 24 日采集于山东费县，采集人桑
志华。

鉴别特征： 植株高 20—45（—85）厘米；根茎短而直立，
被黑褐色鳞片；叶密而簇生，二型，不育叶柄
较短，禾秆色或暗褐色，具禾秆色窄边；奇数
一回羽状；能育叶柄较长，羽片 4—6（—10）
对，线形，不育部分具锯齿；叶干后草质，暗
绿色，无毛。

耳羽岩蕨
Woodsia polystichoides Eaton

分类地位： 植物界 Plantae，蕨类植物门 Pteridophyta，
木贼纲 Equisetopsida，水龙骨目 Polypodiales，
岩蕨科 Woodsiaceae，岩蕨属 *Woodsia*

别　　名： 蜈蚣旗、岩蕨、奥衣麻

生活习性： 生林下石上及山谷石缝间，海拔 250—2700 米。
喜阴湿环境，耐寒性强，需中度光照。

分布状况： 国内广泛分布于东北、华北、西北、西南（四
川）、华中及华东（福建除外）；国外分布于
日本、朝鲜半岛及俄罗斯。

采集信息： 1928 年 8 月 11 日采集于东北，采集人桑志华。

鉴别特征： 植株高 15—30 厘米。根状茎短而直立，先端
密被鳞片；鳞片披针形或卵状披针形，叶簇生；
孢子囊群圆形，着生于二叉小脉的上侧分枝顶
端；囊群盖杯形，边缘浅裂并有睫毛。

溪洞碗蕨

Dennstaedtia wilfordii (Moore) Christ

分类地位： 植物界 Plantae，蕨类植物门 Pteridophyta，
木贼纲 Equisetopsida，水龙骨目 Polypodiales，
碗蕨科 Dennstaedtiaceae，碗蕨属 *Dennstaedtia*

别　　名： 光叶碗蕨、金丝蕨、孔雀尾、万能解毒蕨、魏氏
鳞蕨

生活习性： 生于山地阴处石缝、水沟旁或阔叶林下，海拔 100—
900 米处。

分布状况： 国内广泛分布于我国东北、华北、西北、华东、华
中及西南；国外分布于俄罗斯、朝鲜及日本。

采集信息： 1936 年 6 月 24 日采集于山东，采集人桑志华。

鉴别特征： 植株高 25—55 厘米，根状茎细长，横走，黑色，叶
二列疏生或近生；柄基部栗黑色，向上为红棕色，
或淡禾秆色，无毛，光滑，有光泽。叶片长圆披针形，
羽片卵状阔披针形或披针形。孢子囊群圆形，囊群
盖半盅形，淡绿色，无毛。

延羽卵果蕨

Phegopteris decursive-pinnata (H. C. Hall) Fée

分类地位： 植物界 Plantae，蕨类植物门 Pteridophyta，
木贼纲 Equisetopsida，水龙骨目 Polypodiales，
金星蕨科 Thelypteridaceae，卵果蕨属 *Phegopteris*

别　　名： 翅轴假金星蕨、短柄卵果蕨、凤尾草、狭羽金星蕨。

生活习性： 生于冲积平原和丘陵低山区的河沟两岸或路边林下，
海拔 50—2000 米。

分布状况： 广布于我国亚热带地区，北达河南南部及陕西秦岭，
东至台湾平原地区，向西达四川、贵州和云南东北
部及东部；日本、韩国南部和越南北部有分布。

采集信息： 1936 年 6 月 23 日采集于山东，采集人桑志华。

鉴别特征： 卵果蕨属中型陆生蕨类植物，植株高可达 60 厘米。
根状茎短而直立，叶簇生；叶柄淡禾秆色；叶片披
针形，先端渐尖并羽裂，向基部渐变狭，羽片互生，
叶草质，孢子囊群近圆形，背生于侧脉的近顶端，
孢子囊体顶部近环带处有时有一、二短刚毛或具柄
的头状毛；孢子外壁光滑，周壁表面具颗粒状纹饰。

臭冷杉
Abies nephrolepis (Trautv.) Maxim

分类地位： 植物界 Plantae，裸子植物门 Gymnospermae，球果纲 Coniferopsida，松目 Pinales，松科 Pinaceae，冷杉属 *Abies*

别　　名： 东陵冷杉、白枞、白果枞、白松、臭枞

生活习性： 为耐阴、浅根性树种，适应性强，喜冷湿的环境。

分布状况： 产中国东北小兴安岭南坡、长白山区及张广才岭海拔 300—1800 米，河北小五台山、雾灵山、围场及山西五台山海拔 1700—2100 米地带。

采集信息： 1924 年 6 月 3 日采集于中国东北，采集人科兹洛夫。

鉴别特征： 乔木，高 30 米，胸径 50 厘米，树冠尖塔形至圆锥形。树皮青灰色，浅裂或不裂。一年生枝淡黄色或淡灰褐色，密生褐色短柔毛。冬芽有树脂，叶条形。

兴安鱼鳞云杉

***Picea jezoensis* Carr. var. *microsperma*
(Lindl.) Cheng et L. K. Fu**

分类地位：植物界 Plantae，裸子植物门 Gymnospermae，
球果纲 Coniferopsida，松目 Pinales，
松科 Pinaceae，云杉属 *Picea*

别　　名：鱼鳞松、鱼鳞杉

生活习性：生长于海拔 300—800 米、气候寒凉、棕色森林土的丘
陵或缓坡地带。常组成针叶树或针叶树阔叶树混交林。

分布状况：分布于我国东北大兴安岭至小兴安岭南端（铁力、
带岭、伊春、翠峦等地）及松花江流域中下游（尚志、
汤源、勃利等地）；俄罗斯、日本北海道也有分布。

采集信息：1924 年 5 月 27 日采集于东北部，采集人科兹洛夫。

鉴别特征：常绿乔木，树皮灰色，枝条短，近平展，树冠尖塔形；
球果卵圆形或卵状椭圆形，成熟前绿色，熟时淡褐色
或褐色。种子近倒卵圆形。

白杆

***Picea meyeri* Rehd. et Wils.**

分类地位：植物界 Plantae，裸子植物门 Gymnospermae，
球果纲 Coniferopsida，松目 Pinales，
松科 Pinaceae，云杉属 *Picea*

别　　名：毛枝云杉、罗汉松、白儿松、麦氏云杉

生活习性：在海拔 1600—2700 米，气温较低、雨量及湿度较平
原为高、土壤为灰色棕色森林土或棕色森林地带。

分布状况：产山西、河北及内蒙古西乌珠穆沁旗。

采集信息：1918 年 6 月 8 日采集于甘肃北部，采集人桑志华。

鉴别特征：乔木，高达 50 米，胸径 1.3 米。树皮灰褐色；大枝近
平展，树冠塔形；小枝有密生或疏生短毛或无毛，叶
四棱状条形，直或微弯。球果卵状圆柱形或圆柱状长
卵圆形，球果成熟前绿色，熟时褐黄色。是我国特有
树种。

偃松
***Pinus pumila* (Pall.) Regel**

分类地位： 植物界 Plantae，裸子植物门 Gymnospermae，球果纲 Coniferopsida，松目 Pinales，松科 Pinaceae，松属 *Pinus*

别　　名： 矮松、爬地松、爬松、千叠松、盘龙松

生活习性： 生于海拔 1000—1800 米的阴湿山坡、在土层浅薄、气候寒冷的高山上部之阴湿地带与西伯利亚刺柏混生，或在落叶松或黄花落叶松林下形成茂密的矮林。

分布状况： 分布于俄罗斯、朝鲜半岛、日本，以及我国黑龙江、吉林等地。

采集信息： 1928 年 8 月 10 日采集于东北，采集人科兹洛夫。

鉴别特征： 灌木，高达 3—6 米，树干通常伏卧状，基部多分枝，生于山顶则近直立丛生状；树皮灰褐色，针叶 5 针一束，较细短，硬直而微弯。雄球花椭圆形；雌球花及小球果单生或 2—3 个集生；种子生于种鳞腹面下部的凹槽中。

西伯利亚刺柏
***Juniperus sibirica* Burgsd.**

分类地位： 植物界 Plantae，裸子植物门 Gymnospermae，球果纲 Coniferopsida，松目 Pinales，柏科 Cupressaceae，刺柏属 *Juniperus*

别　　名： 高山桧、山桧、西伯利亚杜松、矮柏、山柏

生活习性： 阳性树种，耐寒，耐干燥而瘠薄土壤，抗风力强，分散生于高海拔满复碎石块的山顶部，成为大兴安岭山区亚高山矮曲林的少数组成树种之一。用种子繁殖。

分布状况： 我国大兴安岭山区，吉林（长白山）、新疆（阿尔泰山）、西藏；朝鲜半岛、俄罗斯西伯利亚、中亚各国、日本、阿富汗至喜马拉雅山。

采集信息： 1928 年 8 月 10 日采集于东北，采集人科兹洛夫。

鉴别特征： 匍匐灌木，高约 1 米，枝叶密，树皮暗灰紫褐色，不规则浅裂，可剥离。叶为针状，三叶轮生，斜伸，通常稍呈镰刀状弯曲，或稍披针形。雌、雄球生于去年生枝的叶腋。球果浆果状，通常有 1—3 粒种子，种子三棱状卵形。

230

瞿麦
Dianthus superbus L.

分类地位： 植物界 Plantae，被子植物门 Angiospermae，双子叶植物纲 Dicotyledoneae，
中央种子目 Centrospermae，石竹科 Caryophyllaceae，石竹属 *Dianthus*

生活习性： 生于海拔 400—3700 米丘陵山地疏林下、林缘、草甸、沟谷溪边。花期 6—9 月，果期 8—10 月。

分布现状： 产东北、华北、西北及山东、江苏、浙江、江西、河南、湖北、四川、贵州、新疆、内蒙古；北欧、
中欧、西伯利亚、哈萨克斯坦、蒙古、朝鲜半岛、日本也有分布。

采集信息： 1922 年 6 月 30 日采集于山西五台山。

馆藏独特性： 有配套北疆博物院藏植物科学画。

鉴别特征： 多年生草本，茎丛生，直立，绿色，无毛，上部分枝。叶片线状披针形。花 1 或 2 朵生枝端，有
时顶下腋生；花瓣包于萼筒内，瓣片宽倒卵形，通常淡红色或带紫色，稀白色，雄蕊和花柱微外露。
蒴果圆筒形，种子扁卵圆形。

细叶石头花
Gypsophila licentiana Hand.-Mazz.

分类地位： 植物界 Plantae，被子植物门 Angiospermae，
双子叶植物纲 Dicotyledoneae，中央种子目 Centrospermae，
石竹科 Caryophyllaceae，石头花属 *Gypsophila*

别名（俗名）： 尖叶丝石竹

属种名由来： 种名 *licentiana* 源自该标本的采集者桑志华。

生活习性： 生于海拔 500—2000 米山坡、沙地、田边。花期 7—8 月，
果期 8—9 月。

分布现状： 产内蒙古、河北、山西、陕西、宁夏、甘肃、青海、新疆。

采集信息： 1925 年 8 月 22 日采集于山西右玉桑干河畔，采集人桑志华。

馆藏独特性： 模式标本，由奥地利植物学家韩马迪鉴定发表新种。
韩马迪曾承担北疆博物院毛茛科、菊科等多个科的植物
标本鉴定工作，发现多个新种。

文物级别： 馆藏一级

鉴别特征： 多年生草本。叶片线形，顶端具骨质尖，边缘粗糙，基
部连合成短鞘。聚伞花序顶生，花较密集；花瓣白色，
蒴果略长于宿存萼；种子圆肾形，具疣状凸起。

伞花繁缕
Stellaria umbellata Turcz.

原始鉴定名称： *Stellaria wutaica* Hand.-Mazz.

分类地位： 植物界 Plantae，被子植物门 Angiospermae，
双子叶植物纲 Dicotyledoneae，中央种子目 Centrospermae，
石竹科 Caryophyllaceae，繁缕属 *Stellaria*

属种名由来： 原始鉴定种名源自于该标本的采集地五台山。

生活习性： 生于海拔（1600—）3000—3800（—5000）米的山顶草地、
林下及草原。花期 6—7 月，果期 7—8 月。

分布现状： 产河北、山西、陕西、西藏、甘肃、四川、青海、新疆。

采集信息： 1929 年 7 月 8 日采集于山西大五台山，采集人塞尔。

馆藏独特性： 模式标本

文物级别： 馆藏一级

鉴别特征： 多年生草本，须根簇生。茎单生，分枝。叶片椭圆形，
顶端钝或急尖，基部楔形，微抱茎，两面无毛。聚伞状
伞形花序，具 3—10 花，花瓣无；蒴果比宿存萼长近 1 倍，
6 齿裂；种子肾脏形，略扁，表面具皱纹，但无凸起。

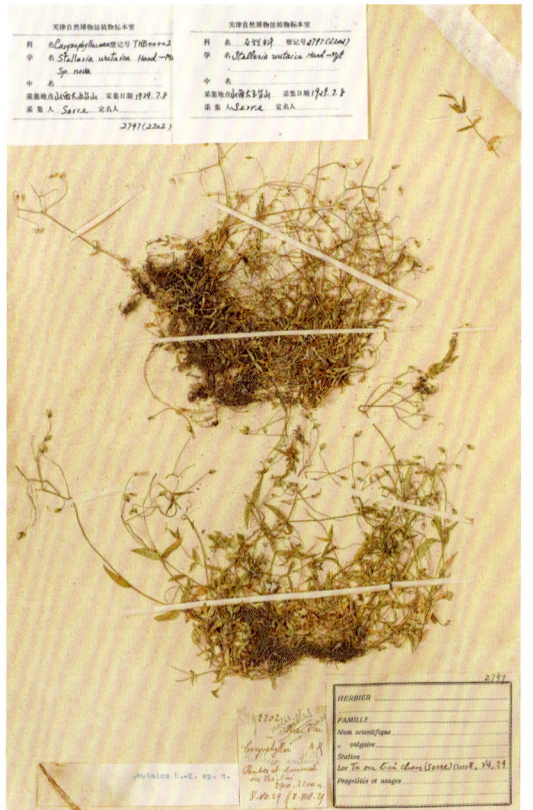

黄堇
Corydalis pallida (Thunb.) Pers.

分类地位： 植物界 Plantae，被子植物门 Angiospermae，双子叶植物纲 Dicotyledoneae，罂粟目 Rhoeadales，罂粟科 Papaveraceae，紫堇属 *Corydalis*

生活习性： 生于林间空地、火烧迹地、林缘、河岸或多石坡地。

分布现状： 产黑龙江、吉林、辽宁、河北、内蒙古、山西、山东、河南、陕西、湖北、江西、安徽、江苏、浙江、福建、台湾；朝鲜半岛北部、日本及俄罗斯西伯利亚地区有分布。

采集信息： 1927 年 5 月采集于河北平山。

馆藏独特性： 有配套北疆博物院藏植物科学画。

鉴别特征： 灰绿色丛生草本，具主根，少数侧根发达，呈须根状。茎 1 至多条，发自基生叶腋，具棱，常上部分枝。基生叶多数，莲座状，花期枯萎。总状花顶生和腋生，有时对叶生。花黄色至淡黄色，较粗大，平展。蜜腺体约占据长的 2/3，末端钩状弯曲。蒴果线形，念珠状，斜伸至下垂，具 1 列种子。种子黑亮。

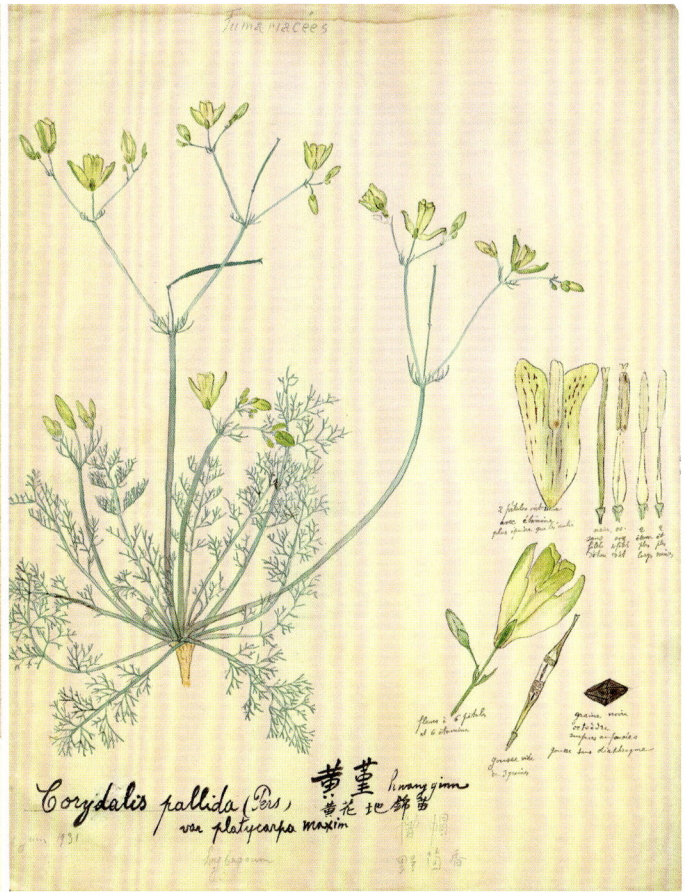

华北八宝
Hylotelephium tatarinowii (Maxim.) H. Ohba

原始鉴定名称： *Sedum almae* Fröd.

分类地位： 植物界 Plantae，被子植物门 Angiospermae，双子叶植物纲 Dicotyledoneae，蔷薇目 Rosales，景天科 Crassulaceae，八宝属 *Hylotelephium*

别名（俗名）： 亚马景天、的确景天、北京景天、全缘华北八宝

生活习性： 生于海拔 1000—3000 米处山地石缝中。花期 7—8 月，果期 9 月。

分布现状： 产山西、河北、内蒙古。

采集信息： 1917 年 9 月 26 日采集于河北承德马兰峪西北九堡子，采集人桑志华。

馆藏独特性： 模式标本

文物级别： 馆藏一级

鉴别特征： 多年生草本。常有小形胡萝卜状的根。茎直立，或倾斜，多数，不分枝，生叶多。叶互生，狭倒披针形至倒披针形，边缘有疏锯齿至浅裂，近有柄。伞房状花序。

甘南景天
Sedum ulricae Fröd

分类地位： 植物界 Plantae，被子植物门 Angiospermae，双子叶植物纲 Dicotyledoneae，蔷薇目 Rosales，景天科 Crassulaceae，景天属 *Sedum*

生活习性： 生于冷杉林下，海拔 3000—4500 米。花期 7 月，果期 8 月。

分布现状： 产甘肃南部、青海南部及西藏东部。

采集信息： 1918 年 7 月 14 日采集于甘肃兰州东南新凉山马街山，采集人桑志华。

馆藏独特性： 模式标本

文物级别： 馆藏一级

鉴别特征： 一年生草本，无毛。根纤维状。花茎直立，叶宽线形至近长圆形，花序伞房状，有少数花。花瓣披针形，种子狭卵状长圆形，有浅槽和小乳头状突起。

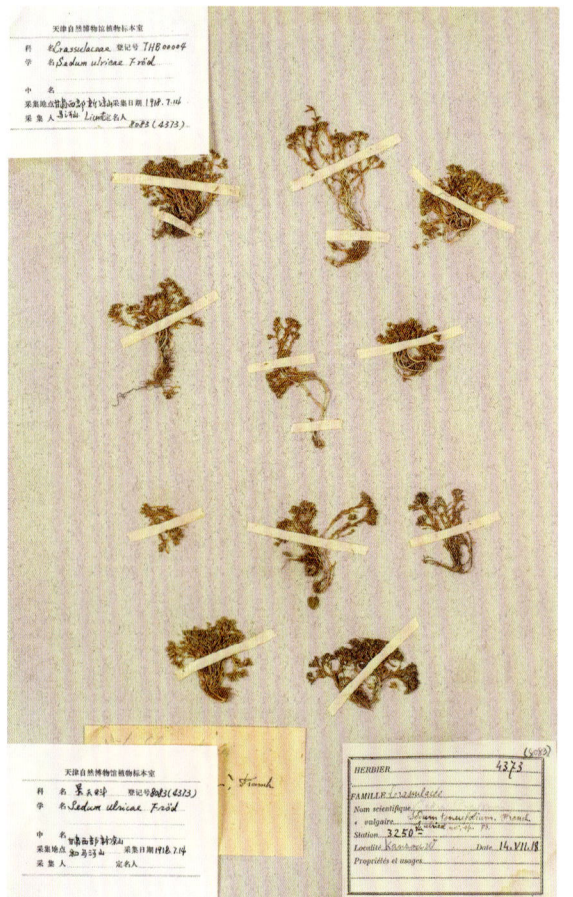

秦岭金腰

Chrysosplenium biondianum Engl.

原始鉴定名称： *Chrysosplenium duplocrenatum* Hand.-Mazz.

分类地位： 植物界 Plantae，被子植物门 Angiospermae，双子叶植物纲 Dicotyledoneae，蔷薇目 Rosales，
虎耳草科 Saxifragaceae，金腰属 *Chrysosplenium*

别名（俗名）： 红筋草、秦岭金腰子

生活习性： 生于海拔 1000—2000 米的林下阴湿处。花果期 5—7 月。

分布现状： 产陕西南部和甘肃南部。

馆藏独特性： 模式标本

文物级别： 两件标本均为馆藏一级

鉴别特征： 多年生草本，叶对生，叶片近扇形、阔卵形至近扁圆形，聚伞花序。花单性，雌雄异株；种子黑
褐色，卵球形。

采集信息： 1919 年 4 月 17 日采集于甘肃徽县黄家河附近，采集人桑志华。该份标本为 7 棵完整的雄株。

采集信息： 1919 年 4 月 19 日采集于甘肃徽县黄家河附近，采集人桑志华。该份标本为 6 棵完整的雌株。

五台金腰
Chrysosplenium serreanum Hand.-Mazz.

分类地位： 植物界 Plantae，被子植物门 Angiospermae，
双子叶植物纲 Dicotyledoneae，蔷薇目 Rosales，
虎耳草科 Saxifragaceae，金腰属 *Chrysosplenium*

属种名由来： 种名源自于该标本的采集者塞尔。

生活习性： 生于海拔 1707—2800 米的林区湿地或溪畔。花果期
5—7 月。

分布现状： 产黑龙江、内蒙古、河北和山西；俄罗斯、蒙古、朝
鲜半岛、日本有分布。

采集信息： 1929 年 6 月 17 日采集于山西大五台山，采集人塞尔。

馆藏独特性： 模式标本

文物级别： 馆藏一级

鉴别特征： 多年生草本。基生叶具长柄，叶片肾形至圆状肾形，
茎生叶通常 1 枚，稀不存在，肾形。聚伞花序。蒴果
先端微凹，种子黑棕色，卵球形有光泽。

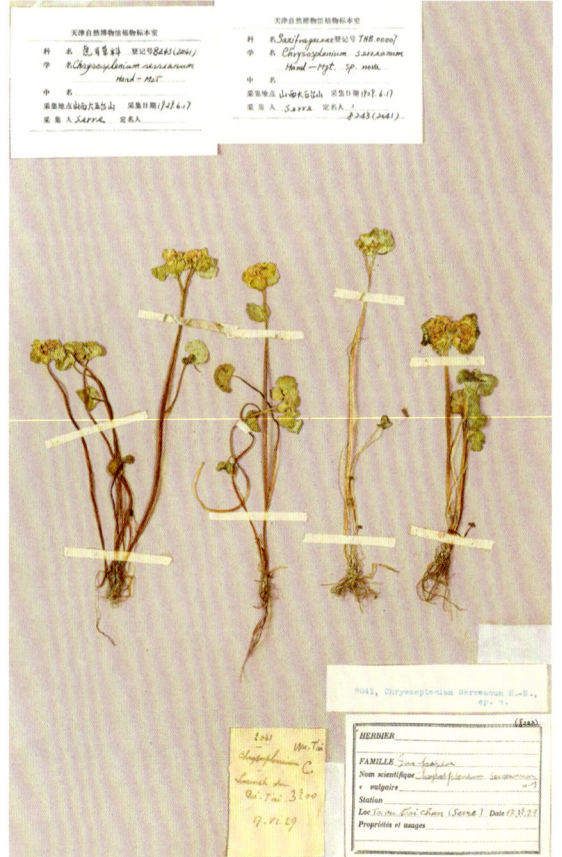

阿拉善黄芪
Astragalus alaschanus Bunge ex Maxim.

原始鉴定名称： *Astragalus chingianus* E. Peter

分类地位： 植物界 Plantae，被子植物门 Angiospermae，
双子叶植物纲 Dicotyledoneae，蔷薇目 Rosales，
豆科 Leguminosae，黄芪属 *Astragalus*

别名（俗名）： 阿拉善黄耆

生活习性： 生于海拔 2000 米左右的山坡，花期 6 月。

分布现状： 产内蒙古、宁夏。

采集信息： 1919 年 6 月 29 日采集于宁夏西北部贺兰山，采集人
桑志华。

馆藏独特性： 模式标本

文物级别： 馆藏一级

鉴别特征： 多年生草本。茎多数，细弱，常匍匐。羽状复叶具短
柄；托叶离生，膜质，三角状卵形。总状花序生
10—15 花，呈头状；花冠近白色。

华黄芪
Astragalus chinensis L. f.

分类地位： 植物界 Plantae，被子植物门 Angiospermae，
双子叶植物纲 Dicotyledoneae，蔷薇目 Rosales，
豆科 Leguminosae，黄耆属 *Astragalus*

别名（俗名）： 地黄耆、华黄耆

生活习性： 生于向阳山坡、路旁沙地和草地上。花期 6—7 月，
果期 7—8 月。

分布现状： 产辽宁、吉林、黑龙江、内蒙古、河北、山西。

采集信息： 1919 年 7 月 28 日采集于内蒙古自治区土默特右旗黄
河畔，采集人桑志华。

馆藏独特性： 模式标本

文物级别： 馆藏一级

鉴别特征： 多年生草本。茎直立，通常单一。奇数羽状复叶。总
状花序生多数花，稍密集；花冠黄色，旗瓣宽椭圆形
或近圆形。荚果椭圆形，膨胀；种子肾形，褐色。

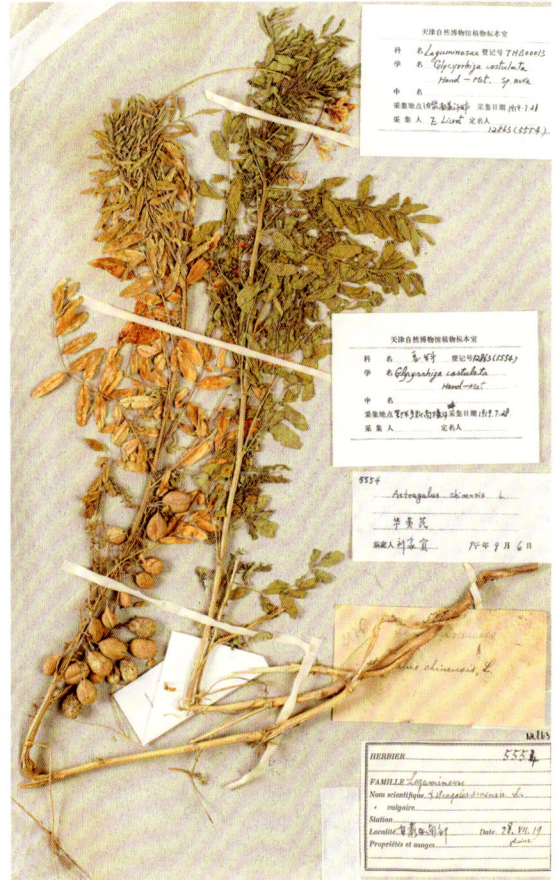

单叶黄芪
Astragalus efoliolatus Hand.-Mazz.

分类地位： 植物界 Plantae，被子植物门 Angiospermae，
双子叶植物纲 Dicotyledoneae，蔷薇目 Rosales，
豆科 Leguminosae，黄耆属 *Astragalus*

别名（俗名）： 单叶黄耆

生活习性： 喜生于砂质冲积土上。花期 6—9 月，果期 9—10 月。

分布现状： 产内蒙古、陕西、宁夏、甘肃。

采集信息： 1920 年 5 月 23 日采集于陕西定边红柳沟，采集人桑
志华。

馆藏独特性： 模式标本

文物级别： 馆藏一级

鉴别特征： 多年生矮小草本，茎短缩，密丛状。主根细长，直伸，
黄褐色或暗褐色。叶有 1 片小叶；托叶卵形或披针
状卵形。总状花序生 2—5 花，较叶短，腋生；苞片
披针形，膜质，花冠淡紫色或粉红色。荚果卵状长
圆形扁平。

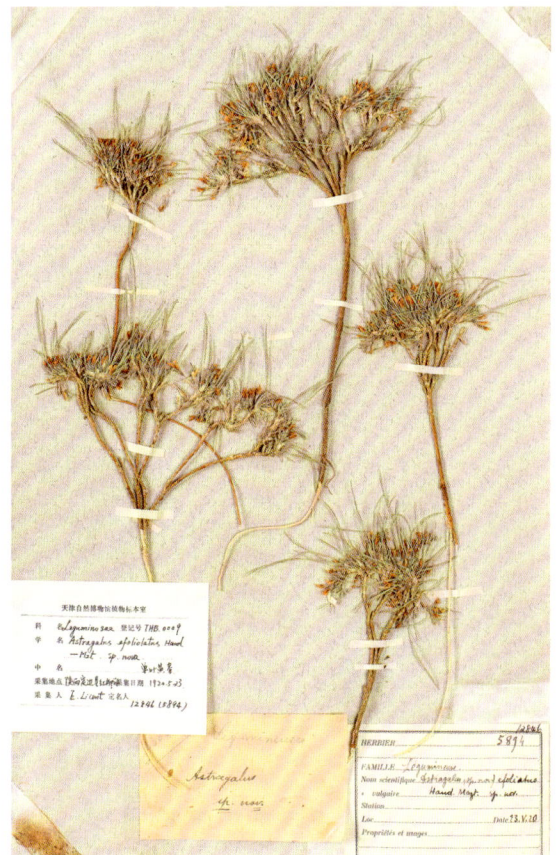

甘肃黄芪
Astragalus licentianus Hand.-Mazz.

分类地位： 植物界 Plantae，被子植物门 Angiospermae，双子叶植物纲 Dicotyledoneae，蔷薇目 Rosales，豆科 Leguminosae，黄耆属 Astragalus

别名（俗名）： 甘肃黄耆

生活习性： 生于海拔 3000—4500 米的高山沼泽草地，花期 7 月，果期 8 月。

分布现状： 产甘肃、青海。

采集信息： 1918 年 7 月 14 日采集于甘肃马衔山，采集人桑志华。

馆藏独特性： 模式标本

文物级别： 馆藏一级

鉴别特征： 多年生草本。根直伸，暗褐色，颈部具数个细瘦的根状茎。地上茎短缩。羽状复叶基生，托叶离生，三角状披针形。总状花序生。苞片长圆形或披针形，膜质；花冠青紫色。荚果狭椭圆状长圆形，先端尖，种子 5—6 颗，褐色，卵形。

马衔山黄芪
Astragalus mahoschanicus Hand.-Mazz.

分类地位： 植物界 Plantae，被子植物门 Angiospermae，
双子叶植物纲 Dicotyledoneae，蔷薇目 Rosales，
豆科 Leguminosae，黄芪属 *Astragalus*

别名（俗名）： 马衔山黄耆

属种名由来： 种名 *mahoschanicus* 源自于该标本的采集地马衔山。

生活习性： 生于海拔 1800—4500 米的山顶和沟边。花期 6—7 月，
果期 7—8 月。

分布现状： 产四川、内蒙古、甘肃、宁夏、青海、新疆。

采集信息： 1918 年 7 月 10 日采集于甘肃马衔山，采集人桑志华。

馆藏独特性： 模式标本

文物级别： 馆藏一级

鉴别特征： 多年生草本。根粗壮，直伸，灰白色。茎细弱。羽状
复叶；托叶离生，宽三角形；总状花序生 15—40 花，
密集呈圆柱状；花冠黄色，荚果球状。

白毛锦鸡儿
Caragana licentiana Hand.-Mazz.

分类地位： 植物界 Plantae，被子植物门 Angiospermae，
双子叶植物纲 Dicotyledoneae，蔷薇目 Rosales，
豆科 Leguminosae，锦鸡儿属 *Caragana*

属种名由来： 种名 *licentiana* 源自于该标本的采集者桑志华
（Emile Licent）。

生活习性： 花期 5—6 月，果期 7—8 月。

分布现状： 产甘肃兰州、定西和永登，是兰州地区特有种。

采集信息： 1918 年 6 月 16 日采集于甘肃兰州，采集人桑志华。

馆藏独特性： 模式标本

文物级别： 馆藏一级

鉴别特征： 灌木。老枝绿褐色或红褐色，稍有光泽；嫩枝密被白
色柔毛。托叶披针形，硬化成针刺，密被灰白色短柔
毛；花冠黄色。荚果圆筒形，被白色柔毛。

栾

Koelreuteria paniculata Laxm.

分类地位： 植物界 Plantae，被子植物门 Angiospermae，双子叶植物纲 Dicotyledoneae，无患子目 Sapindales 无患子科 Sapindaceae，栾树属 *Koelreuteria*

生活习性： 耐寒耐旱，常栽培作庭园观赏树。花期 6—8 月，果期 9—10 月。

分布现状： 产我国大部分省区，东北自辽宁起经中部至西南部的云南。世界各地有栽培。

采集信息： 1927 年 7 月采集于天津。

馆藏独特性： 有配套北疆博物院藏植物科学画。

鉴别特征： 落叶乔木或灌木；树皮厚，灰褐色至灰黑色，老时纵裂；叶丛生于当年生枝上，平展，一回、不完全二回或偶有为二回羽状复叶。聚伞圆锥花序，密被微柔毛，分枝长而广展，在末次分枝上的聚伞花序具花 3—6 朵，密集呈头状；花淡黄色，稍芬芳；花瓣 4，开花时向外反折。蒴果圆锥形，具 3 棱，果瓣卵形，外面有网纹。种子近球形。

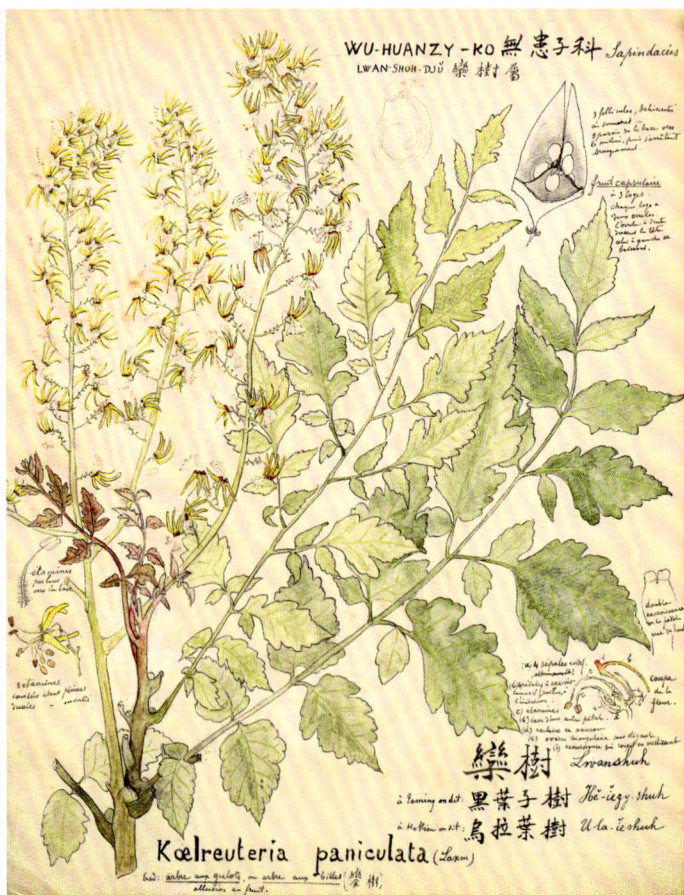

秦岭凤仙花
Impatiens linocentra Hand.-Mazz

分类地位： 植物界 Plantae，被子植物门 Angiospermae，
双子叶植物纲 Dicotyledoneae，无患子目 Sapindales，
凤仙花科 Balsaminaceae，凤仙花属 *Impatiens*

生活习性： 生于山谷林缘阴湿处，海拔 800—1800 米。

分布现状： 产陕西、河南。

采集信息： 1916 年 8 月 17 日采集于陕西中部喂子坪，采集人桑
志华。

馆藏独特性： 模式标本

文物级别： 馆藏一级

鉴别特征： 一年生草本，全株无毛。茎细，直立，上部有分枝，
下部无叶，具短匍匐根。叶互生，花粉红色，干时紫
色。蒴果线形。种子少数（约 10 枚），长圆形，褐色，
光滑。

长托叶石生堇菜
Viola rupestris subsp. *licentii* W. Beck.

分类地位： 植物界 Plantae，被子植物门 Angiospermae，
双子叶植物纲 Dicotyledoneae，堇菜目 Violales，
堇菜科 Violaceae，堇菜属 *Viola*

属种名由来： 亚种名 *licentii* 源自于该标本的采集者桑志华。

生活习性： 生于海拔 2200 米的山地草丛。花期 5—6 月。

分布现状： 产甘肃。

采集信息： 1919 年 4 月 27 日采集于甘肃天水南部，采集人桑志华。

馆藏独特性： 模式标本

文物级别： 馆藏一级

鉴别特征： 多年生草本，有地上茎，本亚种叶片通常较宽，近肾
形；托叶狭长，呈线形或钻状，边缘具流苏状锯齿。
花紫色或淡紫色，单生于茎上部叶叶腋。蒴果长圆状。

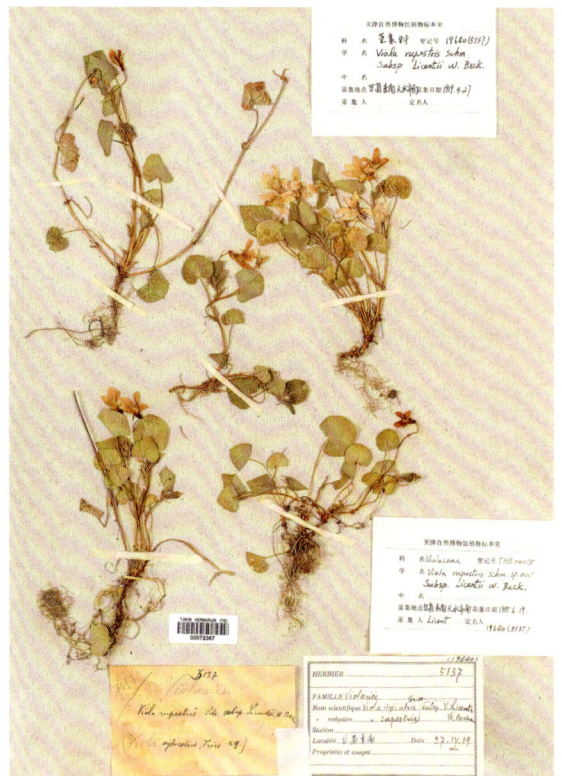

太行阿魏
Ferula licentiana Hand.-Mazz.

分类地位： 植物界 Plantae，被子植物门 Angiospermae，双子叶植物纲 Dicotyledoneae，
伞形目 Umbelliflorae，伞形科 Umbelliferae，阿魏属 *Ferula*

属种名由来： 种名 *licentiana* 源自于该标本的采集者桑志华。

生活习性： 生长于山地阳坡。花期 5—6 月，果期 6—7 月。

分布现状： 产陕西、山西、河南等省，分布于秦岭北坡东部及太行山、河南北部山地。

采集信息： 这两件标本均为桑志华 1915 年 6 月 19 日在山西长治东南太行山采集到的。

馆藏独特性： 两件校本为同号标本（L.1156），一件为叶植株标本，一件为花序标本。均为模式标本，由奥
地利植物学家韩马迪鉴定并发表新种。

文物级别： 馆藏一级

鉴别特征： 多年生草本，全株无毛。根圆柱形，粗壮。基生叶有柄，叶柄基部扩展成鞘；茎生叶向上简化，
至上部无叶片，叶鞘披针形，抱茎。复伞形花序生于茎枝顶端；花瓣黄色。

叶植株标本

花序标本

短柱茴芹
Pimpinella brachystyla Hand.-Mazz.

分类地位： 植物界 Plantae，被子植物门 Angiospermae，双子叶植物纲 Dicotyledoneae，
伞形目 Umbelliflorae，伞形科 Umbelliferae，茴芹属 *Pimpinella*

生活习性： 生于海拔 500—2000 米的潮湿谷地、沟边或坡地上。花果期 6—8 月。

分布现状： 产内蒙古、甘肃、山西、河北。

采集信息： 均为塞尔 1929 年 7 月 27 日在山西大五台山采集。

馆藏独特性： 两件标本均为模式标本。

文物级别： 馆藏一级

鉴别特征： 多年生草本。茎直立，圆管状。基生叶和茎下部叶有柄。花序梗细柔；通常无总苞，或偶有 1 片。
小伞形花序有花 5—10；花瓣较小，宽卵形，白色。果实卵形，果棱线形。

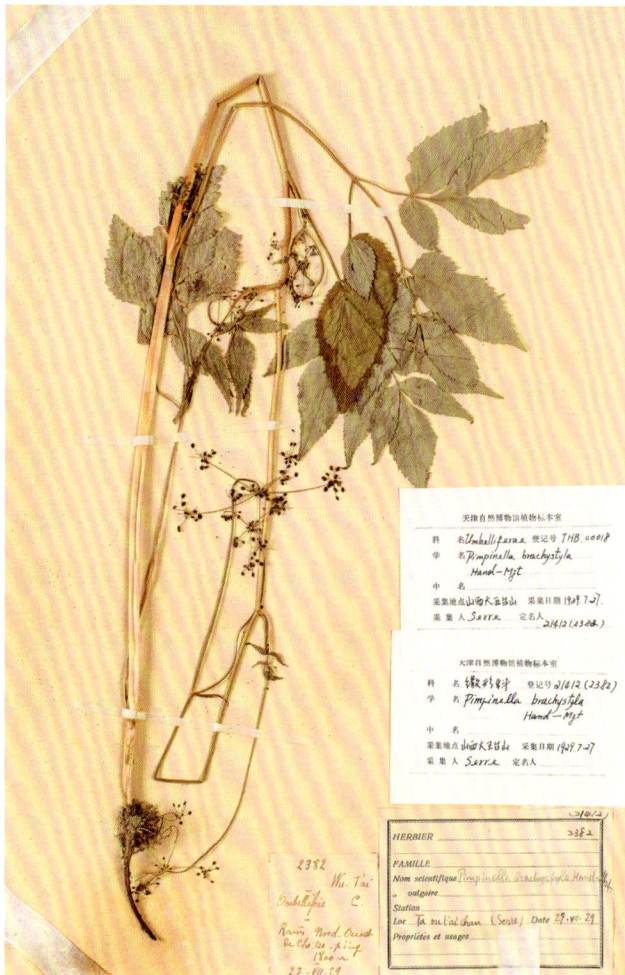

苞叶龙胆
Gentiana licentii Harry Sm. ex C. Marquand

分类地位： 植物界 Plantae，被子植物门 Angiospermae，双子叶植物纲 Dicotyledoneae，龙胆目 Gentianales，龙胆科 Gentianaceae，龙胆属 *Gentiana*

属种名由来： 种名 *licentii* 源自于该标本的采集者桑志华。

生活习性： 生于山坡草地、林缘草地、林下、山坡路旁、沟谷及灌丛中，海拔 750—2800 米。

分布现状： 产四川东部、甘肃（徽县）、陕西南部、湖北西部。

采集信息： 1919 年 4 月 17 日采集于甘肃徽县桑干河，采集人桑志华。

馆藏独特性： 模式标本

文物级别： 馆藏一级

鉴别特征： 一年生草本。茎紫红色，光滑，基部多分枝。花多数，单生于小枝顶端；花梗紫红色；花冠内面淡蓝色，外面黄绿色。蒴果外露；种子淡褐色，有光泽。

湿地勿忘草
Myosotis caespitosa Schultz

原始鉴定名称： *Trigonotis gamocalyx* Hand. -Mazz.

分类地位： 植物界 Plantae，被子植物门 Angiospermae，双子叶植物纲 Dicotyledoneae，管状花目 Tubiflorae，紫草科 Boraginaceae，勿忘草属 *Myosotis*

生活习性： 生溪边、水湿地及山坡湿润地。

分布现状： 产云南、四川、甘肃、新疆、河北及东北地区。

采集信息： 1932 年 7 月 25 日采集于陕西横山雷龙湾，采集人桑志华。

馆藏独特性： 模式标本

文物级别： 馆藏一级

鉴别特征： 多年生草本，密生多数纤维状不定根。叶片倒披针形或线状披针形。花冠淡蓝色，喉部黄色，有 5 个附属物。小坚果卵形。

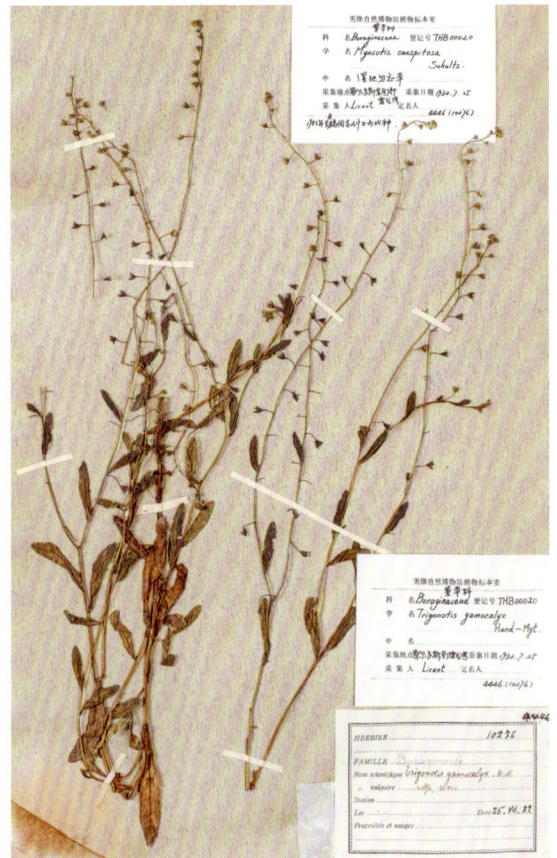

大齿黄芩
Scutellaria macrodonta Hand.-Mazz.

分类地位： 植物界 Plantae，被子植物门 Angiospermae，
双子叶植物纲 Dicotyledoneae，管状花目 Tubiflorae，
唇形科 Labiatae，黄芩属 *Scutellaria*

生活习性： 生于海拔 430—1150 米的沟谷地或泉源湿地上。

分布现状： 产河北、河南。

采集信息： 1930 年 7 月 17 日采集于河北赤城白塔，采集人塞尔。

馆藏独特性： 模式标本

文物级别： 馆藏一级

鉴别特征： 多年生草本；根茎木质，匍匐，具脱落的皮层。叶坚
纸质，长圆状卵圆形至长披针形。花对生，排列成顶
生的总状花序。花冠紫红色。未成熟小坚果具瘤。

甘肃黄芩
Scutellaria rehderiana Diels

原始鉴定名称： *Scutellaria kansuensis* Hand.-Mazz.

分类地位： 植物界 Plantae，被子植物门 Angiospermae，
双子叶植物纲 Dicotyledoneae，管状花目 Tubiflorae，
唇形科 Labiatae，黄芩属 *Scutellaria*

属种名由来： 原始鉴定种名源自于该标本的采集地甘肃。

生活习性： 生于海拔 1300—3150 米山地向阳草坡。花期 5—8 月。

分布现状： 产甘肃、陕西、山西。

采集信息： 1918 年 7 月 10 日采集于甘肃马衔山，采集人桑志华。。

馆藏独特性： 模式标本。

文物级别： 馆藏一级

鉴别特征： 多年生草本；根茎斜行。茎弧曲，直立，四棱形。叶
明显具柄；叶片草质，卵圆状披针形。花序总状，顶
生。花冠粉红、淡紫至紫蓝。

地黄

Rehmannia glutinosa (Gaetn.) Libosch. ex Fisch. et Mey.

分类地位： 植物界 Plantae，被子植物门 Angiospermae，双子叶植物纲 Dicotyledoneae，管状花目 Tubiflorae，玄参科 Scrophulariaceae，地黄属 _Rehmannia_

生活习性： 生于海拔 50—1100 米之砂质壤土、荒山坡、山脚、墙边、路旁等处。花果期 4—7 月。

分布现状： 分布于辽宁、河北、河南、山东、山西、陕西、甘肃、内蒙古、江苏、湖北等省区，国内各地及国外均有栽培。

采集信息： 1936 年 6 月 4 日采集于山东泰山。

馆藏独特性： 有配套北疆博物院藏植物科学画。

鉴别特征： 体高 10—30 厘米，密被灰白色多细胞长柔毛和腺毛。根茎肉质，鲜时黄色，茎紫红色。叶通常在茎基部集成莲座状，叶片卵形至长椭圆形，上面绿色，下面略带紫色或呈紫红色，花在茎顶部略排列成总状花序；花冠筒多少弓曲，外面紫红色；花冠裂片，5 枚，先端钝或微凹，内面黄紫色，外面紫红色，两面均被多细胞长柔毛；雄蕊 4 枚。蒴果卵形至长卵形。

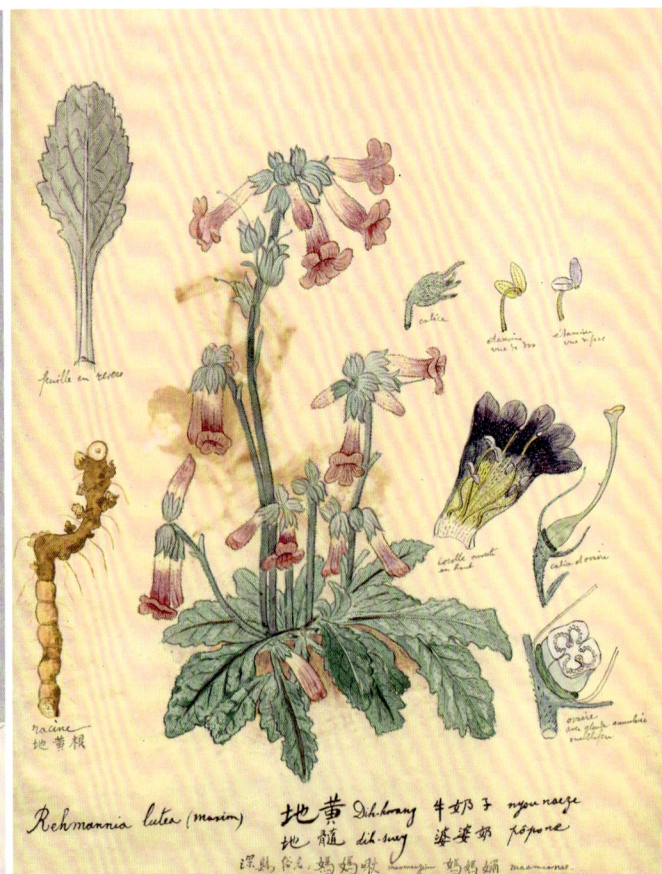

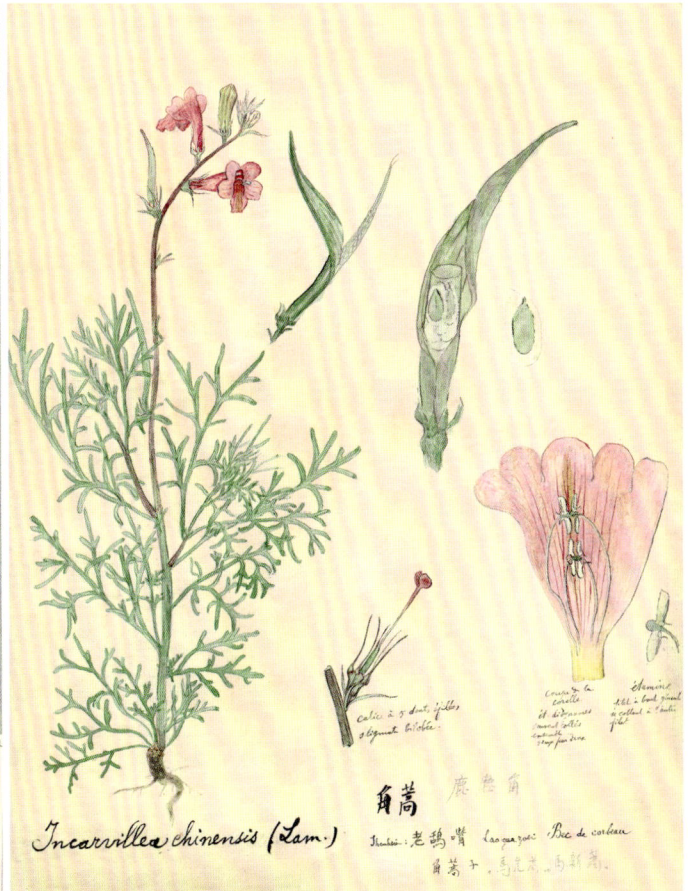

角蒿
Incarvillea sinensis **Lam.**

分类地位： 植物界 Plantae，被子植物门 Angiospermae，双子叶植物纲 Dicotyledoneae，管状花目 Tubiflorae，
紫葳科 Bignoniaceae，角蒿属 *Incarvillea*

生活习性： 生于山坡、田野，海拔 500—2500（—3850）米。花期5—9月，果期10—11月。

分布现状： 产东北、河北、河南、山东、山西、陕西、宁夏、青海、内蒙古、甘肃西部、四川北部、云南西
北部、西藏东南部。

采集信息： 1935 年 7 月 27 日采集于山西南部。

馆藏独特性： 有配套北疆博物院藏植物科学画。

鉴别特征： 一年生至多年生草本，具分枝的茎；根近木质而分枝。叶互生，不聚生于茎的基部，2—3 回羽状细
裂，形态多变异。花冠淡玫瑰色或粉红色，有时带紫色，钟状漏斗形，基部收缩成细筒，花冠裂
片圆形。雄蕊4，2强，着生于花冠筒近基部。种子扁圆形，细小，四周具透明的膜质翅，顶端
具缺刻。

唐古特忍冬
Lonicera tangutica Maxim.

原始鉴定名称： *Lonicera serreana* Hand.-Mazz.

分类地位： 植物界 Plantae，被子植物门 Angiospermae，双子叶植物纲 Dicotyledoneae，川续断目 Dipsacales，
忍冬科 Caprifoliaceae，忍冬属 *Lonicera*

别名（俗名）： 五台忍冬、毛药忍冬、陇塞忍冬、五台金银花、裤裆杷、权杷果、羊奶奶（甘肃天水）

属种名由来： 原始鉴定种名源自于该标本的采集者塞尔。

生活习性： 生于云杉、落叶松、栎和竹等林下或混交林中及山坡草地，或溪边灌丛中，海拔 1600—3500
（—3900）米。

分布现状： 产陕西、宁夏和甘肃的南部、青海东部、湖北西部、四川、云南西北部及西藏东南部。

采集信息： 1929 年 6 月 19 日采集于山西大五台山，采集人塞尔。

馆藏独特性： 模式标本

文物级别： 馆藏一级

鉴别特征： 落叶灌木。花冠白色、黄白色或有淡红晕。果实红色，种子淡褐色，卵圆形或矩圆形。

山西赤瓟

Thladiantha dimorphantha **Hand.-Mazz.**

分类地位：植物界 Plantae，被子植物门 Angiospermae，
双子叶植物纲 Dicotyledoneae，葫芦目 Cucurbitales，
葫芦科 Cucurbitaceae，赤瓟属 *Thladiantha*

生活习性：常生于海拔 1800—2400 米的山坡及路旁。

分布现状：产山西西南部、陕西东部。

采集信息：1916 年 7 月 22 日采集于山西虞乡西宋南城，采集人
桑志华。

馆藏独特性：模式标本

文物级别：馆藏一级

鉴别特征：蔓生或攀援草本；茎、枝有棱沟，叶片宽卵状心形，
雌雄异株。雄花二型；花冠黄色。雌花单生或双生；
花萼和花冠同雄花，只是花冠稍大，花冠裂片长倒
卵形。

疏齿亚菊

Ajania remotipinna (**Hand.-Mazz.**)
Ling et Shih

原始鉴定名称：*Chrysanthemum remotipinnum* Hand.-Mazz.

分类地位：植物界 Plantae，被子植物门 Angiospermae，
双子叶植物纲 Dicotyledoneae，桔梗目 Campanulales，
菊科 Compositae，亚菊属 *Ajania*

生活习性：生于山坡，海拔 2200—3800 米。

分布现状：产陕西西南部、甘肃东南部及四川西北部、西藏东部。

采集信息：1916 年 9 月 6 日采集于陕西太白山，采集人桑志华。

馆藏独特性：模式标本

文物级别：馆藏一级

鉴别特征：多年生草本，通常多分枝。自中部向上或向下的叶渐
小，接花序下部的叶羽裂。头状花序小，多数在茎顶
排成较大的复伞房花序，全部花冠有腺点。瘦果长
1 毫米。

暗花金挖耳
Carpesium triste Maxim.

原始鉴定名称： *Carpesium tristiforme* Hand.-Mazz.

分类地位： 植物界 Plantae，被子植物门 Angiospermae，
双子叶植物纲 Dicotyledoneae，桔梗目 Campanulales，
菊科 Asteraceae，天名精属 *Carpesium*

别名（俗名）： 江北金挖耳、毛暗花金挖耳

生活习性： 生于林下及溪边。

分布现状： 产河北、河南、山西、陕西、四川、甘肃、新疆等地。

采集信息： 1916 年 8 月 20 日采集于陕西中部喂子坪附近，采集
人桑志华。

馆藏独特性： 模式标本

文物级别： 馆藏一级

鉴别特征： 多年生草本，茎单生，具条棱，被褐色蛛丝状毛或后
变无毛。叶片肾形或卵状心形，薄纸质，头状花序多
数，在茎端排列成总状或密圆锥状花序；花冠白色，
瘦果圆柱形。

黄花小山菊
Chrysanthemum hypargyreum Diels

原始鉴定名称： *Chrysanthemum licentianum* W. C. Wu

分类地位： 植物界 Plantae，被子植物门 Angiospermae，
双子叶植物纲 Dicotyledoneae，桔梗目 Campanulales，
菊科 Asteraceae，菊属 *Chrysanthemum*

别名（俗名）： 原始鉴定种名源自于该标本的采集者桑志华。

生活习性： 生于山坡草甸，海拔 1400—3850 米。花期 9 月。

分布现状： 产四川和陕西。

采集信息： 1916 年 9 月 6 日采集于陕西太白山，采集人桑志华。

馆藏独特性： 模式标本

文物级别： 馆藏一级

鉴别特征： 多年生草本。有地下匍匐根状茎。茎叶小，与基生叶
同形，上部茎叶常羽裂，最上部叶 3 裂。总苞片 4 层，
外层线形、线状披针形。舌状花黄色。

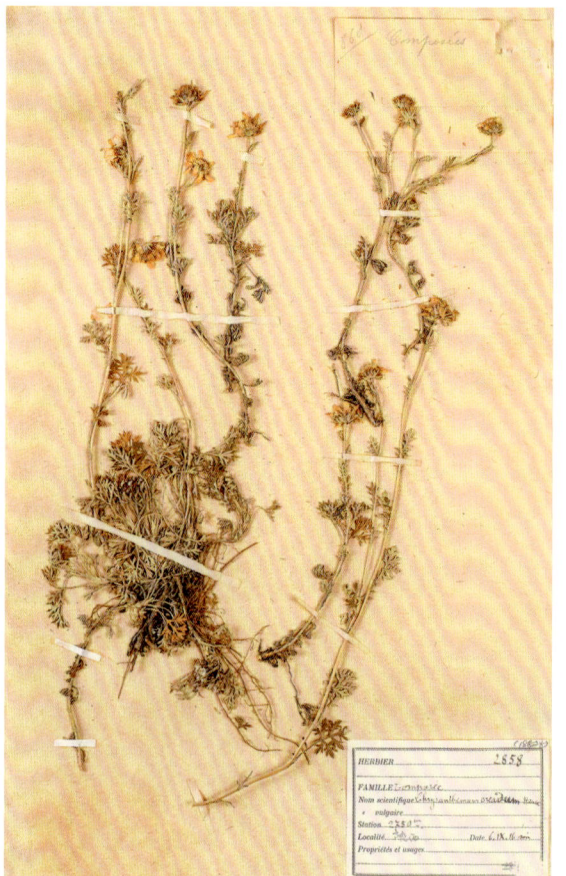

委陵菊

Chrysanthemum potentilloides Hand.-Mazz.

分类地位： 植物界 Plantae，被子植物门 Angiospermae，双子叶植物纲 Dicotyledoneae，桔梗目 Campanulales，菊科 Asteraceae，菊属 *Chrysanthemum*

生活习性： 生于低山丘陵地。

分布现状： 产山西南部、陕西东部和西北部。

馆藏独特性： 模式标本

文物级别： 馆藏一级

鉴别特征： 多年生草本，有地下匍匐茎。茎直立，或基部弯曲，粗壮，而且有粗壮分枝。全部茎枝灰白色，被稠密厚实的贴伏的短柔毛。头状花序在茎枝顶端排成伞房花序或更多而排成复伞房花序。舌状花黄色。

采集信息： 1935 年 8 月 29 日采集于山西长治，采集人桑志华。

采集信息： 1935 年 8 月 23 日采集于山西长治，采集人桑志华。

蛛毛蟹甲草
Parasenecio roborowskii (Maxim.) Y. L. Chen

原始鉴定名称： *Cacalia adenocauloides* Hand.-Mazz.

分类地位： 植物界 Plantae，被子植物门 Angiospermae，双子叶植物纲 Dicotyledoneae，桔梗目 Campanulales，菊科 Asteraceae，蟹甲草属 Parasenecio

别名（俗名）： 康定蟹甲草

生活习性： 生于山坡林下、林缘、灌丛和草地，海拔 1740—3400 米。

分布现状： 产陕西、甘肃、青海、四川和云南。

文物级别： 馆藏一级

鉴别特征： 多年生草本，根状茎粗壮，横走，有多数纤维状须根。茎单生，叶片薄膜纸质，卵状三角形。头状花序多数；小花通常 3—4，稀 1—2，花冠白色，瘦果圆柱形。

采集信息： 1918 年 8 月 20 日采集于甘肃兰州东南大通河，采集人桑志华。

馆藏独特性： 模式标本，由奥地利植物学家韩马迪鉴定并发表新种。

采集信息： 1918 年 7 月 17 日采集于甘肃兰州东南，采集人桑志华。

馆藏独特性： 为发表 L. 4711 Types 时同时指出的副模式标本。

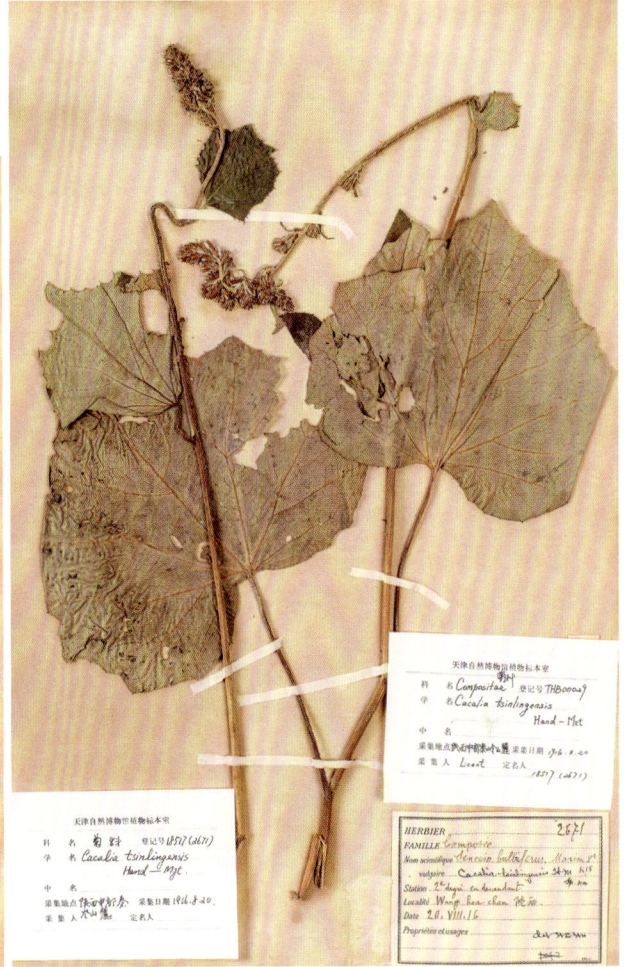

秦岭蟹甲草
Parasenecio tsinlingensis (Hand.-Mazz.) Y. L. Chen

原始鉴定名称： 秦岭蟹甲草 *Cacalia tsinlingensis* Hand.-Mazz.

分类地位： 植物界 Plantae，被子植物门 Angiospermae，双子叶植物纲 Dicotyledoneae，桔梗目 Campanulales，菊科 Asteraceae，蟹甲草属 *Parasenecio*

属种名由来： 种名 *tsinlingensis* 源自于标本采集地秦岭。

生活习性： 生于海拔 1400—1800 米的山谷疏林下或山沟阴湿处。

分布现状： 产陕西、甘肃。

采集信息： 均为桑志华 1916 年 8 月 20 日在陕西中部秦岭山麓采集到的。

馆藏独特性： 模式标本

文物级别： 馆藏一级

鉴别特征： 多年生草本，茎单生，具条棱，被褐色蛛丝状毛或后变无毛。叶片肾形或卵状心形，薄纸质，头状花序多数，在茎端排列成总状或密圆锥状花序；花冠白色，瘦果圆柱形。

狭翼风毛菊
Saussurea frondosa Hand.-Mazz.

分类地位： 植物界 Plantae，被子植物门 Angiospermae，双子叶植物纲 Dicotyledoneae，
桔梗目 Campanulales，菊科 Asteraceae，风毛菊属 *Saussurea*

生活习性： 生于林下，海拔 1450—2300 米。花果期 7—9 月。

分布现状： 产山西、河南。

文物级别： 馆藏一级

鉴别特征： 多年生草本。根状茎细长，横走。茎直立，有狭翼，被稠密的柔毛，上部或顶端伞房花序状分枝。
茎叶边缘全缘，两面绿色，无毛。头状花序小，多数，在茎枝顶端排列成伞房花序，小花紫红色，
瘦果圆柱状。

采集信息： 1935 年 8 月 29 日采集于山西长治，采集人桑志华。

馆藏独特性： 模式标本，由奥地利植物学家韩马迪鉴定并发表新种。

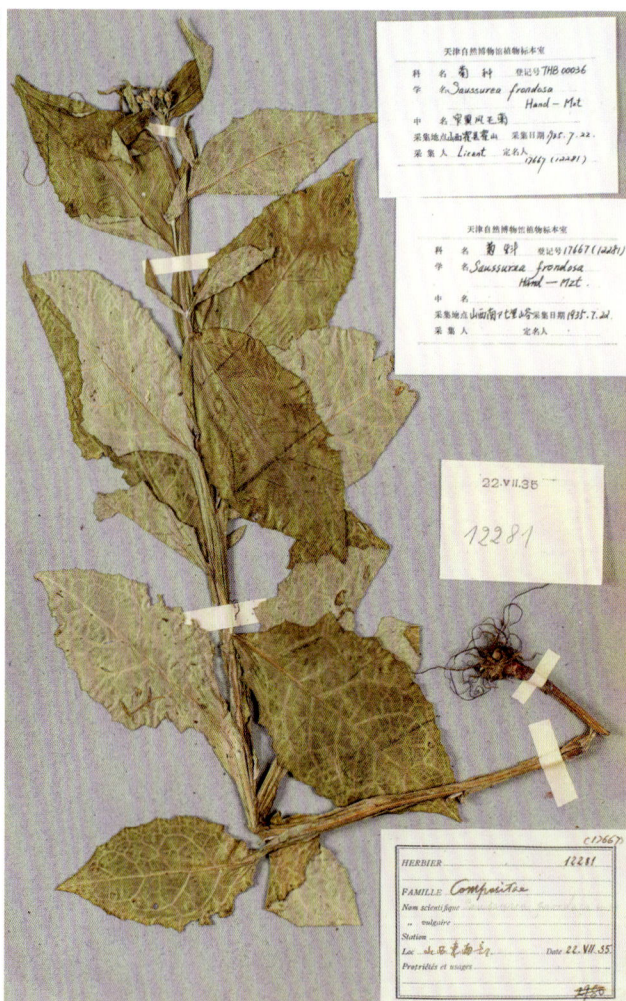

采集信息： 1935 年 7 月 22 日采集于山西霍县七里峪，采集人桑志华。

馆藏独特性： 副模式标本，此号标本是在发表 L.12718Typus 时同时指出的标本幼株。

多头风毛菊
Saussurea polycephala Hand.-Mazz.

原始鉴定名称： *Saussurea leucota* Hand.-Mazz.

分类地位： 植物界 Plantae，被子植物门 Angiospermae，双子叶植物纲 Dicotyledoneae，桔梗目 Campanulales，菊科 Asteraceae，风毛菊属 *Saussurea*

生活习性： 生于山坡、山坡路边、山坡林缘、林中，海拔 1230—2200 米。花果期 8—9 月。

分布现状： 产于湖北、四川、甘肃。

采集信息： 1918 年 7 月 29 日采集于甘肃永登乌鞘岭，采集人桑志华。

馆藏独特性： 模式标本

文物级别： 馆藏一级

鉴别特征： 多年生草本。根状茎稍粗。茎直立，单生，被稀疏蛛丝毛或无毛。头状花序 10—15 个在茎枝顶端排成伞房状花序，有花序梗。小花紫色。瘦果褐色，圆柱状。冠毛白色。

川陕风毛菊
Saussurea licentiana Hand.-Mazz.

分类地位： 植物界 Plantae，被子植物门 Angiospermae，双子叶植物纲 Dicotyledoneae，桔梗目 Campanulales，菊科 Asteraceae，风毛菊属 *Saussurea*

属种名由来： 种名 *licentiana* 源自于该标本的采集者桑志华。

生活习性： 生于林中，山崖下或草坡，海拔 1950—3300 米。花果期 8—9 月。

分布现状： 产于陕西、甘肃、四川。

采集信息： 1916 年 9 月 7 日采集于陕西太白山南部，采集人桑志华。

馆藏独特性： 模式标本

文物级别： 馆藏一级

鉴别特征： 多年生草本。根状茎匍匐，生多数黑褐色须根。茎直立，单生，无毛。头状花序多数或少数，在茎枝顶端呈伞房花序状排列，有花序梗。瘦果淡褐色。

秦岭羽叶风毛菊
Saussurea megaphylla (X. Y. Wu) Y. S. Chen

原始鉴定名称： *Saussurea tsinlingensis* Hand.-Mazz.

分类地位： 植物界 Plantae，被子植物门 Angiospermae，
双子叶植物纲 Dicotyledoneae，桔梗目 Campanulales，
菊科 Asteraceae，风毛菊属 *Saussurea*

别名（俗名）： 秦岭风毛菊

属种名由来： 原始鉴定种名源自该标本采集地秦岭。

生活习性： 生于山坡路旁及疏林下，海拔 1500—2000 米。

分布现状： 产陕西、甘肃、四川。

采集信息： 1916 年 8 月 22 日采集于陕西眉县，采集人桑志华。

馆藏独特性： 模式标本

文物级别： 馆藏一级

鉴别特征： 多年生草本。茎单生，直立，分枝纤细，全部茎枝几无
毛。下部茎叶有叶柄，柄长 7 厘米，叶片纸质，边缘
无锯齿或有小锯齿，全部叶上面粗糙，绿色。头状花
序多数，在茎枝顶端排列疏松圆锥花序。小花紫色。
瘦果圆柱状，冠毛 2 层。

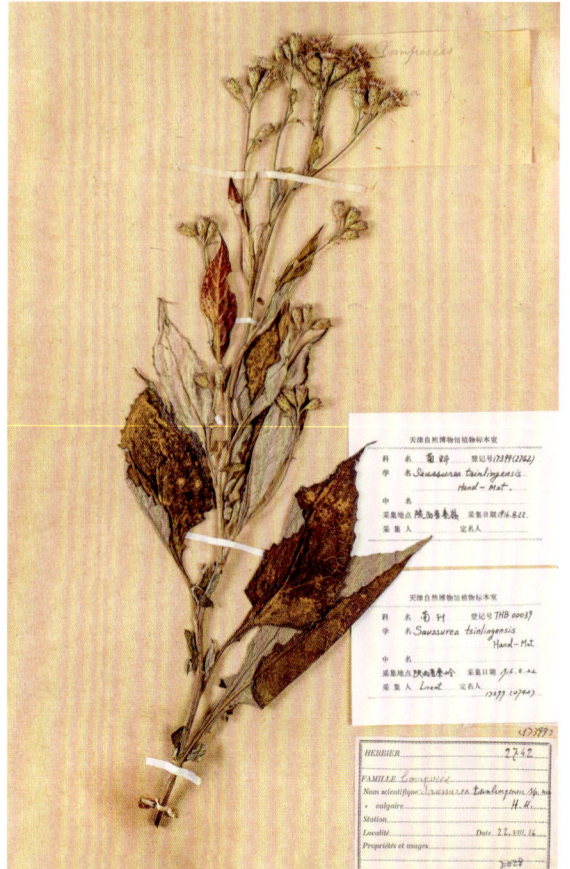

野青茅
Deyeuxia pyramidalis (Host) Veldkamp

原始鉴定名称： *Calamagrostis licentiana* Hand.-Mazz.

分类地位： 植物界 Plantae，被子植物门 Angiospermae，
单子叶植物纲 Monocotyledoneae，禾本目 Graminales，
禾本科 Gramineae，野青茅属 *Deyeuxia*

属种名由来： 原始鉴定种名源自于桑志华。

生活习性： 生于山坡草地、林缘、灌丛山谷溪旁，海拔 360—
4200 米。

分布现状： 产东北、华北、华中及陕西、甘肃、四川、云南、贵
州等省区。欧亚大陆温带地区均有分布。

采集信息： 1930 年 8 月 12 日采集于河北赤城白塔，采集人塞尔。

馆藏独特性： 模式标本，由奥地利植物学家韩马迪鉴定并发表
新种。

文物级别： 馆藏一级

鉴别特征： 多年生。秆直立，其节膝曲，丛生，基部具被鳞片的
芽。叶鞘疏松裹茎，长于或上部者短于节间，无毛或
鞘颈具柔毛；叶舌膜质，顶端常撕裂；叶片扁平或边
缘内卷，无毛，两面粗糙，带灰白色。圆锥花序紧缩
似穗状。

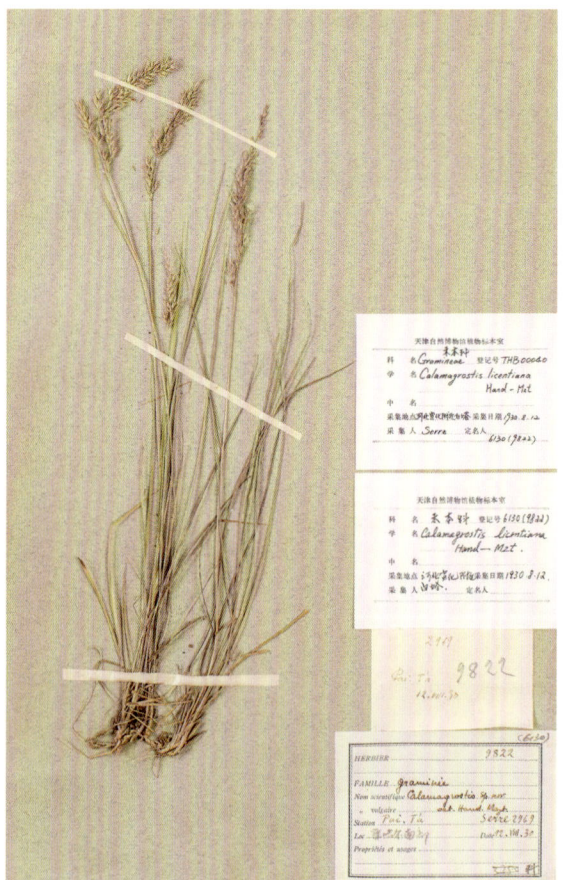

狭叶甜茅
Glyceria spiculosa (Schmidt.) Roshev.

原始鉴定名称：*Glyceria longiglumis* Hand.-Mazz.

分类地位：植物界 Plantae，被子植物门 Angiospermae，
单子叶植物纲 Monocotyledoneae，禾本目 Graminales，
禾本科 Gramineae，甜茅属 *Glyceria*

生活习性：生于草甸、湿地、湖泊及沼泽地。

分布现状：产黑龙江、辽宁、内蒙古。

采集信息：1924 年 6 月 19 日采集于内蒙古戈壁白音库勒与石同
勒之间，采集人桑志华。

文物级别：馆藏一级

鉴别特征：多年生，具长而粗的根茎，节处密生须根。秆单生或
基部分枝呈疏丛。叶片坚硬，扁平或常纵卷，上面及
边缘稍粗糙，下面光滑。圆锥花序大型，花期稍紧缩，
成熟时伸展，黄绿色带灰白色或带紫色；颖膜质，披
针形，顶端尖，具 1 脉，外稃草质，长圆状披针形，
有时带紫色。

疏花针茅
Stipa penicillata Hand.-Mazz.

分类地位：植物界 Plantae，被子植物门 Angiospermae，
单子叶植物纲 Monocotyledoneae，
禾本目 Graminales，禾本科 Gramineae，针茅属 *Stipa*

生活习性：常生于海拔 2300—4500 米的林缘、阳坡或河谷阶地上。

分布现状：产甘肃、新疆、西藏、青海、陕西、山西、四川。

采集信息：1918 年 9 月 21 日采集于青海库库诺尔。

馆藏独特性：模式标本

文物级别：馆藏一级

鉴别特征：基部宿存枯叶鞘。叶鞘粗糙；秆生与基生叶舌同为披
针形。圆锥花序开展，分枝孪生（上部者可单生），
下部裸露，上部疏生 2—4 小穗。颖果长约 5 毫米。

紫喙薹草
Carex serreana **Hand.-Mazz.**

分类地位： 植物界 Plantae，被子植物门 Angiospermae，
单子叶植物纲 Monocotyledoneae，莎草目 Cyperales，
莎草科 Cyperaceae，薹草属 *Carex*

生活习性： 生于林下或潮湿处，花果期 7—8 月。

分布现状： 产河北、山西、甘肃、青海。

采集信息： 1933 年 6 月 23 日采集于山西太原赫赫岩，采集人桑志华。

馆藏独特性： 模式标本

文物级别： 馆藏一级

鉴别特征： 根状茎短。秆丛生，三棱形，纤细，平滑，基部具紫褐色叶鞘。叶短于秆。小穗 2—3 个，顶生 1 个雌雄顺序，卵形或长圆形；侧生小穗雌性，卵形或长圆形。小坚果长圆形，三棱形。

太行山藨草
Trichophorum schansiense **Hand.-Mazz.**

分类地位： 植物界 Plantae，被子植物门 Angiospermae，
单子叶植物纲 Monocotyledoneae，莎草目 Cyperales，
莎草科 Cyperaceae，藨草属 *Trichophorum*

别名（俗名）： 太行山藨草、太行山针蔺

生活习性： 生于山谷岩缝中，海拔 400 米。

分布现状： 产我国华北太行山脉。

采集信息： 1915 年 6 月 20 日采集于山西太行山头沟堆附近，采集人桑志华。

馆藏独特性： 模式标本

文物级别： 馆藏一级

鉴别特征： 具匍匐根状茎。秆丛生，纤细，近于四棱形，平滑；鞘最长 2 厘米，顶端具刚毛状叶片。小穗单一顶生，基部具鳞片状苞片，苞片等长或短于小穗，顶端具短芒，芒边缘具刺，粗糙；小穗倒卵形或长圆形。小坚果倒卵形。

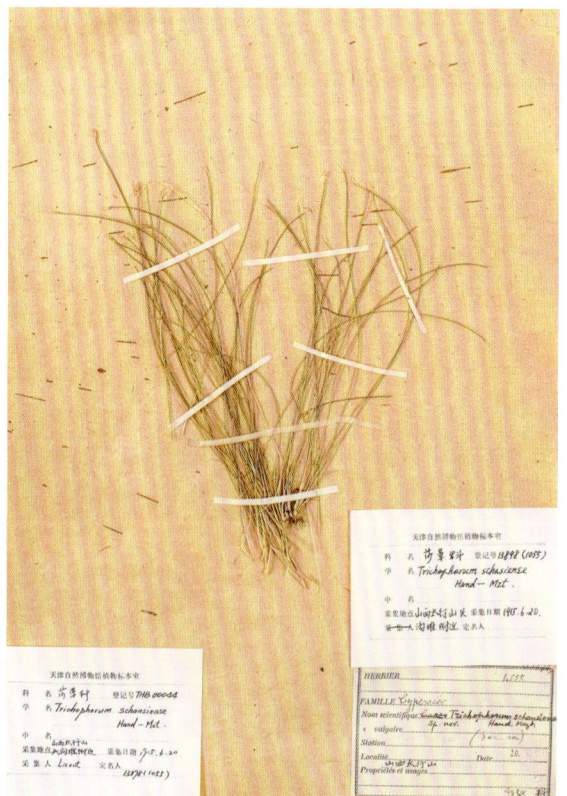

258

远志

别　　名：小草、细草、小鸡腿、细叶远志等

性味与归经：苦、辛、温。归心、肾、肺经。

功　　效：安神益智，交通心肾、祛痰开窍，消散痈肿。

分布状况：中国东北、华北、西北和华中地区，以及四川；朝鲜半岛、蒙古和俄罗斯。

采集信息：采集于天津，采集人桑志华。

馆藏独特性：北疆博物院收藏的植物类药材标本。

药材基源及描述：本品为远志科植物远志 *Polygala tenuifolia* Willd. 或卵叶远志 *Polygala sibirica* Linn. 的干燥根。

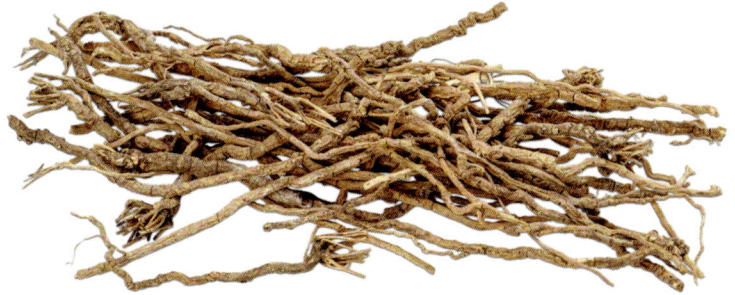

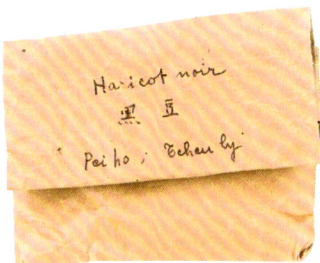

黑豆

别　　名：乌豆、黑饭豆、黑芸豆、乌饭豆

性味与归经：味甘性平。归脾、肾经。

功　　效：黑小豆具有补肝肾、强筋骨、暖肠胃、明目活血、利水解毒的作用，也是润泽肌肤、乌须黑发之佳品。

分布状况：原产美洲的墨西哥和阿根廷，我国在 16 世纪末才开始引种栽培。

采集信息：采集人桑志华。

馆藏独特性：北疆博物院收藏的种子标本。

药材基源及描述：药材黑豆为豆科草本植物大豆 *Glycine max*（Linn.）Merr. 的干燥成熟种子。秋季采收成熟果实，晒干，打下种子，除去杂质。

斑蝥

别　　名：芫青、地胆、斑猫、斑蚝、花壳虫

性味与归经：辛，热；有大毒。归肝、胃、肾经。

功　　效：攻毒蚀疮，破血逐瘀，散结消症。

分布状况：主要产于河南、广西、安徽、云南、四川、江苏等省区。

采集信息：1919 年 6 月 5 日采集，采集人桑志华。

馆藏独特性：北疆博物院时期收藏的这件标本为黄黑小斑蝥 *Mylabris cichorii* Linnaeus，为珍贵的昆虫类药材标本，填补本馆空白。

药材基源及描述：药材斑蝥为鞘翅目芫青科昆虫南方大斑蝥 *Mylabris phalerata* Pallas 或黄黑小斑蝥的干燥体。夏、秋二季清晨露水未干时捕捉，闷死或烫死，晒干。本品有特殊的臭味。以个大、完整、色鲜明者为佳。生用，或与米拌炒至黄棕色取出，除去头、翅、足后用。入药的南方大斑蝥通常体型较大，色乌黑发亮，头部去除后的断面不整齐，边缘黑色，中心灰黄色，偶有头翅足的残留。质脆易碎，有焦香气。

樗鸡

别　　名：红娘子、么姑虫、灰花蛾、花大鸡、山鸡腰

分布状况：分布湖南、湖北、河南、河北、江苏、浙江、安徽、福建、台湾、广东、广西、江西、四川、云南等地。以湖南、河南产量较大。

性味与归经：苦辛，平，有毒，归心；肝；胆经。

功　　效：破瘀；散结；攻毒。主血瘀经闭；腰痛；不孕瘰疬；癣疮；狂犬咬伤。

采集信息：1919 年 6 月 5 日采集，采集人桑志华。

馆藏独特性：北疆博物院时期遗留的珍贵的昆虫类药材标本，填补本馆空白。

药材基源及描述：红娘子为蝉科昆虫黑翅红娘子 *Huechys sanguinea* DeGeer 或褐翅红娘子 *Huechys philaemata* Fabricius 的干燥虫体。6—8 月捕捉，早上露水未干前，这种昆虫因为翅膀湿润不能飞起，可用手捕捉，有一点要注意的就是，红娘子能发出一种和巴豆粉相似的气味。褐翅红娘子与黑翅红娘子基本相同，区别在于本种的前翅褐色，后翅为淡褐色，半透明。

紫椴
Tilia amurensis Rupr.

分类地位： 植物界 Plantae，被子植物门 Angiospermae，双子叶植物纲 Dicotyledoneae，原始花被亚纲 Archichlamydeae，锦葵目 Malvales，椴树科 Tiliaceae，椴树属 *Tilia*

保护级别及濒危程度： 国家二级

生活习性： 喜光也稍耐阴。对土壤要求比较严格，喜肥、喜排水良好的湿润土壤，多生长在山的中、下部，土壤为沙质壤土或壤土，尤其在土层深厚、排水良好的沙壤土上生长最好。

分布现状： 国内产于黑龙江、吉林及辽宁。模式标本采自辽宁沈阳；朝鲜半岛也有分布。

采集信息： 1916 年 6 月 19 日采集于山西隰县北部，采集人桑志华。

鉴别特征： 乔木，高 25 米，直径达 1 米，树皮暗灰色，片状脱落；嫩枝初时有白丝毛，很快变秃净，顶芽无毛，有鳞苞 3 片。叶阔卵形或卵圆形，先端急尖或渐尖，基部心形，稍整正，有时斜截形，上面无毛，下面浅绿色，脉腋内有毛丛，侧脉边缘有锯齿，果实卵圆形，被星状茸毛，有棱或有不明显的棱。花期 7 月。

白皮松
Pinus bungeana Zucc.

分类地位： 植物界 Plantae，裸子植物门 Gymnospermae，松杉纲 Coniferopsida，松杉目 Pinales，松科 Pinaceae，松亚科 Pinoideae，松属 *Pinus*

生活习性： 为喜光树种，耐瘠薄土壤及较干冷的气候；在气候温凉、土层深厚、肥润的钙质土和黄土上生长良好。

分布现状： 为我国特有树种，产于山西、河南西部、陕西秦岭、甘肃南部及天水麦积山、四川北部江油观雾山及湖北西部等地，生于海拔 500—1800 米地带。苏州、杭州、衡阳等地均有栽培。

采集信息： 1916 年 8 月 23 日采集于陕西喂子坪，采集人桑志华。

鉴别特征： 乔木，高达 30 米，胸径可达 3 米；有明显的主干，或从树干近基部分成数干；枝较细长，斜展，形成宽塔形至伞形树冠；幼树树皮光滑，灰绿色，长大后树皮成不规则的薄块片脱落，露出淡黄绿色的新皮，老则树皮呈淡褐灰色或灰白色，裂成不规则的鳞状块片脱落，脱落后近光滑，露出粉白色的内皮，白褐相间呈斑鳞状；一年生枝灰绿色，无毛；冬芽红褐色，卵圆形，无树脂。

红松果实
Pinus koraiensis Sieb. *et* Zucc

别　　名：海松、果松、韩松、红果松、朝鲜松

生活习性：红松喜光性强，对土壤水分要求较高，不宜过干、过湿的土壤及严寒气候。在温寒多雨，相对湿度较高的气候与深厚肥沃、排水良好的酸性棕色森林土上生长最好。

分布状况：国内主要分布于中国的小兴安岭到长白山一带（黑龙江、吉林）；国外分布于日本、俄罗斯、朝鲜半岛的部分区域。

采集信息：1926 年采集，采集人桑志华。

保护级别及濒危程度：国家二级

鉴别特征：球果卵状圆锥形，种鳞先端钝，向外反曲，成熟时种子不脱落。种子大，长 1.2—1.6 厘米，无翅。花期 5—6 月，种子 9—10 成熟。

华山松果实
Pinus armandii Franch

别　　名： 白松、五须松、果松、青松、五叶松

生活习性： 华山松较喜光。喜温和、凉爽、湿润的气候，能适应多种土壤，在深厚、湿润、疏松、微酸性壤土上生长最好。排水不良的土上生长不良，更不能耐盐碱。

分布状况： 原产中国，分布在山西、河南、陕西、甘肃、青海、西藏、四川、湖北、云南、贵州、台湾等地。

采集信息： 1919 年 5 月 3 日采集，采集人桑志华。

鉴别特征： 球果圆锥状长卵形，长 10—20 厘米，柄长 2—5 厘米，成熟时种鳞张开，种子脱落。种鳞与苞鳞完全分离，种鳞和苞鳞在幼时可区分开来，苞鳞在成熟过程中退化，最后所见到的为种鳞。

葫芦
Lagenaria siceraria (Molina) Standl

别　　名： 葫芦壳、抽葫芦、壶芦、蒲芦

生活习性： 葫芦是世界上最古老的作物之一，中国考古在浙江余姚河姆渡遗址发现的 7000 年前的葫芦及种子是目前世界上关于葫芦的最早发现。喜欢温暖、避风的环境，适宜排水良好、土质肥沃的平川及低洼地和有灌溉条件的岗地。

分布状况： 中国各地栽培。亦广泛栽培于世界热带到温带地区。

采集信息： 1922 年采集于天津，采集人桑志华。

馆藏独特性： 北疆博物院时期遗留的果实标本。

鉴别特征： 一年生攀援草本；雌雄同株；藤可达 15 米长，果子可以从 10 厘米至 1 米不等，最重的可达 1 千克。果实初为绿色，后变白色至带黄色，因不同品种或变种而异，果实大小形状各不相同。

犬问荆
***Equisetum palustre* L.**

分类地位： 植物界 Plantae，蕨类植物门
Pteridophyta，木贼纲 Equisetinae，木贼
目 Equisetales，木贼科 Equisetaceae，木
贼属 *Equisetum*

生活习性： 海拔 200—4000 米。

分布现状： 日本、印度、尼泊尔、克什米尔、俄罗
斯、欧洲、北美洲有分布；国内产黑龙
江、吉林、辽宁、内蒙古、河北、山西、
陕西、宁夏、甘肃、青海、新疆、江西、
河南、湖北、湖南、四川、重庆、贵州、
云南、西藏。

采集信息： 1861 年 5 月 19 日采集于法国北部。

馆藏独特性： 该份标本制作精美，保存完好；采集
于 1861 年，已有近 200 年的历史。

鉴别特征： 中小型植物。根茎直立和横走，黑棕色，
节和根光滑或具黄棕色长毛。地上枝当
年枯萎。枝一型，主枝有脊 4—7 条，
脊的背部弧形。孢子囊穗椭圆形或圆柱
状，成熟时柄伸长。

欧紫萁
Osmunda regalis L.

分类地位： 植物界 Plantae，蕨类植物门 Pteridophyta，
蕨纲 Filicopsida，真蕨目 Eufilicales，
紫萁科 Osmundaceae，紫萁属 *Osmunda*

生活习性： 主要生长在温带生物群落中，可以作为毒药和
药物使用。

分布现状： 原产北非、欧洲地中海地区和伊朗。

采集信息： 1896 年 7 月采集于法国北部。

馆藏独特性： 馆藏中有 3 件该种标本，均为法国采集。

拳叶苏铁
Cycas circinalis L.

分类地位： 植物界 Plantae，裸子植物门 Gymnospermae，
苏铁纲 Cycadopsida，苏铁目 Cycadales，
苏铁科 Cycadaceae，苏铁属 *Cycas*

生活习性： 它是一种灌木或树木，主要生长在季节性干旱
的热带生物群落中。

分布现状： 原产南印度。

采集信息： 采集于法国北部。

馆藏独特性： 馆藏中该种标本仅此一件。

布谷鸟剪秋罗
Lychnis floscuculi (L.) Greuter & Burdet

分类地位：植物界 Plantae，被子植物门 Angiospermae，双子叶植物纲 Dicotyledoneae，中央种子目 Centrospermae，石竹科 Caryophyllaceae，剪秋罗属 *Lychnis*

生活习性：它具有直立或蔓延的生长习性，是一种适合在湿地、池塘和花园种植的耐寒的多年生植物。可在阳光充足到半阴的湿泥土中栽培。

分布现状：生长在欧洲、高加索和西伯利亚的湿润地区。

采集信息：1848 年 5 月采集于法国北部。

馆藏独特性：馆藏中有 4 件该种标本，均为法国采集。

鉴别特征：底部有蓝绿色的矛形叶子，向茎的上部变得更加接近圆形。夏季，散乱的扁平花序上开着深裂的星形花朵，颜色从紫粉色到白色不等。

白睡莲
Nymphaea alba L.

分类地位：植物界 Plantae，被子植物门 Angiospermae，双子叶植物纲 Dicotyledoneae，毛茛目 Ranunculales，睡莲科 Nymphaeaceae，睡莲属 *Nymphaea*

别名（俗名）：睡莲

生活习性：生在池沼中。

分布现状：印度、高加索地区及欧洲有分布；国内产河北、山东、陕西、浙江。

采集信息：采集于法国北部。

馆藏独特性：馆藏中有 3 件该种标本，均为法国采集。

鉴别特征：多年水生草本；根状茎匍匐；叶纸质，近圆形。花芳香；白色，卵状矩圆形。浆果扁平至半球形；种子椭圆形。

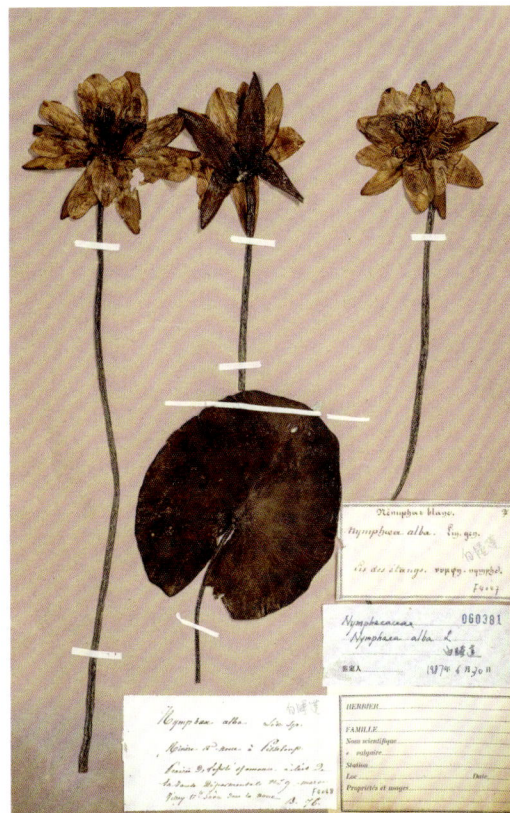

欧洲白头翁
Anemone pulsatilla L.

分类地位： 植物界 Plantae，被子植物门 Angiospermae，双子叶植物纲 Dicotyledoneae，
毛茛目 Ranunculales，毛茛科 Ranunculaceae，银莲花属 *Anemone*

生活习性： 多年生植物，主要生长在温带生物群落中。

分布现状： 原产欧洲。

采集信息： 采集于法国北部。

药用芍药的标本图中手写文字：

药用牡丹

Paonia officinalis. ?

vulvaria.

F 3747

Ranunculaceae 060866

Paeonia officinalis

药用牡丹

鉴定人 _____ 1987年 8月 31日

药用芍药
Paeonia officinalis L.

分类地位： 植物界 Plantae，被子植物门 Angiospermae，双子叶植物纲 Dicotyledoneae，毛茛目 Ranunculales，毛茛科 Ranunculaceae，芍药属 *Paeonia*

分布现状： 原产欧洲南部、东部。

采集信息： 采集于法国北部。

馆藏独特性： 馆藏中该种标本仅此一件。

粒牙虎耳草
Saxifraga granulata L.

分类地位：植物界 Plantae，被子植物门 Angiospermae，双子叶植物纲 Dicotyledoneae，
蔷薇目 Rosales，虎耳草科 Saxifragaceae，虎耳草属 *Saxifraga*

生活习性：多年生植物，主要生长在温带生物群落中。

分布现状：原产欧洲。

采集信息：1898 年 5 月 12 日采集于法国北部。

欧洲木莓
Rubus caesius L.

分类地位： 植物界 Plantae，被子植物门 Angiospermae，双子叶植物纲 Dicotyledoneae，蔷薇目 Rosales，
蔷薇科 Rosaceae，悬钩子属 *Rubus*

生活习性： 生山谷林下或河谷边，海拔 1000—1500 米。花期 6—7 月，果期 8 月。

分布现状： 西欧、小亚细亚、西亚、俄罗斯也有分布，北美有栽培。我国产新疆。

采集信息： 1889 年 7 月 7 日采集于法国北部。

馆藏独特性： 馆藏中有 4 件该种标本，均为法国采集。

鉴别特征： 攀援灌木；小枝黄绿色至浅褐色，被大小不等的皮刺。小叶 3 枚，宽卵形或菱状卵形，花数朵或
10 余朵成伞房或短总状花序，腋生花序少花。果实近球形，黑色，无毛。

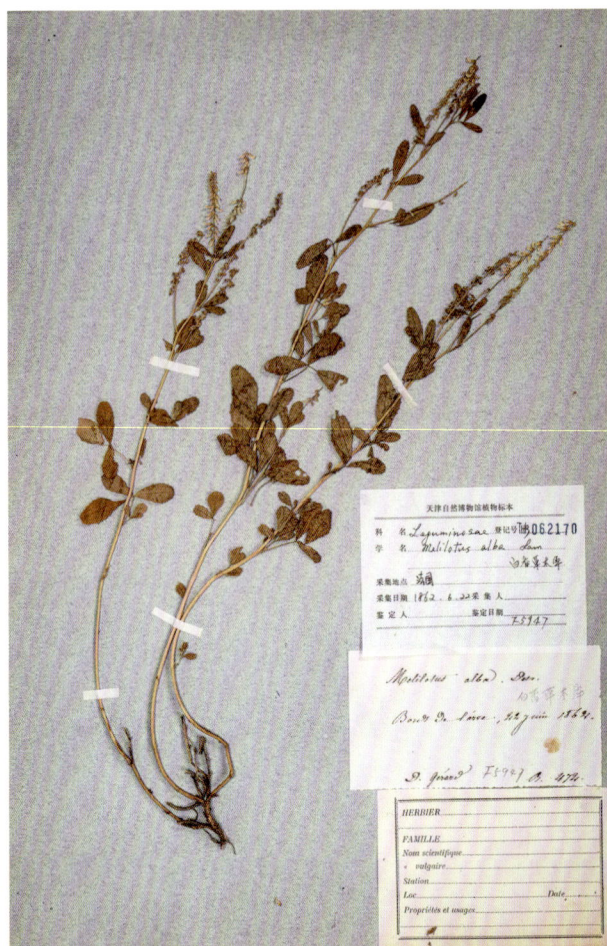

圆盘苜蓿
Medicago orbicularis (L.) Bartal.

分类地位： 植物界 Plantae，被子植物门 Angiospermae，双子叶植物纲 Dicotyledoneae，蔷薇目 Rosales，豆科 Leguminosae，苜蓿属 *Medicago*

生活习性： 一年生植物，主要生长在亚热带生物群落中。

分布现状： 原产地中海至西喜马拉雅山脉，以及埃塞俄比亚地区。

采集信息： 1831 年 4 月 9 日采集于法国北部。

馆藏独特性： 该份标本制作精美，保存完好；采集于 1831 年，已有近 200 年的历史。

白花草木樨
Melilotus albus Desr.

分类地位： 植物界 Plantae，被子植物门 Angiospermae，双子叶植物纲 Dicotyledoneae，蔷薇目 Rosales，豆科 Leguminosae，草木樨属 *Melilotus*

生活习性： 生于田边、路旁荒地及湿润的砂地。

分布现状： 欧洲地中海沿岸、中东、西南亚、中亚及西伯利亚均有分布；我国产东北、华北、西北及西南各地。

采集信息： 1862 年 6 月 22 日采集于法国北部。

鉴别特征： 一、二年生草本。茎直立，圆柱形，中空，多分枝，几无毛。羽状三出复叶。总状花序，腋生，具花 40—100 朵，排列疏松；荚果椭圆形至长圆形，老熟后变黑褐色；有种子 1—2 粒。种子卵形，棕色，表面具细瘤点。

峨参

Anthriscus sylvestris **(L.) Hoffm.**

分类地位：植物界 Plantae，被子植物门 Angiospermae，双子叶植物纲 Dicotyledoneae，
伞形目 Umbelliflorae，伞形科 Umbelliferae，峨参属 *Anthriscus*

生活习性：从低山丘陵到海拔 4500 米的高山，生长在山坡林下或路旁和山谷溪边石缝中。

分布现状：欧洲及北美有分布；我国分布于辽宁、河北、河南、山西、陕西、江苏、安徽、浙江、江西、湖北、四川、云南、内蒙古、甘肃、新疆。

采集信息：1869 年 5 月 20 日采集于法国北部。

鉴别特征：二年生或多年生草本。茎较粗壮；叶片轮廓呈卵形，2 回羽状分裂，羽状全裂或深裂，有粗锯齿。复伞形花序；花白色，通常带绿或黄色；果实长卵形至线状长圆形，光滑或疏生小瘤点，顶端渐狭呈喙状。

续随子
Euphorbia lathyris L.

分类地位： 植物界 Plantae，被子植物门 Angiospermae，双子叶植物纲 Dicotyledoneae，
牻牛儿苗目 Geraniales，大戟科 Euphorbiaceae，大戟属 *Euphorbia*

别名（俗名）： 千金子

生活习性： 生于向阳山坡；多为栽培。

分布现状： 原产中亚地区。广泛栽培于世界温带、亚热带地区。

采集信息： 采集于法国北部。

鉴别特征： 二年生草本，有乳汁，全株被白粉。茎直立，圆柱形。茎下部叶密生，线状披针形，上部叶对生，
广披针形，先端渐尖，基部近心形。总花序顶生，呈伞状，伞梗 2—4，基部有 2—4 叶轮生；每
梗再叉状分枝，有三角状卵形苞片 2，每分叉间生 1 杯状聚伞花序；总苞杯状，先端 4—5 裂，腺
体 4，新月形。蒴果球形。

西番莲
Passiflora caerulea L.

分类地位： 植物界 Plantae，被子植物门 Angiospermae，双子叶植物纲 Dicotyledoneae，
堇菜目 Violales，西番莲科 Passifloraceae，西番莲属 *Passiflora*

别名（俗名）： 时计草、洋酸茄花、转枝莲、西洋鞠、转心莲

生活习性： 喜光照足、向阳及温暖的气候环境。

分布现状： 原产南美洲巴西、阿根廷。现广泛栽培于热带和亚热带地区。

采集信息： 采集于法国北部。

鉴别特征： 草质藤本；茎圆柱形并微有棱角，无毛，略被白粉；叶纸质，基部心形，掌状 5 深裂，聚伞花序
退化仅存 1 花，与卷须对生。花大，淡绿色，苞片宽卵形，长 3 厘米，全缘；萼片 5 枚，外面顶
端具 1 角状附属器；花瓣 5 枚，淡绿色，与萼片近等长；外副花冠裂片 3 轮，丝状，内副花冠流
苏状，裂片紫红色。浆果卵圆球形至近圆球形，熟时橙黄色或黄色。

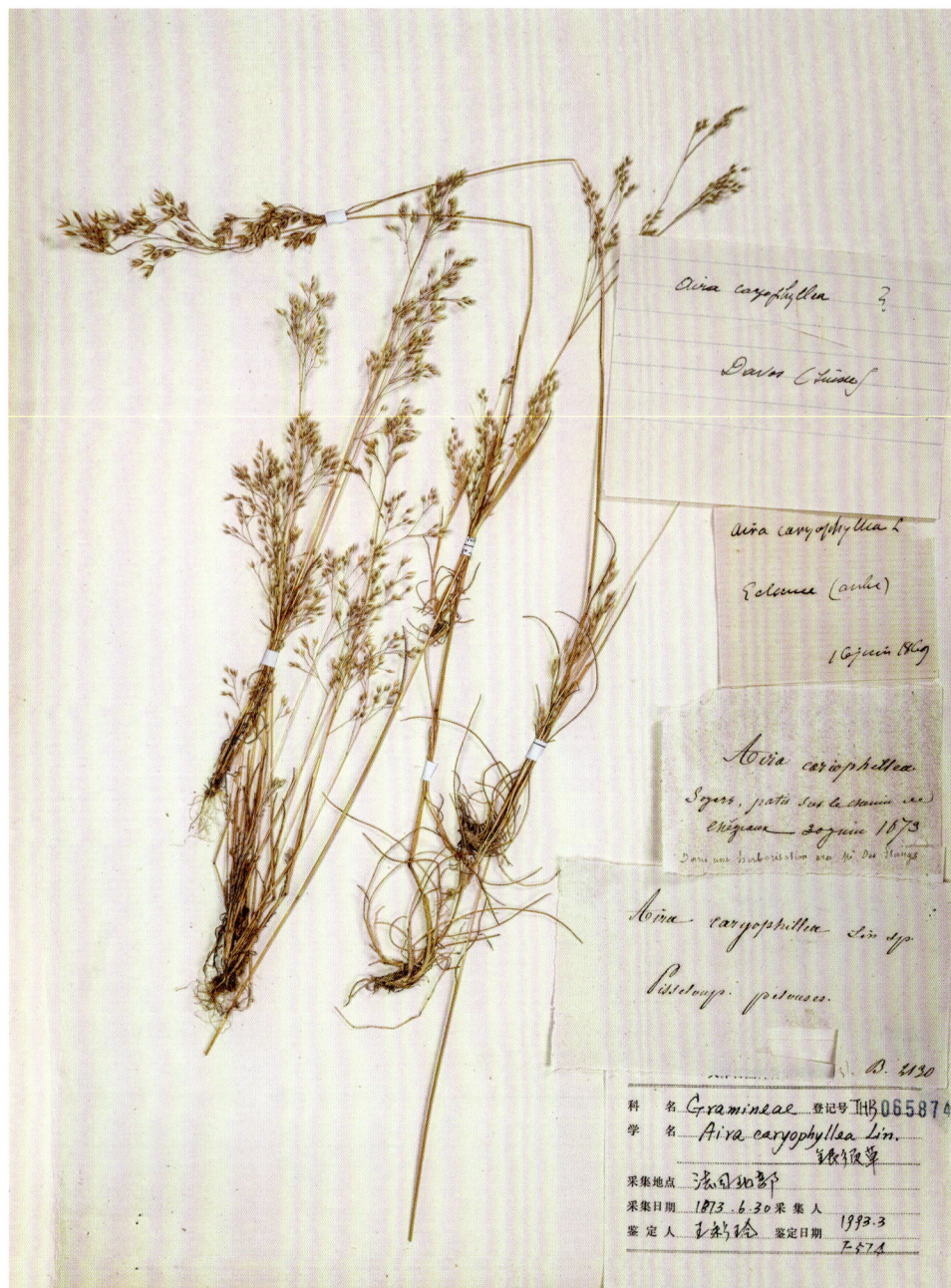

银须草
Aira caryophyllea L.

分类地位：植物界 Plantae，被子植物门 Angiospermae，单子叶植物纲 Monocotyledoneae，禾本目 Graminales，禾本科 Gramineae，银须草属 *Aira*

生活习性：生于海拔 3600 米的高山草地。

分布现状：分布于欧洲、亚洲西部、非洲北部和美洲北部及南部，以及印度；我国产西藏西部。

采集信息：1873 年 6 月 30 日采集于法国北部。

鉴别特征：秆单一或丛生，直立或节处稍弯曲，纤细。叶鞘褐色，粗糙，短于节间。圆锥花序疏松开展，分枝 3 出，纤细，粗糙；小穗银灰色或银白色，具长梗，颖与小穗等长，膜质。

马德雀麦
Bromus madritensis **L.**

分类地位： 植物界 Plantae，被子植物门 Angiospermae，单子叶植物纲 Monocotyledoneae，禾本目 Graminales，禾本科 Gramineae，雀麦属 *Bromus*

生活习性： 生于阳坡干燥砂质草地，海拔 3500 米。

分布现状： 分布于北非、欧洲、伊拉克、伊朗；我国产西藏。

采集信息： 1886 年采集于法国北部。

馆藏独特性： 馆藏中该种标本仅此一件。

鉴别特征： 一年生。秆单一，疏丛生。叶片线状披针形。圆锥花序直立；小穗长圆形，花后扇形，具疏松的 6—13 小花；外稃长圆形，先端尖，边缘内卷，芒长 12—18 毫米，反曲。

俯垂臭草
Melica nutans **L.**

分类地位： 植物界 Plantae，被子植物门 Angiospermae，单子叶植物纲 Monocotyledoneae，禾本目 Graminales，禾本科 Gramineae，臭草属 *Melica*

生活习性： 生于海拔 1300—2300 米的草甸草原、山坡或林缘草丛中。

分布现状： 分布于欧洲、中亚地区和俄罗斯西伯利亚、日本、喜马拉雅、克什米尔地区；我国产新疆。

采集信息： 1888 年 7 月 14 日采集于法国北部。

鉴别特征： 多年生，具长的匍匐根茎；须根细弱。秆较细弱，常散生，圆锥花序狭窄，总状，有时偏向一侧，具 5—12 个小穗。颖果纺锤形。

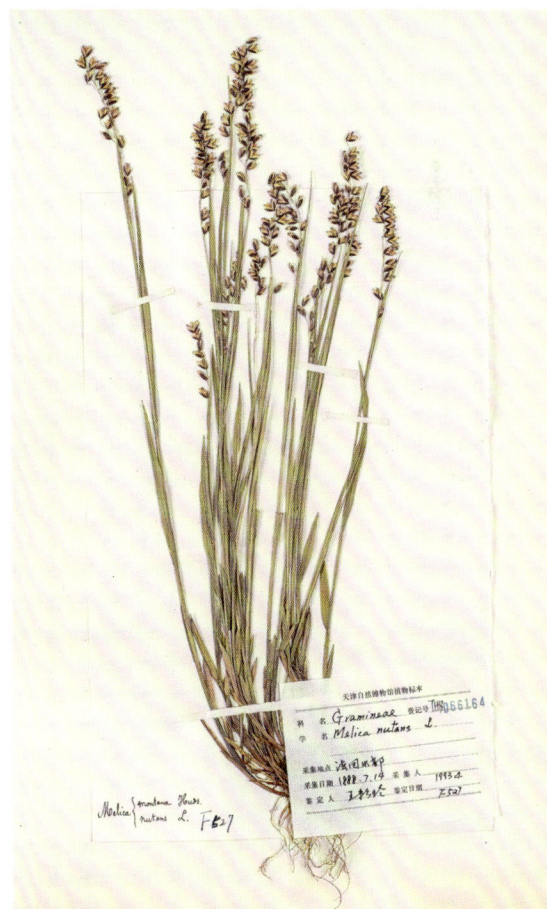

宽叶羊胡子草
Eriophorum latifolium Hoppe

分类地位： 植物界 Plantae，被子植物门 Angiospermae，
单子叶植物纲 Monocotyledoneae，莎草目 Cyperales，
莎草科 Cyperaceae，羊胡子草属 *Eriophorum*

生活习性： 喜生于潮湿处，如在潮湿草甸子、浅水中、潮湿平原、
沙丘间湿地、江岸边或山脚下。

分布现状： 分布于朝鲜北部、欧洲北极和亚洲北极地区、俄罗斯
西伯利亚和高加索及小亚细亚等地；我国产黑龙江、
吉林、内蒙古。

采集信息： 1861 年 5 月 3 日采集于法国北部。

鉴别特征： 多年生草本具短而细的匍匐根状茎。秆圆柱状或三棱
形。具基生叶，叶平张，短于秆，边缘粗糙，渐向顶
端渐狭，近顶端三棱形；长侧枝聚伞花序简单，有 4—
10 个小穗；小坚果长椭圆形，三棱形，紫黑色或深
褐色。

沼生水葱
Schoenoplectus lacustris (Linnaeus) Palla

原始鉴定名称： *Scirpus lacustris* Bunge

分类地位： 植物界 Plantae，被子植物门 Angiospermae，
单子叶植物纲 Monocotyledoneae，莎草目 Cyperales，
莎草科 Cyperaceae，水葱属 *Schoenoplectus*

别名（俗名）： 水葱

生活习性： 多年生草本植物，通常生长在湖泊、运河、池塘、河
流和溪流的边缘水域中的软淤泥中，它也可以在河流
中快速流动的淤泥床上形成种群。

分布现状： 原产欧洲、地中海地区、内蒙古、日本中部和南非。
我国新疆有分布。

采集信息： 1886 年 6 月 1 日采集于法国北部。

馆藏独特性： 馆藏中有 3 件该种标本，均为法国采集。

阿尔泰贝母
Fritillaria meleagris L.

分类地位： 植物界 Plantae，被子植物门 Angiospermae，
单子叶植物纲 Monocotyledoneae，百合目 Liliflorae，
百合科 Liliaceae，贝母属 *Fritillaria*

别名（俗名）： 花格贝母

生活习性： 生于灌丛下或草坡上。

分布现状： 分布于欧洲、高加索至阿尔泰地区；我国产新疆北部
阿尔泰山。

采集信息： 1910 年 5 月 5 日采集于法国北部。

馆藏独特性： 馆藏中该种标本仅此一件。

鉴别特征： 叶对生或上部互生，先端不卷曲。花单生，具 1—3
枚叶状苞片；花紫红色，有明显的浅色小方格；柱头
裂片较长，约占花柱全长的 1/3。蒴果棱上有宽翅。

卷丹
Lilium lancifolium Thunb.

原始鉴定名称： *Lilium tigrinum Ker* Gawler

分类地位： 植物界 Plantae，被子植物门 Angiospermae，
单子叶植物纲 Monocotyledoneae，百合目 Liliflorae，
百合科，Liliaceae，百合属 *Lilium*

别名（俗名）： 卷丹百合、河花

生活习性： 生山坡灌木林下、草地，路边或水旁，海拔 400—
2500 米。

分布现状： 原产东亚，我国产于江苏、浙江、安徽、江西、湖南、
湖北、广西、四川、青海、西藏、甘肃、陕西、山西、
河南、河北、山东和吉林等省区。引种栽培到欧洲和
北美。

采集信息： 采集于法国北部。

鉴别特征： 鳞茎近宽球形。叶散生，矩圆状披针形或披针形；花
下垂，花被片披针形，反卷，橙红色，有紫黑色斑点。
蒴果狭长卵形。

假叶树
Ruscus aculeatus L.

分类地位： 植物界 Plantae，被子植物门 Angiospermae，单子叶植物纲 Monocotyledoneae，百合目 Liliflorae，
百合科 Liliaceae，假叶树属 *Ruscus*

分布现状： 原产欧洲南部；我国各地偶见栽培。

采集信息： 1878 年 7 月 9 日采集于法国北部。

馆藏独特性： 馆藏中有 2 件该种标本，均为法国采集。

鉴别特征： 根状茎横走，粗厚。茎多分枝，有纵棱。叶状枝卵形，先端渐尖而成为长 1—2 毫米的针刺，花白色。浆果红色。

主要参考文献

Boule M., Breuil H. (步日耶) , Licent E. (桑志华) & Teilhard de Chardin P. (德日进). 1928. Le Paléolithique de la Chine. Archives de l'Institut de Paléontologie Humaine, Mémoire 4: 1-138.

Feng H. T. (冯学棠). 1936-1937. Notes on some Dytiscidae from Musee Hoang Paiho, Tientsin with Descriptions of eleven new species. Peking Nat. Hist. Bull., 2(1): 1-15.

Frey, W. & Stech, M. 2009. Bryophytes and seedless vascular plants. 3: I–IX,. In Syl. Pl. Fam. ed. 13. Gebr. Borntraeger Verlagsbuchhandlung, Berlin, Stuttgart, Germany.

Licent E. (桑志华), Teilhard de Chardin P. (德日进) & Black D. (步达生). 1926. On a Presumably Pleistocene Human Tooth from the Sjara-osso-gol (South-Eastern Ordos) Deposits. Bulletin of the Geological Society of China, 5(3-4): 285-290.

Licent E. (桑志华). 1924. Dix Années d'Exploration (1914-1923) dans le Bassin du Fleuve Jaune, et autres tributaires du golfe du Pei tcheu ly. Publications du Musée Hoangho Paiho de Tien Tsin, 2.

Licent E. (桑志华). 1932. Les collections néolithiques du Musée Hoang ho Pai ho de Tien Tsin. Publications du Musée Hoangho Paiho de Tien Tsin, 14.

Licent E. (桑志华). 1935. Vingt deux années d'exploration dans le Nord de la Chine, en Mandchourie, en Mongolie et au Bas-Tibet.(1914-1935). Publications du Musée Hoangho Paiho de Tien Tsin, 39.

Licent E. (桑志华). 1936. Comptes-rendus de Onze Années (1923-1933) de séjour et d'exploration dans le Bassin du Fleuve Jaune, du Pai Ho et des autres tributaires du Golfe du Pei-tcheu-ly, Tientsin. Publications du Musée Hoangho Paiho de Tien Tsin, 38.

Licent E. (桑志华). 1936. L'Artésianisme dans la Grande Plaine du Tcheu ly. Le Puits Jaillissant de Lao Si Kai Tien Tsin (1935-1936), Tien-tsin. Publications du Musée Hoangho Paiho de Tien Tsin, 40.

Liu B. et. al. 2023. China Checklist of Higher Plants, In the Biodiversity Committee of Chinese Academy of Sciences ed., Catalogue of Life China: 2023 Annual Checklist, Beijing, China.

Pavlov P. (巴甫洛夫). 1932. Materials for the Study of Fauna of Northern China, Manchuria and Mongolia. Reptilia and Amphibia. Publications du Musée Hoangho Paiho de Tien Tsin, 13.

POWO. 2023. Plants of the World Online. Facilitated by the Royal Botanic Gardens, Kew. Published on the Internet; http://www.plantsoftheworldonline.org/Retrieved 07 July 2023.

Strelkov V. (斯特莱尔科夫). 1932. Epicopeidae. Reptilia and Amphibia. Publications du Musée Hoangho Paiho de Tien Tsin, 7: 1-13.

Teilhard de Chardin P. (德日进) & Trassaert M. (汤道平). 1937. The Pliocene Camelidae, Giraffidae, and Cervidae of South Eastern Shansi. Palaeontologia Sinica, New Series C, 1: 1-68.

Teilhard de Chardin P. (德日进) & Trassaert M. (汤道平). 1937. The Proboscidians of South-Eastern Shansi. Palaeontologia Sinica, Series C, 8(1): 1-58.

Teilhard de Chardin P. (德日进) & Trassaert M. (汤道平). 1938. Cavicornia of South-Eastern Shansi. Palaeontologia Sinica, Series C, 6: 1-98.

Teilhard de Chardin P. (德日进). 1941. Early Man in China. Institut de Géo-biologie, Pékin.

Yang C. W. (杨春旺) & Danilevsky M. L. 2013. Description of a new species of the genus Eodorcadion Breuning, 1947 from Inner Mongolia, China (Coleoptera: Cerambycidae: Lamiinae: Dorcadionini). In: Lin, M. Y. & Chen, C. C. (eds.), In memory of Mr. Wenhsin Lin. Formosa Ecological Company, Taibei: 93-95.

Yang W. Y. (杨惟义). 1939. A Revision of Chinese Urostulid insects (Heteroptera). Bull. Fan. Mem. Inst. Biol., Zool. Ser., 9(1): 5-66.

Yao Y. J., et al. 2023. China Checklist of Fungi, In the Biodiversity Committee of Chinese Academy of Sciences ed., Catalogue of Life China: 2023 Annual Checklist, Beijing, China

Yen T. C. (阎敦建). 1935. The non-marine gastropods of North China. Part I. Publications du Musée Hoangho Paiho de Tien Tsin, 34.

Yen T. C. (阎敦建). 1937. The non-marine gastropods of North China. Part II. Publications du Musée Hoangho Paiho de Tien Tsin, 46.

Yen T. C. (阎敦建). 1938. Additional notes on non-marine gastropods of North China. Part III. Publications du Musée Hoangho Paiho de Tien Tsin, 50.

中国植物志编辑委员会. 1959-2004. 中国植物志(第1-80卷). 北京: 科学出版社.

中国科学院动物研究所, 中国科学院海洋研究所, 上海水产学院主编. 1962. 南海鱼类志. 北京: 科学出版社.

中国科学院动物研究所编. 1981-1983. 中国蛾类图鉴I-IV. 北京: 科学出版社.

中国科学院古脊椎动物与古人类研究所《中国脊椎动物化石手册》编写组. 1979. 《中国脊椎动物化石手册》. 北京: 科学出版社.

中国科学院青藏高原综合科学考察队编. 1985. 西藏苔藓植物志. 北京: 科学出版社.

乐佩琦, 陈宜瑜主编. 1998. 中国濒危动物红皮书 鱼类. 北京: 科学出版社.

刘家宜主编. 2004. 天津植物志. 天津: 天津科学技术出版社.

刘武, 吴秀洁, 邢松等. 2014. 中国古人类化石. 北京: 科学出版社.

史密斯, 解焱主编. 2009. 中国兽类野外手册. 长沙: 湖南教育出版社.

史海涛. 2011. 中国贸易龟类检索图鉴 (修订版). 北京: 中国大百科全书出版社.

吴鹏程, 贾渝主编. 2004. 中国苔藓志(第五卷) 变齿藓目. 北京: 科学出版社.

周婷, 李丕鹏. 2013. 中国龟鳖分类原色图鉴. 北京: 中国农业出版社.

周尧. 1964. 角蝉科一新属一新种. 昆虫学报, 13(4): 449-454.

崔云昊. 2021. 矿物名称词源. 武汉: 中国地质大学出版社.

张世义. 2001. 中国动物志 硬骨鱼纲 鲟形目 海鲢目 鲱形目 鼠鱚目. 北京: 科学出版社.

张春光, 赵亚辉. 2013. 北京及其邻近地区的鱼类: 物种多样性、资源评价和原色图谱. 北京: 科学出版社.

张春光, 赵亚辉等. 2016. 中国内陆鱼类物种与分布. 北京: 科学出版社.

张春光, 邵广昭, 伍汉霖等. 2020. 中国生物物种名录 (第二卷) 动物 脊椎动物 (Ⅴ) 鱼类 (上册、下册). 北京: 科学出版社.

张春霖, 成庆泰, 郑葆珊等. 1955. 黄渤海鱼类调查报告. 北京: 科学出版社.

张素萍. 2008. 中国海洋贝类图鉴. 北京: 海洋出版社.

成庆泰, 郑葆珊编订. 1992. 拉汉英鱼类名称. 北京: 科学出版社.

朱元鼎, 张春霖, 庆成泰主编. 1963. 东海鱼类志. 北京: 科学出版社.

李新正, 甘志彬主编. 2022. 中国近海底栖动物分类体系. 北京: 科学出版社.

李新正, 甘志彬主编. 2022. 中国近海底栖动物常见种名录. 北京: 科学出版社.

李胜荣, 申俊峰, 董国臣等. 2021. 成因矿物学. 北京: 科学出版社.

王凤琴, 卢学强, 邵晓龙等. 2019. 天津野鸟. 北京: 化学工业出版社.

王希桐主编. 2013. 泥河湾盆地哺乳动物化石汇编. 石家庄: 河北科学技术出版社.

王金言. 1981. 蜻茧蜂属一新种记述 (膜翅目: 茧蜂科: 优茧蜂亚科). 动物分类学报, 6(4): 421-422.

约翰·马敬能. 2022. 中国鸟类野外手册. 北京: 商务印书馆.

罗杰·莱德勒, 卡罗尔·伯尔. 2020. 常见鸟类的拉丁名. 重庆: 重庆大学出版社.

胡人亮, 王幼芳主编. 2005. 中国苔藓志 (第七卷) 灰藓目. 北京: 科学出版社.

萧采瑜. 1964. 中国缘蝽新种记述 (半翅目: 缘蝽科) Ⅲ. 动物学报, 16(2): 251-262.

萧采瑜, 任树芝, 郭乐怡等. 1977. 中国蝽类昆虫鉴定手册 (半翅目 异翅亚目) 第一册. 北京: 科学出版社.

萧采瑜, 任树芝, 郭乐怡等. 1981. 中国蝽类昆虫鉴定手册 (半翅目 异翅亚目) 第二册. 北京: 科学出版社.

董光荣, 李保生, 陈永志主编. 2017. 萨拉乌苏河晚第四纪地质与古人类综合研究. 北京: 科学出版社.

裴文中. 1948. 中国史前时期之研究. 北京: 商务印书馆.

费梁, 叶昌媛, 江建平. 2012. 中国两栖动物及其分布彩色图鉴. 成都: 四川科学技术出版社.

贾兰坡. 1951. 河套人. 北京: 龙门联合书局.

贾渝, 何思. 2013. 中国生物物种名录(第一卷): 植物·苔藓植物. 北京: 科学出版社.

赵尔宓. 2006. 中国蛇类. 合肥: 安徽科学技术出版社.

辽宁省林业土壤研究所编. 1977. 东北藓类植物志. 北京: 科学出版社.

邱占祥, 黄为龙, 郭志慧. 1979. 甘肃庆阳上新世鬣狗科化石. 古脊椎动物与古人类, 17(3): 200-221.

邱占祥, 黄为龙, 郭志慧. 1987. 中国的三趾马化石. 中国古生物志 (第175册) 新丙种 第25号. 北京: 科学出版社.

郑光美主编. 2017. 中国鸟类分类与分布名录 (第三版). 北京: 科学出版社.

钟赣生主编. 2016. 中药学. 北京: 中国中医药出版社.

钱周兴. 2018. 中国石珊瑚图鉴. 杭州: 浙江科学技术出版社.

陈冠芳, 李传夔. 2021. 蹄兔目 长鼻目等. 中国古脊椎动物志 (第三卷) 基干下孔类 哺乳类 (第十册). 北京: 科学出版社.

陈德牛, 张国庆. 2004. 中国动物志 无脊椎动物 (第37卷) 软体动物门腹足纲巴蜗牛科. 北京: 科学出版社.

高谦主编. 1994. 中国苔藓志(第一卷) 泥炭藓目 黑藓目 无轴藓目 曲尾藓目. 北京: 科学出版社.

魏辅文主编. 2022. 中国兽类分类与分布. 北京: 科学出版社.

黎兴江主编. 2006. 中国苔藓志(第四卷) 真藓目. 北京: 科学出版社.

中文索引

西文索引

*为原始鉴定名称